鬼脸化学课

元素家族 ②

GUI LIAN HUA XUE KE

英雄超子◎著

南京师范大学出版社

Contents

目录

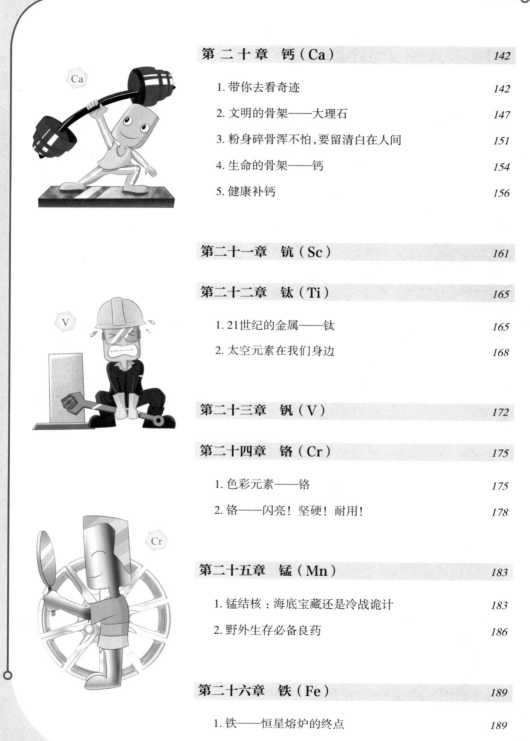

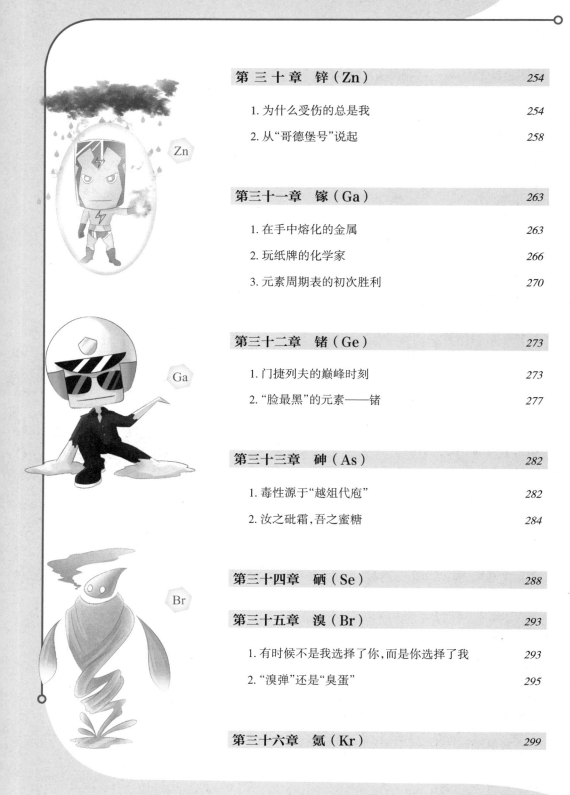

第十三章

铝

不要因为轻就忽视我，庞大的家族和多变的造型助我上天入地。

元 素 档 案

姓名：铝（Al）。

排行：第 13 位。

性格：我能发生绚丽的铝热反应，并善于导电、导热，可塑性还很强哦。

形象：我穿上氧仙女送的外套会变得稳重可靠，与其他金属合在一起会变得更强。

居所：主要以铝硅酸盐矿石的形式存在，是地壳中含量最丰富的金属元素。

第十三章　铝（Al）

铝（Al）：位于元素周期表第 13 位，是地壳中含量最高的金属元素，银白色。单质铝具有良好的延展性、导电性、导热性，由于其表面存在致密的氧化膜，单质铝在空气中不易被腐蚀。Al_2O_3 熔点极高，是很好的耐高温、防火材料。铝土矿是最常见的铝矿石，很多宝石中也含有铝元素。

1. 铝？我们还是先看宝石吧

第 13 号元素铝在宇宙中含量不算多，其宇宙丰度排名为第 14 位，它一般由质子撞击镁原子核而得来，这种反应一般发生在大恒星内部。但铝在宇宙中含量也不算少，在奇数原子序数的元素中，它仅仅排在氢和氮之后，列第三位，比锂、硼、氟、钠这些更轻的元素都要多。

在地球上，由于轻的气体元素大多散失到太空了，比如氢、氦、氖，很多碳元素也随着甲烷飞上了天，锂、铍、硼、氟、钠这些元素本身就没多少，所以铝在地壳里的元素丰度排行榜上坐到了第三把交椅，仅仅排在氧和硅之后。

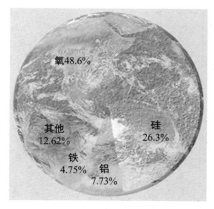

地壳里的元素分布，铝是元素榜的探花，金属榜的状元。

镁和铝这对兄弟很有意思，大多数镁沉入地幔，而铝在地壳里则是"山中无老虎，猴子称大王"。它们为什么这样分布是一个很大的谜团，涉及地球的形成史和各种岩石的性质。比较公认的解释是，这两种元素多以硅酸盐的形态存在，硅酸镁的熔点高于硅酸铝，在其他矿物已经熔融的时候，硅酸镁仍然保持着辉石、橄榄石的形态继续下沉。所以,地幔中仅有 2% 的铝元素,而地壳中却高达 8%。

相对于镁元素,上地幔和地壳底部的铝元素会更多地被火山喷发出来,落到地球表面,其中一部分就变成了美丽的宝石。

在铍那一章节,我们提到过的绿柱石、海蓝宝石就是铍铝硅酸盐,其实除了钻石以外,大多数宝石都含铝,比如黄玉,就是含氟硅酸铝。在宝石的分类中,没有"黄宝石"这种说法,你所理解的黄宝石可能会是黄玉,也叫托帕石,历史上还曾经把橄榄石称为黄宝石。另外黄玉也不只是黄色的,而是有各种颜色。

西方传统五大宝石——钻石、蓝宝石、红宝石、祖母绿、紫水晶,除了钻石和紫水晶以外,其他都是含铝的。19世纪巴西发现了巨量的紫水晶以后,紫水晶从"五大宝石"中被踢出,取而代之的是猫眼石,又称"金绿宝石",成分也是一种含铝化合物——氧化铍铝。

蓝宝石和红宝石这对姐妹宝石,是较纯净的氧化铝晶体,摩氏硬度都是 9,是除了钻石以外地球上最硬的天然矿物,被称为"刚玉"。蓝宝石之所以发蓝是由于混入了钛和铁,红宝石则是因为混入了铬。

蓝宝石因其晶莹剔透的蓝色,被古人赋予超自然的神秘色彩,奉为吉祥之物。古代波斯人认为,大地躺在一块巨大的蓝宝石上,天空反映了它的颜色,所以也是蓝色。现在蓝宝石象征忠诚、坚贞、慈爱和诚实,经常在订婚戒指上出现,它还是九月和秋季的生辰石,结婚四十五周年被称为蓝宝石婚。

蓝宝石主要产地在斯里兰卡、缅甸和马达加斯加,其中以斯里兰卡出产的品质最好,如果去斯里兰卡旅游,不带点宝石回来,就太亏了。

◀洛根蓝宝石,重 423 克拉,发现于斯里兰卡,因由洛根夫人捐献出来而得名,现收藏于美国自然历史博物馆。

▶最有名的"星光蓝宝石"——印度之星,产自斯里兰卡,重达 563.35 克拉,几乎完美无缺,从各种角度都能看到那熠熠的"星光",目前陈列于美国自然历史博物馆。

如果蓝宝石内部生长有大量细微的金红石，有经验的工匠将它打磨后，顶部会呈现出六道星芒，这样的蓝宝石被称作"星光蓝宝石"。

相较于蓝宝石，红宝石更加稀有和高贵，只有含铬的红色刚玉才被称为红宝石，而含铁、钛等元素的刚玉会呈现出蓝、粉红、黄、绿等颜色，它们都属于蓝宝石，蓝宝石可不全是蓝色的！

红宝石之所以如此珍贵，是因为大多数红宝石会有裂纹、瑕疵，特别纯净、完美的红宝石非常少见。缅甸的抹谷是著名的红宝石圣地，该地区出产的最高品质的红宝石被称为"鸽血红"，仔细观察这种红宝石，会发现在纯净的红宝石中带有一丝丝若有似无的蓝，如果把顶级的鸽血红宝石放在暗室中，用射灯照射，会看到宝石仿佛燃烧了起来。

传说佩戴红宝石的人将会健康长寿、爱情美满、家庭和谐。国际宝石界把红宝石定为"七月生辰石"，是高尚、爱情、仁爱的象征，还把结婚四十周年称为红宝石婚。现在欧洲王室的婚礼上，依然将红宝石作为婚姻的见证。

与"星光蓝宝石"类似，也有"星光红宝石"，其中最有名的一颗叫"德隆星光红宝石"。

红蓝宝石并非只有收藏价值，在工业上也有很重要的价值，由于它们超高的硬度，经常被用来做钟表的轴承。

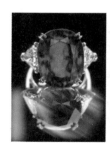 

◀最美的红宝石——卡门·露西娅，重23.1克拉，开采于缅甸，是一颗"鸽血红"。多次辗转于世界各地，2004年，美国富翁皮特·巴克以其妻子"卡门·露西娅"的名义将其捐赠给美国自然历史博物馆。原来，他的妻子酷爱宝石，2002年她第一次听说了这颗红宝石，可是癌症很快夺去了她的生命，皮特·巴克为了完成她的遗愿，不惜任何代价得到了这颗宝石。在众多女性心里，这位痴情的富翁简直就是男神吧。

 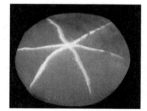

▶"德隆星光红宝石"，重达100.32克拉，产自缅甸，20世纪初德隆夫人以21 400美金收购这颗宝石，然后捐献给美国自然历史博物馆。

▲高级的机械手表会讲究多少钻，一般来说，钻数越多，说明其中轴承用的红蓝宝石越多，手表性能越精良。

早在 1916 年，爱因斯坦就预言了一种叫"激光"的东西，但许多年过去了，科学家们想尽了办法仍无法将它制造出来。

1960 年 5 月 16 日，休斯飞行器公司研究员梅曼正在进行一项重要的实验，他的实验装置里有一根红宝石棒。突然，一束深红色的亮光从装置中射出，它的亮度是太阳表面的 4 倍，这是一种完全新型的光！科学家们多年求之不得的"激光"就这样被找到了。

梅曼利用一个高强闪光灯管来激发红宝石，实现光的放大，就这样制成了第一台激光器。

如今我们会发现激光在生活中随处可见：激光唱机播放的乐曲回荡在楼宇之间；激光影碟机悄然走进了千家万户；激光防伪标志贴在琳琅满目的商品上；激光照排机则包揽了所有报纸杂志的排版工作。我们远隔千里就可以同亲朋好友通

人造红宝石（左）可以造得比天然的红宝石（右）更大，但是其光泽还是有些差别。

话，也是激光的功劳，因为光纤传送的正是激光。更不用提在军事、医疗、工业等领域里激光的贡献了。

激光技术的发展让天然红宝石资源供不应求，科学家们开始人造红宝石，而且他们发现人造红宝石，比一般的天然红宝石有更好的光学性能。

但是，桥归桥路归路，收藏家们还是喜欢天然的红宝石，因为它们更有收藏价值。以后？谁知道呢？

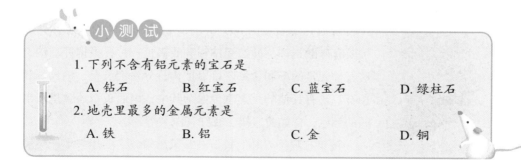

小 测 试

1. 下列不含有铝元素的宝石是

　　A. 钻石　　　　B. 红宝石　　　　C. 蓝宝石　　　　D. 绿柱石

2. 地壳里最多的金属元素是

　　A. 铁　　　　B. 铝　　　　C. 金　　　　D. 铜

【参考答案】1. A　2. B

2. 土里土气的铝矿石们

上一节中的红蓝宝石是含铝矿物中的"高富帅"，在地壳中已经发现的含铝矿物类型有 270 多种，还有众多"土里土气"的铝矿石等着我们去检阅呢，让我们一个一个看吧。

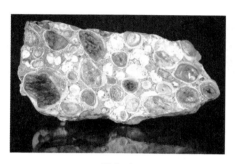

铝土矿

铝土矿

铝土矿，最常见的铝矿石，主要成分是氢氧化铝的水合物，有时候会混杂一些氧化铁而显红色。硅元素和铝元素哥俩好，经常在一起玩耍，形成硅酸铝类的各种矿物。而在一些富含水的地区，经过了漫长的地质时代，水滴石穿，水带走的是硅和钙，留下的是铝元素，这就是铝土矿的由来。

正因如此，含有很少硅元素的铝土矿是用来生产金属铝的理想原材料，这是最重要的铝资源。铝土矿储量最大的三个国家是巴西、澳大利亚和非洲的几内亚，中国的现代化建设须要跟这些国家保持良好的关系。

巴西出土的较
为完整的长石晶体

长石

长石，地壳中最常见的矿物，在地下 15 km 的深度范围内，长石占地壳总质量的 60% 左右。它是一类矿物的总称，成分主要有硅酸铝钾、硅酸铝钠和硅酸铝钙三种，根据钾、钠、钙这三种元素的不同含量，可以把长石分为钾长石、钠长石和钙长石。还有其他的元素也会混杂其中，因而长石还会呈现出不同的颜色，比如黄、褐、浅红、深灰等。

每年有数千万吨的长石被开采出来，主要用来生产玻璃和陶瓷，长石产量前三名的国家是意大利、土耳其和中国。

高岭土

高岭土，因江西省景德镇高岭村而得名，也叫白云土。它的外观洁白细腻，呈松软土状，由高岭石、地开石、珍珠石、埃洛石等高岭石簇矿物组成，其中最主要的矿物成分是高岭石。

高岭石的晶体化学式为 $2SiO_2 \cdot Al_2O_3 \cdot 2H_2O$，其理论化学组成为 46.54% 的 SiO_2，39.5% 的 Al_2O_3，13.96% 的 H_2O。

高岭土和"瓷都"景德镇放在一起，可能很多人已经想到了，陶瓷的主要原材料就是高岭土、瓷石、长石和石英。高岭土中含有 Al_2O_3，可以提高陶瓷的化学稳定性和烧结强度。纯度高的高岭土是洁白的，因此还可作为塑料、涂料、化妆品、纸张中的填充料，提高它们的白度。

1937 年四川闹饥荒，吃了观音土后腹胀的孩子，眼泪……

高岭土还有一个大家熟知的别称——"观音土"。传说王屋山下的居民们得了一种怪病，观音下凡化为老太太，采来山土，加入面团中烹煮，解救苍生，因此大家都将这种土称为"观音土"。现在我们知道观音土就是高岭土，这东西被观音拿来烹调，可能添加量较少，也可能因为王屋山上的高岭土富含钾元素，居民们吃了后精神从萎靡转为亢奋。我们懂了化学，就知道观音土是硅酸铝，吃了也不会消化。

我们的民族在历史上多灾多难，在 20 世纪 70 年代之前，饥荒的阴影一直笼罩着中华大地。灾荒期间，一些穷苦灾民被迫靠吃观音土活命。现在我们知道观音土里没有任何人体所需的营养成分，虽然少量吃不致命，但也不能解决人体所需营养供给不足的问题。更难受的是吃了以后腹胀、便秘，饥荒年间因吃观音土腹胀如鼓甚至活活憋死之人不计其数。

膨润土

膨润土，也叫斑脱岩、皂土或膨土岩，它的主要矿物成分是一种叫蒙脱石的东西，这种蒙脱石也是一种硅酸铝，只不过结构比较特殊，由两个硅氧四面体夹一层铝氧八面体组成 2:1 型晶体结构。这种晶胞形成层状结构，其中还会混入钠、钾、铜、镁等离子，这些阳离子与蒙脱石晶胞的作用很不稳定，易被其他阳离子交换，具有较好的离子交换性，因此膨润土常被用作各种工业的吸附过滤剂，很多工厂和实验室里用的"白土"就是这玩意儿。因为它的工业应用特别广泛，比如红酒加工之后要靠膨润土将其澄清，所以被加工成的产品种类也很多，被称为"万能土"。

云母

云母，主要化学成分也是铝硅酸盐，人类最早使用的矿物之一，可以追溯到几万年前的旧石器时代。原始人有用它来做壁画的，也有用它来制造陶器的，到后来更有用它来建房子的，比如古阿兹特克人的太阳金字塔中，就使用了大量的云母。

到了工业时代，人们发现云母特别容易形成层状结构，它的电绝缘性能、热绝缘性能都特别好，因此它被加工成云母片，用作电气工业中的绝缘材料。

墨西哥城东北部，古阿兹特克城市特奥蒂瓦坎的太阳金字塔。

片状的金云母和白云母

明矾

明矾，成分是硫酸铝钾的十二结晶水合物，是一种无色透明的结晶，也称白矾、钾矾、钾铝矾。明矾有抗菌效果，是一种中药。明矾最为人熟知的是它的净水效果，古人没有自来水厂和管道，取来的江水、湖水、井水中会含有一些杂质而显得浑浊，加入一些明矾，搅拌之后静置一段时间，水就澄清了。

混入泥沙的水之所以浑浊，是因为泥沙粒子都带负电，这些带负电的粒子互相排斥，就一直在水里跳舞不肯沉下来，这也是大多数分散剂的机理。明矾溶于水后，电离出铝离子，铝离子水解生成了氢氧化铝，氢氧化铝容易形成带正电的胶体粒子，

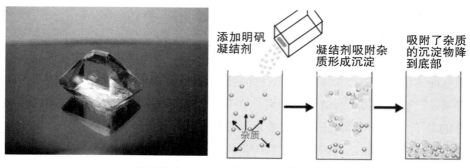

明矾晶体（左）与明矾的净水原理（右）

跟泥沙粒子所带的负电荷中和之后，呈电中性的粒子再也没有分散在水里的动力，只好沉降下来。

其他矿石

除了红蓝宝石以外，铝元素还存在于一些不太有名的宝石中。比如尖晶石，因其经常表现为带尖角的结晶体而得名，它的主要化学成分是氧化镁铝，会混入一些铁、锌、锰、铬，因而显蓝色或红色，你可以把它视为混入镁元素的红蓝宝石。

石榴石，其通式为 $A_3B_2(SiO_4)_3$，其中 A 代表二价元素（钙、镁、铁、锰等），B代表三价元素（铝、铁、铬、钛、钒、锆等）。根据 A、B 的不同，可以将石榴石分成六个系列——镁铝榴石、铁铝榴石、锰铝榴石、钙铬榴石、钙铝榴石、钙铁榴石，名字里带"铝"的都是含有铝元素的。

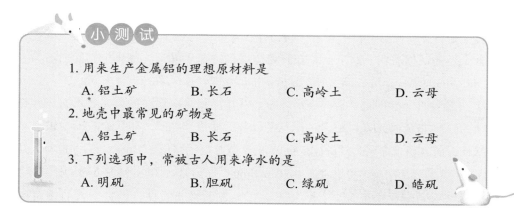

小 测 试

1. 用来生产金属铝的理想原材料是
　　A. 铝土矿　　　　B. 长石　　　　C. 高岭土　　　　D. 云母
2. 地壳中最常见的矿物是
　　A. 铝土矿　　　　B. 长石　　　　C. 高岭土　　　　D. 云母
3. 下列选项中，常被古人用来净水的是
　　A. 明矾　　　　B. 胆矾　　　　C. 绿矾　　　　D. 皓矾

3. 来自黏土的"白银"：两位大学生发明的制铝工艺

铝元素在地球上的分布如此广泛，有晶莹透亮的宝石，也有土里土气的矿石。谁能想到，直到一百多年前，人们才将铝元素从中分离出来，为我们所用。

古时候中国人已经开始用明矾净水了，古希腊和古罗马人也开始用明矾做染料和收敛剂了。西方人将明矾命名为"alumen"，在拉丁文中的意思是"具有收敛性的矾"。

拉瓦锡之前，有人将碱加入明矾溶液，得到了白色沉淀，将沉淀煅烧，得到了

【参考答案】1. A　2. B　3. A

马格拉夫，是最后一批炼金术士，最早的一批化学家。

一种白色粉末，德国人斯塔尔认为这粉末就是白垩或者石灰，但他也没能说清楚明矾和白色粉末的关系。同为德国人的马格拉夫指出了斯塔尔的问题，经过研究他发现这种白色粉末的性质和白垩、石灰完全不同，倒是和黏土很相似，他把这种白色粉末命名为矾土（即氧化铝）。

拉瓦锡和他的朋友德莫乌将矾土排在第一份元素名单中，但是德莫乌很谨慎地提到，矾土中可能存在一种金属元素。

戴维在成功地用电流发现了钾、钠、镁、钙元素之后，对他案头列着的几种物质——矾土、石英、锆石、绿柱石进行了一番分析，他在笔记中写道："我是多么幸运，现在已经有十足的证据表明，这里面存在我希望找到的金属元素，我将把它们命名为：硅（Silicium）、铝（Alumium）、锆（Zirconium）、铍（Glucium）。"

上面四个单词除了锆（Zirconium）以外都和元素现在的英文名不符。硅被确认为一种非金属元素以后，词尾从"-ium"变成"-on"，即"Silicon"；铍也被用绿柱石的名字来命名为"Beryllium"；后来戴维把铝写成"Aluminum"，也有人写成"Aluminium"。后来，国际纯粹与应用化学联合会（IUPAC）为了统一名称，将金属的后缀都改成"-ium"，铝的英文名就统一成"Aluminium"。直到现在还有地方总是用"Aluminum"，一字母之差。

戴维并没有真正得到纯净的铝，而只是得到了铁铝合金。到了1825年，丹麦科学家奥斯特——就是物理课本上通过小磁针偏转发现电流的磁效应的那位，先将钾溶解在水银里，让得到的钾汞齐与无水氯化铝反应，得到了一团新的金属，从外观上看和锡很类似。就这样，一直埋藏在众多矿物中的铝元素终于得见天日，跟人类见面了。

在奥斯特之后，我们的老熟人维勒花了很多力气去改进奥斯特的方法。到了1854年，法国

丹麦大师奥斯特，他不仅在物理学、化学上都名垂青史，还是丹麦童话家安徒生的挚友。

化学家德维尔发现用钠代替钾去还原氯化铝更为方便，成本也更低。这个"低"只是相对的，实际上，在 19 世纪 80 年代之前，铝的价格比黄金还贵。1855 年在巴黎世界博览会上，它与王冠上的宝石一起展出，标签上注明"来自黏土的白银"。

最有名的关于铝的事迹，莫过于拿破仑三世在他举办的宴会上，给客人用的都是纯金的餐具，而他自己用的却是铝制的，目的是显示自己的尊贵。

华盛顿纪念碑于 1884 年建成，它的顶端用铝制成，使用了约 2.8 kg 的铝。在当时，一盎司（28.35 g 左右）铝的价格和普通工人一天的工资差不多。

这个故事的主角是拿破仑三世，是最有名的拿破仑·波拿巴弟弟的儿子，不是拿破仑·波拿巴本人哦。

铝的价格之所以居高不下，不过是因为没有工业化生产，实验室里制得一点点的金属，跟工厂里大规模生产是两码事。实验室里用来还原铝化合物的钠也好，钾也好，都是新发现的很活泼的金属，很贵，还难以保存，这都限制了铝的工业化生产。而如果要电解熔融的氧化铝，则要把它加热到 2 000 ℃ 以上才能熔化，如此高的能耗在当时是难以想象的。

幸运的是，人们很快发现，在氧化铝中混入冰晶石，可以将氧化铝的熔点降到 1 000 ℃ 以下。又恰逢西门子改进了发电机，化学工业有了廉价的电力，铝大展宏图的时候到了。

1881 年 6 月，英国人韦伯斯特在伯明翰建厂，每周生产 20 吨铝，他一直保守着制铝的秘密！专利制度固然可以激发人们追求技术革新的动力，但有的时候也阻碍了社会进步。这个时候需要有人站出来，打破垄断，让全世界共享铝的好处！让大家没想到的是，完成这一重任的是两位大学生。

其中一位是美国奥柏林大学化学系的霍尔，他的老师朱伊特曾在德国跟从维勒学习。朱伊特在课堂上对学生说："不管谁，要是发明了铝的商业化生产方法，就是对人类的一大贡献，个人也会因此财运亨通的！"这一句话铭刻在霍尔的脑海里，他走进朱伊特的实验室，自己尝试制造了很大的电池，电解氟化铝的水溶液，最终只得到氢气和氢氧化铝。

毕业之后，霍尔在家里建立起小实验室，他找到熔点较低的冰晶石（Na_3AlF_6）作为溶剂，将氧化铝溶解，进行电解。1886年初，他经过十几天的实验，终于在阴极上发现了银白色的金属小球，经过检验，他确定这就是梦寐以求的金属铝。

1889年，霍尔投资两万美元组建了美国制铝公司，简称"美国铝业"。从这家公司成立之日起，它就是世界上最大、最强的铝工业企业，没有之一！它引领整个铝行业，不断为人们提供新的铝产品。就这样，铝的价格不断下降，各种各样的铝制品飞入寻常百姓家。

美国铝业（Alcoa），是全球铝工业的旗帜！

法国人埃鲁（左）和美国人霍尔（右），同年出生，同年发明了制铝工艺，同年去世。

就在霍尔成功制铝后两个月，另一个法国大学生也声称自己发明了制铝工艺，他的名字叫埃鲁。

埃鲁从小喜爱读书，15岁读到一篇德维尔谈制铝的文章，从此萌发了制铝的念头。成年以后，他得到一份遗产——一家制革厂，厂里有当时最先进的发电机，他闲暇时就电解各种铝化合物。有一天，他在电解冰晶石的时候，发现铁质的阴极竟然熔化了；几天后，他又尝试向电解槽中加入氯化钠铝，试图降低电解温度，结果发现石墨阳极也被腐蚀了。他推断，这是由于氯化钠铝吸收了潮湿的空气，生成了氧化铝，电解后产生的氧气腐蚀了阳极。这些细致的观察让他受到启发，于是他将氧化铝溶解到冰晶石中电解，果然获得成功。

大西洋两岸的霍尔和埃鲁两人使用同样的原料和方法发明了制铝新工艺，前后只相距两个月。很快他们就因专利权之争在法庭上唇枪舌战，争得不可开交。法庭经过认真审理，判决两人的专利同时有效。从此，两个人化敌为友，交往甚密，竟然成了莫逆之交，他们的工艺被称为"霍尔－埃鲁法"，两个伟大的名字被放在了一起，成为化学史上一段佳话。1911 年，美国化学会和化学工程学会等团体授予霍尔一枚柏琴奖章，埃鲁还特地远渡重洋去向霍尔祝贺。更为巧合的是，他们二位同年出生，同年发明制铝工艺，又在同一年（1914 年）去世，难道他们和铝的故事都是造物主安排好的吗？

"霍尔－埃鲁法"一直沿用至今，让我们大致看看这种方法究竟有何玄妙。

第一步，从铝土矿中去除掉硅等元素，分离出铝化合物。化学家们将铝土矿和烧碱混合，加热到 200 ℃以上，得到铝酸钠，再向铝酸钠溶液中添加晶种，在不断搅拌和逐渐降温的条件下析出氢氧化铝，煅烧后就得到了比较纯净的氧化铝粉末。这是化学家拜耳发明的，所以称为"拜耳法"。

第二步，将氧化铝和冰晶石混合，加热到 1 000 ℃左右，在这里，冰晶石起到的作用不仅是降低氧化铝的熔点，还可以帮助氧化铝导电。

通电以后，阴极上，铝离子得到了电子变成熔融态的铝单质，碳素体阳极失去电子，和氧化铝中的氧离子生成一氧化碳。实际生产中，二氧化碳生成得更多。在 1 000 ℃高温下，铝水的密度大于氧化铝和冰晶石电解液

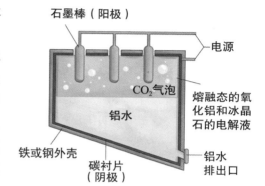

图片为"霍尔－埃鲁法"的示意图，上部分的浅绿色是电解液，下面的灰蓝色是制得的铝水。

在澳大利亚波特兰港口堆放的铝锭

的密度，因此生成的铝水沉淀下去，顺着管道流出，很容易就被分离出来了。这种方法生产的铝，纯度可以达到99%。如果需要更纯的铝，就将前面生产出的铝用钠等活泼的金属还原，可以得到纯度为99.99%的铝。

"霍尔－埃鲁法"发明以后，铝的生产成本一下子降下来了，相对于传统的铁、

铜、锡等金属，铝的储量丰富，材质又轻便，还不容易被腐蚀，因此被大量应用起来。

"霍尔－埃鲁法"一直沿用至今，电的成本占这种方法总成本的20%~40%，所以电解铝的工厂一般建在电力资源和铝土矿资源丰富的地区。现在，美国5%的电力用于电解铝工业，可见铝在工业中的重要性。

中国的电解铝工业发展也很迅速，中国的基础建设、老百姓的日常消费都需要铝这种元素，下面两节，我们就看看铝这种"来自黏土的白银"都在哪些方面闪耀着它的光芒。

小 测 试

1. 第一个提炼出了金属铝的是
   A. 马格拉夫　　 B. 戴维　　　　　 C. 奥斯特　　 D. 贝采里乌斯
2. （多选）发明了现代制铝工艺的两位大学生是
   A. 戴维　　　　 B. 贝采里乌斯　 C. 霍尔　　　　 D. 埃鲁
3. 曾经用铝显示自己的尊贵身份的是
   A. 拿破仑·波拿巴　　　　　　　　 B. 拿破仑三世
   C. 伊丽莎白女王　　　　　　　　　 D. 路易十六

4. 铝，颠覆钢铁帝国（上）

在铝被发现之前，人类利用金属做结构性材料经历了两个时代——青铜时代和铁器时代。事实上，在人类比较早认识的金属里，除了铁以外还真没几个用着顺手的：金、银等贵金属太贵，不可能当作铁来用；铜太难熔，也不便宜；锡不耐冻；锌太容易被腐蚀；铅太重，还会让人中毒。戴维时代新发现的一批轻金属不是像钠、钾一样脾气火爆，就是和铍一样有剧毒。好不容易有一个镁轻便耐用，还容易着火。

现代的炼钢技术发展起来以后，可以说人类文明进入了钢铁帝国时代，2017年，人类一年生产出的粗钢已超过16亿吨。但是我们发现，不声不响中，铝已经在很多地方取代了钢铁，而且它在很多方面的性能比钢铁更好。

铝虽然不如镁轻，但是已经很出色了，它的密度约是铁的34%、铜的30%。此

【参考答案】1. C　　2. CD　　3. B

外，虽然铝的反应活性比铜、铁都强，更易于被氧化，可是它的表面会很快形成一层致密的氧化膜，保护内部不被继续氧化，这让铝受到众多材料工程师的欢迎。

还必须提到，铝的熔点比较低，只有 660 ℃。与铁、铜的 1 000 多摄氏度相比，我们将铝熔融需要的能耗更少，所以精密加工的能耗相对较低。铝容易在较低的温度下经压力铸造形成各种形状复杂的物品，在这一点上，铁和铜较难做到。铁水和铜水大多数时候只适合重力铸造，没什么复杂的模具能承受它们的高温。

铝唯一的缺点是强度不够，但是科学家们立刻想出了好办法，将其他金属掺入铝中做成各种铝合金，比如铝和铜、锰、硅、镁、锌、铁等的合金。铝合金的研究和应用已经成了一门学问，各种各样的铝合金被研制出来，被人们用到不同领域，从天上到海里，从大厦到身边。

汽车的主体结构用铝合金达到轻量化的效果。

用镁铝合金做的发动机组

人造卫星也是铝合金的。

轻便的铝合金助力中国高铁、中国速度。

用铝合金做的游艇

这架直升机样机的质量号称不足 1 吨。

▲铝合金型材在建筑业中也被广泛应用，比如铝合金门窗。

▲电池的外包覆材料是铝合金。此外，笔记本电脑的外壳和托盘，以及手机外壳，一般也是铝合金做的。

▲加拿大蒙特利尔威尔玛丽广场上的铝合金结构幕墙

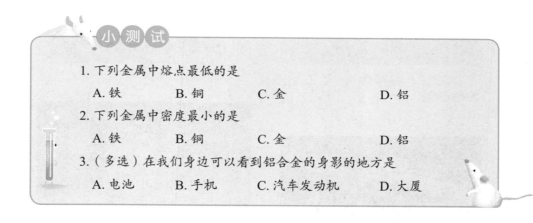

小测试

1. 下列金属中熔点最低的是

　　A.铁　　　　B.铜　　　　C.金　　　　　　D.铝

2. 下列金属中密度最小的是

　　A.铁　　　　B.铜　　　　C.金　　　　　　D.铝

3. （多选）在我们身边可以看到铝合金的身影的地方是

　　A.电池　　　B.手机　　　C.汽车发动机　　D.大厦

5. 铝，颠覆钢铁帝国（下）

　　二战英德空战期间，英国空军和德国空军真是你来我往，打得不可开交，为了提高打击效率，双方大批的科研人员想尽各种办法干扰对方的雷达。

　　英国专家发现，铝反射光线的能力特别强，如果把一大批铝箔撒在空中，就会在雷达显示器上产生犹如飞机一样的形象，这就是后来常说的"消极干扰"。1943

【参考答案】1.D　2.D　3.ABCD

年 7 月，英国人首次轰炸德国汉堡，行动代号为"罪恶城作战"。当时英国出动 791 架轰炸机，在飞往目标途中，每架飞机 1 分钟撒下 2 000 多个铝箔片，场面浩浩荡荡。效果很明显，在另一边，德国雷达屏幕上显示英国飞来了 12 500 架飞机。求解此时德国军官内心的阴影面积。

战后，铝对光线的强反射能力被应用到了建筑上，比如追求节能环保、反射隔热的屋顶。而进入室内，铝合金本身的轻便耐用特性就让装修工程师从来不吝啬地使用它，比如厨卫的天花板多用铝扣板。

铝的导电性仅次于银、铜和金，以前电线、电缆大多为铜制，近年来铜价上涨，按照新的国标规定，除了控制电缆，以及在遇火、遇高温、遇水后有爆炸等危险的电缆外，一般都使用铝合金材料。

铝的导热性能也很出色，比铁好很多，因此被用来做炊具，比如我们家里的"钢精锅"。但是大家一定要注意，不能用钢精锅长时间存放或蒸煮咸的东西，因为铝表面的氧化膜在电解质含量高的体系里特别容易水解成铝离子，生成氢氧化铝胶体。铝锅失去了保护膜，只能在下次遇到氧气的时候再生成一层氧化膜，这样铝锅会越来越薄，寿命就缩短了。现在科学家还发现铝对大脑有伤害，所以要尽量避免用铝制的炊具。

铝是典型的金属，延展性非常好，可以被制造成很薄的铝箔、铝丝和铝条等各种铝制品。

►厨卫的天花板多用铝扣板。

▲用铝合金做的屋顶

◄铝反射光线的能力很强，当然可以用来做太阳灶。

▲铝合金电缆

▲ CD 光盘等也是用高纯度铝合金做的。

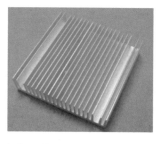

◀空调散热片用铝合金做成，利用了铝导热性能强的原理。

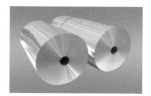

◀食品包装铝箔

▶我们平时喝的饮料的易拉罐包装，当然是铝制品，轻便耐用。

◀现在的孩子们很难见到这种硬币了，它们都是用铝做的，我国的很多硬币现在已经改用钢芯镀镍材料了，但是欧洲很多国家仍然采用铝币。

▶一般的金属呈粉末状时多为黑色，而铝呈粉末状时仍然保持银白色光泽，所以我们把它添加到涂料里，使涂料表现出银色的金属光泽。我们一般把这种涂料叫铝粉漆，或者铝银浆。很多东西我们以为是金属做的，其实是塑料表面刷了含铝粉的涂料。

铝热反应实验现象

铝是比较活泼的金属，具有强还原性，比铁、铬、锰、铜等金属都要活泼，因此可以用铝来置换许多金属氧化物中的金属，比如高温下用铝来置换氧化铁中的铁，这种方法被称为"铝热法"，常被用于生产工业纯金属、金属焊接等。

但要注意，铝热反应之所以能实现，一方面是由于铝的强还原性，另一方面则是由于氧化铝的生成焓很低，所以铝热反应会放出大量的热和绚丽的火光，甚是瑰丽。这个反应在中学就可以学到，一些热爱化学的骨灰级发烧友非常热衷于铝热实验，把它评为中学阶段人气最高的化学反应。

但需要注意，铝热反应释放的热量会把新生成的金属熔融，以致发生高温熔融物的喷溅。在室内做这个实验相当危险，容易造成高度烫伤及严重爆炸等事故，小朋友们一定要注意，必须在老师的监督与指导下才能进行实验。

如果同学们确实对该实验感兴趣，可以选择四氧化三铁作为金属氧化物，并严格控制用量，到室外空旷处进行实验，并戴上护目镜。我们的目的是用化学知识为人类造福，而不是让自己"遍体鳞伤"。

最后，铝的耐腐蚀特性使得铝制品的寿命特别长，100多年前生产出来的很多铝制品，现在还可以继续用。我们也已经知道，铝从开采到生产再到加工是一个高能耗的产业链，之前我们提到美国5%的电力被用来电解铝，这是一个很惊人的数字。此外我们还要注意，电解铝过程中产生的大量的二氧化碳也会加剧温室效应。

在铝回收方面，很多国家做得很好，比如美国将近1/3的铝来自铝回收。也有人专门统计过铝易拉罐的回收率，巴西排在世界第一位，该国在2001年创下了85%铝罐回收再利用的世界纪录，首次超过日本，排名第一。而我国，一方面每年有8万多吨的易拉罐被丢掉，不能有效回收，另一方面我国铝资源的对外依赖度达到41%，这是多么鲜明的对比啊！对于我们来说，要做好铝回收，垃圾分类是第一步！

废弃的易拉罐是宝贵的资源。

1.（多选）本文提到了铝的特性有

　　A. 对光线的反射能力强　　　　B. 导热性能好

　　C. 延展性好　　　　　　　　　D. 还原性强

2.（多选）你家里有的铝制品是

　　A. 钢精锅　　　B. 空调散热片　　　C. 易拉罐　　　D. 食品铝箔

3. 下列说法中正确的是

　　A. 英国曾经出动了一万多架飞机轰炸德国汉堡

　　B. 钢精锅比铁锅耐用

　　C. 节能减排，应该做好垃圾分类，有效进行废铝回收

　　D. 电解铝行业是一个节能环保的行业

【参考答案】1. ABCD　　2. 略　　3. C

第十四章

硅

石头里的"土娃娃",竟成信息时代的"元素担当"。

元 素 档 案

姓名:硅(Si)。

排行:第14位。

性格:平时不活泼,但在高温下活力四射。

形象:平凡的灰色模样、非凡的科技本领,常常活跃于电子、玻璃、有机硅等制造行业。

居所:在地壳中是第二丰富的元素,以二氧化硅或复杂的硅酸盐的形式,广泛存在于岩石、沙砾、尘土之中。

第十四章　硅（Si）

硅（Si）：位于元素周期表第 14 位，与碳元素为同族元素。单质硅是应用性很强的半导体材料，是目前制造计算机芯片、集成电路的基石。日常生活中最常见的含硅元素的物质是硅酸盐和二氧化硅，它们常被用来制造玻璃或光导纤维，它们的性质也相当稳定，一般只与强碱及氢氟酸反应。

1. 水晶之恋

有这么一个神仙，他和一个小孩儿打过架，还被一只猴子打劫了，那个小孩儿叫哪吒，那只猴子叫孙悟空。你一定知道了，这个神仙就是"倒霉"的东海龙王敖光，他的三太子被哪吒活活打死，定海神针被孙悟空拿走。他的居所可是非常精致恢宏的，传说龙王们都住在用水晶建造的"水晶宫"里。

水晶，中国古人还称呼它为水玉、玉英、水精、水碧等，早在《山海经》里就频繁出现："又东三百里，曰堂庭之山 …… 多水玉"，"又南三百里，曰耿山，无草木，多水碧"。

中国古人认为水晶蕴藏着天地间的灵秀之气，流泻着宇宙里的雄浑之韵，是自然精华的凝聚。传说，赤松子教神农服用水晶，因为服食水晶后能够在烈火中任火烧烤，这虽是伪科学，却反映出中国古人对水晶之美的倾慕。所以屈原在《涉江》中这样歌诵："登昆仑兮食玉英，与天地兮同寿，与日月兮同光。"

图片为灰姑娘的水晶鞋。水晶鞋完全是传说，水晶较脆，承受不了人走路时的压力。

唐代诗人严维有一首《奉试水精环》："无瑕胜玉美，至洁过冰清。未肯齐珉价，宁同杂佩声。能衔任黄雀，亦欲应时明。"这更是中国古代文人对水晶至高的评价。

童话故事《灰姑娘》里面，灰姑娘就是得到了一双水晶鞋，才逆袭成功的。

大块儿的水晶非常漂亮，常呈六方柱、菱面体等，是很稀少的宝石。中国有史以来最大的一块儿水晶产自江苏省东海县。1958 年，这里的生产队挖出一块儿纯天然白水晶，高约 1.7 米，宽达 1 米，重约 3.5 吨，大家被这么大的水晶石惊呆了，给它起名"水晶大王"。东海县委决定将它送给毛主席，毛主席指示周总理要保护好这一稀世珍宝，于是这块儿水晶被存放在当时正在筹建的中国地质博物馆。

相对于我国的水晶，巴西出土的水晶成色更好，水晶的储量也很丰富。人们在巴西高原的地表浅处就可以开采到天然水晶，所以开采成本较低，世界上最大的单晶水晶产于巴西米纳斯吉拉斯州，它长 5.5 米，直径 2.5 米，重达 40 吨。

中国地质博物馆内的"水晶大王"，似乎有些暗淡。

巴西出土的黄水晶

纯净的水晶洁净无色，闪闪发亮，然而大多数天然水晶是带有杂质的，因而带有不同的颜色。比如：

黄水晶，黄色至棕色，混有铁离子，经常和黄玉混淆。

乳水晶，之所以显乳白色是因为其中包裹着一些气体或液体。

粉水晶，粉红色至玫瑰红色，混有微量的钛、铁或锰。

烟水晶，灰色，透明，仿佛被烟熏过似的。这是因为二氧化硅晶体中混入了有机物，也有一种说法是因为混入了铝元素。

绿水晶（蓝水晶），自然界很稀少，一半来自人工合成。

最有名的当然是紫水晶，紫色，有的很亮，有的很暗，其中混入了铁和锰。

在英语中紫水晶叫 amethyst，来源于古希腊神话，相传酒神巴克斯（就是狄奥尼索斯）因与月亮女神狄安娜发生争执，他越想越气，派一只老虎前去报复，却遇上去拜访狄安娜的少女阿梅希斯特（Amethyst），狄安娜为避免无辜的少女死于虎爪，将她变成洁净无瑕的水晶雕像。酒神看到以后，忏悔的泪水滴落在水晶雕像上，将它染成了紫色。

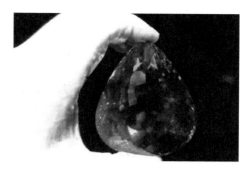

世界上最大的一颗紫水晶，产自斯里兰卡，重达 1 030 克拉。

　　因为这个原因，在古希腊文化中，紫水晶被认为是酒神的象征，人们戴上它以后，不仅不易喝醉，而且还可保持诚实和理性。后来紫水晶在西方国家代表着"爱的守护石"，传说能赋予情侣深爱、贞节、诚实及勇气。

　　水晶纯净透明，用它制作的饰品很漂亮，深受人们的喜爱。有这么一家奥地利公司施华洛世奇，专门制作"水晶"制品，在全世界范围内都很有名，是著名的奢侈品品牌。

　　玛瑙也算是水晶的一种衍生物，主要成分也是二氧化硅，在结晶的时候混入了水，因此水和二氧化硅交替成层。其中还混入了不同的金属元素，因此表现出白色、灰色、棕色、红色等不同颜色的花纹，这种鲜艳祥和的颜色让玛瑙成为美丽、幸福、吉祥、富贵的象征。

　　古希腊传说中，爱神阿芙洛狄特小憩之时，她顽皮的儿子厄洛斯偷偷地将她的

用美丽的"战国红"玛瑙做成的念珠

美甲剪下来，得意忘形地飞到空中，却一不小心将它弄丢了，掉下来的爱神指甲就变成了玛瑙，因此玛瑙也被认为是爱情之石。

　　中国古代的中原地区出产的玛瑙比较稀少，历史上很多著名的玛瑙宝石都来自西域。古代蒙古人看到玛瑙的颜色和美丽的花纹很像马的脑子，就以为它是由马脑变成的石头，后"马脑"被译为"玛瑙"。

　　水晶就是纯净的二氧化硅晶体，大的水晶稀少，小的"水晶"却随处可见。比如在野外的阳光下，石头、沙子在向你顽皮地眨着眼睛，等走近仔细看时，你会发现里面有很多无色透明的小颗粒，如同有好多面小镜子，在反射着阳光。这些小颗粒就

是微小的"水晶",人们把它们叫作"石英"。石英是地壳中储量仅次于长石的矿物,在众多岩石中都能找得到。

石英很硬,摩氏硬度是7,这是因为二氧化硅的结构和金刚石很类似,不同的是金刚石中的碳碳键变成了石英中的硅氧硅键。硅氧键的键能更大,但由于两个硅原子中间多了一个氧原子,结构就没有金刚石那么坚固了。

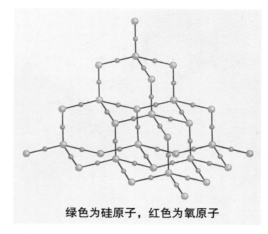

绿色为硅原子,红色为氧原子

二氧化硅的晶体结构,跟金刚石是不是很像?

在碳那一章里,我们提到碳单质的多种形态及其广泛的用途,那么二氧化硅是不是也类似呢?我们下节再谈。

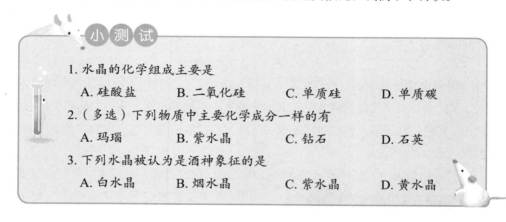

小测试

1. 水晶的化学组成主要是

    A. 硅酸盐   B. 二氧化硅   C. 单质硅   D. 单质碳

2. (多选)下列物质中主要化学成分一样的有

    A. 玛瑙   B. 紫水晶   C. 钻石   D. 石英

3. 下列水晶被认为是酒神象征的是

    A. 白水晶   B. 烟水晶   C. 紫水晶   D. 黄水晶

2. 各种用途的二氧化硅

1880年,居里夫人的老公皮埃尔·居里和他的兄弟雅克·居里一起发现了石英具有压电效应。所谓压电效应,就是指晶体受到外界压力的时候会生成一个电位移。你可能觉得这跟我们的日常生活没什么关系吧,其实不然,你在家里摁下一个按钮,煤气灶就燃起蓝色的火焰,或者你一按电子打火机就可以轻松点起火焰等,这些都是压电效应在生活中的应用。

【参考答案】1. B   2. ABD   3. C

皮埃尔·居里，在物理学史上，他可不是活在他妻子的光环下，在世的时候也是受人尊敬的伟大的物理学家。

压电效应最早在军事上使用。在第一次世界大战中，协约国军舰受到德国无限制潜艇战的骚扰，于是协约国设法寻找有效探测潜艇的方法。因为电磁波无法有效地穿透海水，而声波能在海里传播，于是法国科学家郎之万便利用石英压晶体管作为声波产生器，超声波潜艇探测器就这样诞生了。

在这之后，压电效应被应用到各种地方，除了之前提到的燃气灶和打火机外，还被应用在各种各样的振荡器、传感器、蜂鸣器中。再比如钟表，有一种名为"石英钟"的钟表很有名。石英也因此成为重要的战略资源。

二氧化硅的存在形态除了石英晶体之外，还有其他的形态，有一种叫作硅藻的浮游生物，分布极其广泛，在海洋、淡水、泥土里都有存在，甚至人们在 2 000 m 的高空都能探测到它们。和其他藻类相比，硅藻细胞壁的主要成分是二氧化硅。

硅藻死亡以后，遗骸沉积下来，变成了一种类似泥土的形态，主要成分就是二氧化硅，还有铝、铁、钙等的氧化物等杂质，人们叫它"硅藻土"。

硅藻土跟石英这种二氧化硅晶体不一样，它是一种疏松、多孔的物质，密度比石英要小很多，甚至比水还轻。对于运输公司来说，运送这样的货物是很头疼的，满载整整卡车，货运量却不足其他货物的百分之二三十，过路费、过桥费啊……货运老司机已经泪奔。

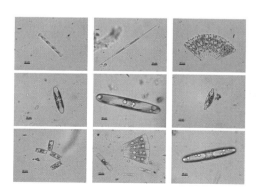

显微镜下淡水中的硅藻（左）与硅藻土（右）

硅藻土随处可见的广泛分布和疏松多孔的特性让它在很多领域找到了自己的位置。诺贝尔早就想过将硝酸甘油和硅藻土混合，这样可以让硝酸甘油更加稳定，易于存储和运输。他于1867年申请了专利，将这种炸药叫作"硅藻土炸药"。因为硅藻土疏松多孔，很多的过滤介质也会用到它，从化工厂到自来水厂、啤酒厂、红酒庄，甚至身边的鱼缸，我们都能从中看到它的身影。

硅藻土的特性还让它被填充到乳胶漆中，最近几年兴起的"硅藻泥装饰材料"就是它影响力的体现。由于它的孔隙特别多，所以被填充到家装涂料中可以吸附很多有害气体，还能有效地吸收噪声，达到隔音的效果。

我们前面提过石英晶体的结构跟金刚石类似，那你是不是感觉硅藻土有点像无定形碳？我们知道碳的同素异形体有炭黑，也具有疏松多孔的特性，是不是也可以将硅藻土看作类似炭黑的物质呢？

白如雪花的白炭黑

硅藻土还不够纯净，化学工作者们早已发明了方法，可以得到比较纯的二氧化硅粉末，还真被叫作"白炭黑"。

白炭黑可以被视为较纯的硅藻土。它是通过人工方法生产出来的，主要有两种方法：一种是沉淀法，就是将硅酸盐和硫酸反应，得到硅胶，脱水以后进行沉淀浮选，就得到了沉淀法白炭黑；另一种是气相法，先将硅变成四氯化硅，然后与纯氧和氢气在高温下反应，这样就得到了极细粒径的二氧化硅。

相对于炭黑，白炭黑的分散性、耐磨性、强度都要好很多，况且白炭黑"脸白"，因此它在很多地方都开始取代炭黑。比如各种各样的橡胶制品中就填充了白炭黑，甚至连牙膏里也添加了白炭黑，这样可以增大摩擦力。白炭黑虽然是白色的，但其巨大的表面积使它也可以吸收光线，因此被用于亚光的皮革中，大家称它为"消光粉"。

我们看到了二氧化硅是多么有用，但是其生产加工过程却存在着巨大的风险。含二氧化硅的粉尘被吸入身体之后，会在肺内蓄积，达到一定程度就对肺造成了不可逆转的损伤，这就是尘肺病。

我们希望化学工作者能够改进我们的生产工艺，引入自动化流程，保障工人们的身体健康。

小测试

1.（多选）硅藻土可以用来

    A.过滤啤酒   B.填充到涂料中

    C.制作超声波潜艇探测器   D.生产石英钟

2.（多选）在我们身边，会出现白炭黑的地方有

    A.牙膏   B.轮胎   C.涂料   D.皮革

3. 晶莹透亮的非晶体——玻璃

公元前 6 世纪至公元前 5 世纪
腓尼基人的玻璃项链

传说很久以前，几位腓尼基商人在一次长途旅行中遇到风暴，被迫流落到一个海滩上，他们燃起火堆准备做饭。可是找遍整个海滩，也找不到石头可以把锅给架起来，他们只好打开船上装载的商品——晶体矿物（天然苏打），用以撑起他们的锅。第二天，等到他们要离开的时候，突然发现灰烬里有一粒粒白色的东西在闪闪发光，如同鱼身上的鳞片。他们带走了这些奇妙的"鳞片"，并记录下了这种事情。

这是怎么回事呢？原来，在沙滩上的细沙里有很多石英。原本石英是不会被柴火的温度熔化的。但是在碳酸钠的帮助下，石英就可以在较低的温度下熔融，冷却之后，变成了一粒粒的透明体，它的主要成分是钙钠硅酸盐，我们叫它"玻璃"。

这几个商人不经意间的发现迅速传播开来，到了公元前 15 世纪，克里特岛、希腊迈锡尼、埃及、西亚等地区都开始生产玻璃，这些都被考古发现证实。

公元前 650 年，亚述末代国王亚述巴尼拔的图书馆里，存放了一本怎样制造玻璃的"指南"，类似的书籍在古埃及亚历山大图书馆里也被找到过，这说明当时玻璃的制作工艺已经比较成熟。

【参考答案】1. AB   2. ABCD

到了罗马时代，制作玻璃的技术得到了进一步的发展。之前的玻璃都有颜色，最常见的是浅绿色，因为其中含有正二价铁离子，想想我们用的啤酒瓶是不是这样的颜色？罗马人发现，在玻璃中加入二氧化锰，会使玻璃变得无色。原来，二氧化锰中的正四价锰离子具有氧化性，会将正二价铁离子氧化成黄色的正三价铁离子，而自己被还原成蓝紫色的正三价锰离子，黄色和蓝紫色恰好是互补色，二者放在一起，外观上看起来就是无色透明的。

有了无色透明的玻璃，罗马人就将它应用到更多的地方，他们不仅使用玻璃去制作容器，还用它们来做马赛克地砖，玻璃窗户也出现了。

在漫长的中世纪里，玻璃工艺没有太大的发展，一直到了文艺复兴前夕的12世纪，人们发现在玻璃中添加各种金属或者盐类，会让玻璃呈现出不同的颜色，彩色玻璃诞生了。在那个时代，彩色玻璃主要被用来装饰教堂，现在我们去欧洲旅行，可以看到几乎所有的教堂都用美丽的彩色玻璃装扮起来。

科隆大教堂的彩色玻璃

在当时，欧洲有两个地方的玻璃最为有名。

一个是波西米亚和西里西亚。当时这里生产一种墨绿色的玻璃，被称为"森林玻璃"。到现在，这个地方还有一种叫"莱茵酒杯"的葡萄酒杯，是"森林玻璃"的典型作品。还记得之前的施华洛世奇吗？其创始人就是从这里走出去的。

另一个地方叫作穆拉诺，这个名字大家可能不熟，但这个地方所属的城市就是大家熟知的意大利水城威尼斯。最早的时候，威尼斯共和国的房子都是木头做的，1291年的一天，突然有传言说会有大火，富裕的威尼斯商人们被吓得不轻，立刻将附近的玻璃工人们招募过来，连人带设备都聚集到附近的穆拉诺岛上。穆拉诺就这样成为全欧洲最有名的玻璃生产基地，这些工人是不允许离开穆拉诺岛的，目的是防止技术泄露。

17世纪，英国人发明了含铅玻璃，这是一种更加便宜的无色玻璃。法国人也开始用熔铸法生产大面积的平板玻璃，瑞士人引入了搅拌法，让玻璃内部更加均匀。最关键的是，勒布朗和索尔维的制碱法诞生了，廉价的、可大规模进行工业生产的纯碱被制造出来，有力地推动了玻璃的应用和发展。

　　1851年第一届世博会（当时叫作万国博览会）在伦敦举办，英国人帕克斯顿设计了会议的场馆——水晶宫，用钢铁做骨架，全身上下都以玻璃为主体，这是一次用透明材质做建筑主体材料的大胆尝试。这次会议共有超过620万人次的参观次数，几乎所有人都惊叹于会议场馆的神奇。

第一届世博会

　　1871年，法国人巴斯提在制造玻璃的时候用油脂迅速冷却淬火，他发现这样做出的玻璃，强度和热稳定性都特别好。大家把这种玻璃叫作"巴斯提玻璃"，也叫作"回火玻璃"，它更常见的名字是"钢化玻璃"。

　　生活经验告诉我们，家里的玻璃杯被打碎以后，妈妈们会特别紧张，生怕尖锐的碎片划伤了孩子的脚。钢化玻璃的抗冲击强度是普通玻璃的3~5倍，如果玻璃杯是用钢化玻璃做的，被孩子摔到地上，它会跳跃几下，而不会碎裂。当然这不代表钢化玻璃百击不穿，如果受到特别大的冲击力，它也会碎，只是碎得很有个性，会变成类似蜂窝状的碎颗粒，这些碎片也不会急速飞溅出去，而是仍然连在一起。所以用钢化玻璃制作

约1880年，威尼斯穆拉诺产出的玻璃吊灯

的物品不容易伤人，安全性得到了保障。

　　20世纪50年代末，英国人皮尔金顿爵士发明了浮法玻璃生产工艺，他在连续板带上放上一层熔融的锡作为基底，再让熔融的玻璃在上面流动，直至冷凝。这种方法可以保证生产出来的玻璃拥有均一的厚度和平整的表面。直到现在，90%以上平板玻璃的生产用的还是这种方法。

　　说到这里，回过头来看我们本节的标题，是不是有什么问题？

　　玻璃如此晶莹透亮，难道不是晶体吗？确实不是！

　　水晶是透明的晶体，即由硅原子和氧原子形成类似钻石结构的二氧化硅晶体，而玻璃是一种无规则结构的非晶态固体，虽然不像晶体那样在空间上具有长程有序的排列，但在短程上，它又是有序的，由硅氧硅键组成一个又一个的环状结构，这一点儿很类似于液体。

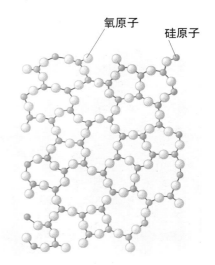

氧原子　硅原子

图片为非晶体SiO₂的投影示意图。硅氧硅键相对于碳碳键比较"柔软"，所以能很"舒适"（这个词我们到有机硅那一部分再好好体会）地形成由不同数量的硅原子组成的环状结构，甚至网状结构。

　　因此，玻璃是一种很奇妙的物质，宏观上像固体一样保持特定的外形，不随重力作用而流动；微观上又很像液体，长程无序、短程有序。也许，你可以把玻璃看成黏度很大的液体。

　　下一节，我们就看看这奇妙的玻璃在我们身边都发挥了什么样的作用。

小 测 试

　　1. 最早发明玻璃的是
　　　　A. 腓尼基人　　　　B. 埃及人　　　　C. 威尼斯人　　　　D. 中国人
　　2. 能承受强大的冲击力，碎裂后变成类似蜂窝状的碎颗粒的玻璃是
　　　　A. 毛玻璃　　　　B. 森林玻璃　　　　C. 钢化玻璃　　　　D. 含铅玻璃
　　3. 玻璃这种物质的形态是
　　　　A. 固体　　　　B. 液体　　　　C. 晶体　　　　D. 气体

【参考答案】1. A　2. C　3. A

4.玻璃文明（上）

相对于腓尼基时代和罗马时代，我们今天的玻璃生产工艺更加成熟，应用更加广泛。下面我们就从吃、穿、住、行开始，一个一个看过来。

◀全球最有名的玻璃制品生产企业——美国康宁公司的博物馆里陈列着 1915 年生产的玻璃餐具。现在玻璃餐具非常常见了。

▲家里的玻璃台面，也可以这样艺术范儿。

▶玻璃饰品在阳光、灯光的照射下很吸引眼球，美女们喜爱这样的靓装。赵本山小品里说的"一身玻璃球子"就是这个意思吧！

▲在家里、办公室、宾馆酒店、车上，人们都爱摆放一些玻璃制品，澄清透明是一种心情。

▲家里、办公室、酒店里这样的落地窗让人何等惬意。

◀罗浮宫前的金字塔形玻璃入口，由华人建筑大师贝聿铭设计。

◀南京的中心——紫峰大厦，玻璃幕墙浑然一体，仿佛一枚神针，屹立在南京的市中心。

▲进入 21 世纪，智能手机、平板电脑的出现让玻璃的用途又增加了一个闪光点。话说 21 世纪初，康宁公司多年未有大增长，股东、投资方很是头疼，几乎要放弃这家企业，就在这个时候，苹果手机的出现挽救了这家公司。

▲汽车用的玻璃都是钢化玻璃，你不用担心鸟屎掉下来击穿你的爱车。当然如果你碰到陨石雨，你的玻璃应该还是会碎的，但是肯定比普通玻璃安全很多。

▲人造卫星也用玻璃。

相对于西方，中国的玻璃出现较晚，目前发现的最早的玻璃制品大约出现在西周时期。专家推测，其可能是匠人在冶炼青铜器的时候意外发现的。古人不把它叫玻璃，而是叫"琉璃"，古人还叫它"五色石"，并将其列入中国五大名器之首。

从汉代开始，我国生产琉璃的工艺已经相当成熟，但是生产工艺一直掌握在皇家手里，密不外传。明朝初年，经过靖难之变，明成祖朱棣夺取帝位，为了纪念其生母，永乐十年（1412 年）开始，在南京建造了一座大报恩寺，历经 19 年建成，甚至截留了一部分郑和下西洋的款项用于建寺。大报恩寺琉璃塔是金陵十八景之一，高达 78.2 m，通体用五色琉璃砌筑，塔内外置长明灯 146 盏，有人称赞它"白天似金轮耸云，夜间似华灯耀月"。它与罗马大斗兽场、比萨斜塔、万里长城、圣索菲亚大教堂、英格兰亚历山大地下陵墓、巨石阵共称为"世界中古七大奇迹"！

可惜的是，太平天国战争期间，这座奇迹毁于战火，自建成至损毁，它一直是中国最高的建筑。更为可惜的是，琉璃的制作工艺在明代竟然失传了。尤其需要注意的是，中国历史上一直没有诞生无色透明玻璃的生产方法，一直到清代，无色透明的高铅玻璃才从西方传过来。

琉璃瓶，唐代盘口细颈淡黄色
▲法门寺地宫出土。

▲ 1665 年，荷兰东印度公司的尼霍夫来到
南京，手绘了大报恩寺琉璃塔，将图带回欧洲后，
整个西方惊呆了。

在世界历史上，中华文明一直领先，但是欧洲文明爆发出了现代科学，并一举超越明清时代的中华文明，这是一件难以理解的事情，被称为"李约瑟难题"。

有一种说法认为，中华文明之所以诞生不出现代科学，跟中国历史上对玻璃的应用较少有关。这种说法看似可笑，却也有一定的道理，下一节我们就看看玻璃跟科学，以及跟文明的发展有什么必然的联系。

小测试

1.（多选）中国被列入"世界中古七大奇迹"的两大建筑是

　　A. 万里长城　　B. 大报恩寺琉璃塔　　C. 乐山大佛　　D. 黄鹤楼

2.（多选）我们身边使用玻璃的地方是

　　A. 玻璃幕墙　　　B. 装饰品　　　　　C. 容器　　　　　D. 平板电脑

5. 玻璃文明（下）

很难想象我们在一个没有玻璃的世界里怎样生活！我们不仅要看到这些透明的"精灵"在身边发挥着巨大的作用，更要注意到玻璃在人类文明发展史中扮演的重要角色。

【参考答案】1. AB　2. ABCD

图片为否定自然发生论的巴斯德，巴氏杀菌法就用他的名字命名。

我们首先走进化学实验室，到处都能看到透明的化学玻璃仪器：烧瓶、试管、锥形瓶、量筒、容量瓶、玻璃棒等。离开玻璃仪器，你还能做化学实验吗？话说最初的化学工作者必备的技艺是烧制各种各样的玻璃仪器，戴维也好，本生也好，都是高超的玻璃仪器制造者。

我们再走进生物实验室，会看到培养皿也是用玻璃做的。我们不要忘了，巴斯德用一个玻璃鹅颈瓶证明了微生物不会无中生有，揭开了生物学新时代的大幕。

在物理实验室中，使用玻璃制作的仪器就更多了，尤其是光学仪器，话说伽利略时代的物理学家必备之技能是研磨玻璃，你会吗？

有了研磨玻璃的技术，各种各样的透镜出现在实验室和我们身边。玻璃眼镜可以追溯到达·芬奇时代。由于玻璃太重，压迫鼻子和耳朵，现在基本都已改成透明树脂了。

每个家庭是不是都有一个放大镜？除了用来帮助老爷爷看报纸外，还被小朋友拿去在太阳下面烧蚂蚁，作孽啊！

1609 年，伽利略听闻荷兰人用透镜组合做成了一种仪器，可以看到很远的地方。伽利略利用这条信息独立做出了世界上第一台望远镜，他没有像那些人一样用它来看山水风景，而是把它对准了天空。

他首先观察月亮，那皎洁的白色圆盘在望远镜里面竟然是一张千疮百孔的"麻饼"；他又将镜头对准木星，观察到有四个小白点儿在木星旁边，而且每天它们的位置都会发生变化，原来不是所有的星体都在绕地球旋转哦；他将镜头朝向金星，发现金星也和月亮一样，有相位变换，这只有用金星围绕太阳运转来解释才能说得通；他又将镜头转向太阳，太阳黑子清晰可见，并且能观察到太阳在自转。

实验科学的奠基人之一——伽利略

这些都是摧毁"地心说"的观测事实,因此,当时盛行的话是：哥伦布发现了新大陆,伽利略发现了新宇宙。

在伽利略之后,胡克自制了显微镜（我们在"氮元素"那一章里已经提过）,它的原理和望远镜类似,帮助我们看到了奇妙的微观世界。

透镜原理和感光原理造就了照相机,这一发明创造让无数画师失业。和眼镜一样,为了降低自重,很多镜头现已采用合成树脂。

相机镜头的解剖图

你可能以为玻璃仪器肯定比合成树脂仪器的性能要好吧,其实现在很多合成树脂的透光率和其他性能已经超过了玻璃,其中最有名的一种叫聚甲基丙烯酸甲酯,性价比最高,也被称为"有机玻璃"。

玻璃这种非晶体材料还可以被做成更多的形态,比如说将玻璃高温熔制、拉丝,就得到

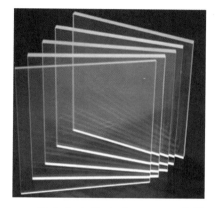

图片为有机玻璃,PMMA 是聚甲基丙烯酸甲酯的缩写。

了玻璃纤维。这种纤维很柔软,但是十分坚韧,强度甚至超过了不锈钢。如果你将玻璃纤维拧成一股手指那么粗的玻璃绳,竟然可以吊起一辆 10 吨的卡车。

相对于金属材料,玻璃纤维既耐热,也耐腐蚀,其中 E- 玻璃纤维是一种非常好的绝缘材料。

我们还可以将玻璃纤维织成"玻璃布",它既不怕酸,也不怕碱,所以可以用作化工厂的过滤布、包装袋等,是很理想的材料。

在我们的印象里,如果一件物品易碎,我们会用一个玻璃杯的符号来表示。可是你想过玻璃有时候也能代表"刚强"吗？

将玻璃布浸在热熔的塑料中,加压成型,就得到了大名鼎鼎的"玻璃钢"。它比钢还坚韧,不生锈,又耐腐蚀,重量只有钢铁的四分之一。在我们熟知的钢筋、水泥中,钢是骨头,水泥是肉；玻璃钢则是以玻璃纤维为骨头,塑料为肉,学名叫"玻璃增强塑料"（GFRP）,是一种性能优异的复合材料。

用玻璃钢做的皮划艇,轻便耐用。

传统的信息传输，是将信息转化成电信号，通过金属导线，将信息传输到另一端。1965年，香港中文大学前校长高锟在一篇论文中提出：可以将石英基的玻璃纤维用于长程信息传递。1970年康宁公司最先发明并制造出世界上第一根可用于光通信的光纤，使光纤通信得以广泛应用。高锟被国际公认为"光纤之父"，他也因此获得2009年诺贝尔物理学奖。

2009年诺贝尔物理学奖获得者——高锟

光纤实际上就是一种透明的玻璃纤维丝，直径大约1~100 μm。相对于铜导线，玻璃的原材料丰富，成本低廉。它又有质量轻、耐腐蚀的优点，而且不导电。我们知道光是一种电磁波，所以在光纤中传递的光不会受外界电磁场的影响，信号不会失真，也不容易被窃听。

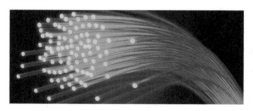

光纤助力人类进入信息时代！

计算机CPU的发展遇到了瓶颈，"摩尔定律"已经失效。有人提出了"新摩尔定律"，也叫"光学定律"，即光纤传输信息的带宽，每6个月增加1倍，而价格降低一半。几乎所有市民都是这个定律的受益者，我们在家就能看到越来越高清的有线电视，能够享受到高速的宽带网络，手握手机就可以收看高清视频，各大运营商的资费标准每年都在下降。住在乡村的朋友们也不要着急，我国正在推进"光纤下乡"，未来的人类文明将是由光纤编织的一张大网。

看吧，这都是光纤对我们生活的贡献，归根到底我们要感谢玻璃！

猜想一下，未来玻璃会在哪些方面助力人类文明呢？

小 测 试

1.（多选）下列能够看到玻璃的场所有
   A. 物理实验室　B. 化学实验室　C. 生物实验室　D. 天文台

2. 被誉为"光纤之父"的是
   A. 黄昆　　　　B. 高锟　　　　C. 李政道　　　D. 杨振宁

【参考答案】1. ABCD　2. B

6. 查理曼大帝的神奇桌布——硅酸盐

本节，我们的话题要从扑克牌开始。话说扑克牌 J、Q、K 有 4 种花色共 12 张牌，每张牌上画的形象都是欧洲历史上大名鼎鼎的人物。其中老 K 的 4 张牌里面，最慈祥的上唇没有胡子的就是这张红桃 K 上的人物，他的原型是赫赫有名的查理曼大帝。他打下的版图以及儿孙的分封地奠定了当今西欧大陆的格局。

红桃 K 的原型——查理曼大帝

下面，我们要说的是他的一块儿神奇的桌布。话说他的法兰克王国还处于发展期的时候，经常受到强邻拉希德王国的欺负，有一天，拉希德国王派出两位使者来到法兰克，趾高气扬地要求查理曼大帝交出一大块儿土地。查理曼大帝不慌不忙，先安排了酒会宴请他们，宴会上大家喝得酩酊大醉，饭菜撒了一桌，弄脏了桌布。查理曼大帝让侍从将沾满污秽的桌布扔进火里，烧了一会儿又拿出来，奇怪的事情发生了，那块儿桌布不仅没有烧坏，反而变得洁白又干净了。

拉希德王国的使者们吓了一跳，醉意全无，以为查理曼大帝有什么魔法，再也不提什么不平等条约了，灰溜溜地跑回去了。

这其实没啥奇怪，我们正常使用的织物用的是棉花的纤维编织而成的植物棉，而查理曼大帝的桌布用的则是由矿物纤维天然编织而成的"石棉"。它的主要化学成分是水合硅酸镁，有时会混杂一些钠、钙、铁等元素。石棉是彼此平行排列的微细管状纤维集合体，可分裂成非常细的石棉纤维，因此很容易被纺织成布料。传说古埃及的时候，石棉就被用作法老的裹尸布。有考证的最早的石棉应用记录来自今天的芬兰，4 500 年前的人们用它来制造厨具。中国的周朝也有用石棉做衣服的记录，因其沾污后火烧即洁白如新而得名"火浣布"。

石棉纤维，是不是很像棉花?

由于石棉具有高度耐火性、电绝缘性和

绝热性，在 1 000 ℃高温下其性能也不会改变。进入工业时代之后，它成为重要的防火、绝缘和保温材料。

钢铁厂里，炼钢工人穿着的就是石棉衣服。

我们小时候是不是经常在建筑工地看到这样的"石棉瓦"？

石棉本身没有毒害，但由于它是自然形成的纤维，总会有一些不可控的细小尘埃弥散在空气中，被吸入人体之后，经过 20 年到 40 年的潜伏期，很容易诱发肺癌等肺部疾病。一项研究数据显示，二战期间，美国有约 430 万名造船工人，其中有 1.4% 的工人死于石棉的粉尘，因为当时船舶中的管道、蒸汽机、锅炉的防火隔热材料用的都是石棉。今天，石棉已成为国际公认的致癌物质。

石棉不能用了，但是科学技术的进步会为人们带来新材料。夏威夷岛一次火山喷发之后，岛上的居民在地上发现了一缕一缕熔化后质地柔软的岩石。原来，岩石也可以用来纺线。

人们受此启发，将玄武岩、白云石加热到 1 500 ℃左右，让它们熔融，再将它们抽成纤维，低温固化下来，就得到了"岩棉"。岩棉目前主要用作保温材料，和聚氨酯、酚醛树脂并称"三大保温材料"。需要注意的是，岩棉尽量不要用于内墙，因为它有一定的毒性。

岩棉纤维

石棉也好，岩棉也好，都是硅酸盐。在前面的几节里，我们已经提到了很多种硅酸盐，这里我们复习一下。绿宝石，铍铝硅酸盐；橄榄石，镁与铁的硅酸盐；长石，钾、钠、钙的铝硅酸盐；辉石，铝硅酸盐；高岭土，铝硅酸盐；膨润土，铝硅酸盐；云母，铝硅酸盐。它们都超级耐高温。

硅元素在地球上的分布太广了，是组成地壳的第二大元素，仅仅排在氧元素之后，90% 以上的矿物都是由硅酸盐组成的。在铝那章里，我们曾牛哄哄地历数含铝矿物，共有 270 多种，而含硅矿物呢，足足有 1 000 多种。其他姑且不论，就说说在我们身边最随处可见的黏土吧。

黏土看似脏兮兮、灰不溜丢的，比较土气，其实它的成分都是我们的"老熟人"：高岭石、长石、膨润土、石英、蒙脱石等，这些矿物的主要化学成分都是铝硅酸盐。看到没？氧、硅、铝这三大元素组成了地球的大部分地表。

黏土跟水混合以后，形成泥团，它具有可塑性，可以保持一定的形状。我们相信，人类在远古时期就跟这些泥团打交道，也许就像小朋友爱玩橡皮泥一样。

到了旧石器时代晚期，人们发现，将这些泥团捏成需要的形状，再用火烧制，冷却下来以后，就得到了有形的、比较坚硬的陶器。目前发现的最早的陶器距今大约 30 000 年，来自捷克。

最早的陶器是一些雕像，到了距今 6 000 年左右，陶轮被发明出来了，陶器的生产就更加容易了，陶器类容器变得普遍。这对于人类文明的发展来说意义重大：有了陶器类型的容器，人们才有可能大规模地有效保存食物，才有可能让一部分人从游牧文明进入农耕文明。

中国的黏土资源很丰富，因此中国很早就有了陶器。江西仙人洞地区出土过距今 20 000 年的陶器容器，湖南玉蟾岩遗址也出土过距今 18 000 年的陶器片。也就是说，我们的祖先在那个时期已经进入了农耕文明。

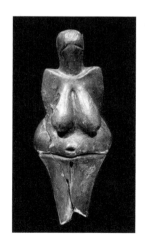

◀捷克出土的距今 30 000 年左右的陶器雕塑，夸张地展示了女性的性征，表明当时的人类处于母系社会，生育能力强的女性是种族繁衍的关键。

◀战国陶俑

在我们 5 000 年的历史长河中文明和野蛮相互交织：商朝时期，人殉现象达到顶峰，殷墟发掘出的十几座墓葬中，陪葬的人数竟然达到几千；到了西周，周公制定礼乐制度，人殉现象有所减少，取而代之的是人形陶俑。

到了春秋战国时期，人殉现象死灰复燃，很多文献都记载到齐桓公、秦穆公、楚灵王实行了人殉。在这种背景下，孔子说出了那句广为流传却又争议不断的话："始作俑者，其无后乎！"

对这句话的解读主要有两种：

①孔子支持人殉，反对人形陶俑。

②孔子提倡仁爱，认为人形陶俑"换汤不换药"，主张彻底废除人殉制度。

我们应该联系上下文来理解这句话，在各种历史文献中，这句话均出于《孟子·梁惠王上》：

> 曰："庖有肥肉，厩有肥马，民有饥色，野有饿莩，此率兽而食人也。兽相食，且人恶之；为民父母，行政，不免于率兽而食人，恶在其为民父母也？仲尼曰：'始作俑者，其无后乎！'为其象人而用之也。如之何其使斯民饥而死也？"

孟子的意思是：直接杀人和用政治杀人，没有什么不同。举的例子当然是为了佐证这一点，所以我们更倾向于第2种解读。陶俑是人殉制度的残余，甚至有可能让人殉制度死灰复燃，孔子坚决反对用酷似人形的陶俑殉葬。

旁观者清，从现在的观点来看，陶俑是社会的进步，它解放了生产力。到了秦汉时期，人殉制度几乎被废除。

秦始皇陵兵马俑，号称"世界第八大奇迹"。要我看，其余的"七大奇迹"除了金字塔以外基本不可考。兵马俑不论从规模上还是从手工技艺上看，都堪称完美，这才是最真实的世界奇迹。

而陶俑的制作在秦朝也发展到极致，这体现在举世闻名的"兵马俑"。

随着我国古代劳动人民的制陶技术不断发展，人们发现将高岭土烧至 1 000 ℃，可以得到比较洁白的陶器，比一般的陶器看起来更加高端、大气、上档次。因此人们把这种陶器称为"瓷器"，高岭土也因此得到了"瓷土"的雅号。

到了西汉时期，人们又发明了上釉工艺，各种颜色的彩釉出现了，瓷器可以做得更加精美。瓷器在唐

美丽的唐三彩

代发展到第一个高峰，唐三彩随着开放的唐文明走向全世界；宋代的瓷器发展到另一个高峰，烧瓷技术完全成熟，还诞生了一大批专业生产瓷器的名窑。

由于中国瓷器驰名世界，在英语中，中国（China）就用瓷器（chinaware）来命名。

从文明发展的角度来看，中国文明过于专注于不透明的陶瓷的发展，而忽略了透明的玻璃，这可能也是中国没有诞生出现代科学的原因之一，福兮祸兮？

1756年，英国人斯米顿受命建造一座灯塔。他尝试了各种材料，希望能得到一种耐受水腐蚀的水下建筑材料。他将石灰石和黏土混合并加热，得到了一种粉末，这种粉末加水之后变成砂浆，在空气中放置一段时间，它就自动硬化了。它还能把砂石等材料牢固地黏结在一起，耐受海水腐蚀的能力也很强。这就是最早的水泥，现在我们知道它的化学成分主要是硅酸钙。

水泥跟黄沙、碎石子混合，用砂石做"骨架"，水泥做"血肉"，就得到了混凝土，这是最重要的土木工程原料，建筑、装修、建造道路与桥梁都需要混凝土。

我国经历了几十年的高速发展，每一座城市的每一个角落几乎都被翻新了好几遍，高楼大厦鳞次栉比，道路桥梁四通八达。从物质转移的角度看，我们把地壳里有用的硅酸盐类挖出来，经过化学方法让它们重新排列组合，用在我们需要的地方，加速我们文明的进程。

另一方面，中国现已被称为"混凝土丛林"，过度建设、大兴土木对环境的破坏力是非同一般的。比如烧制水泥需要消耗大量的电力，我国水泥行业的电力消耗仅次于煤炭、钢铁行业。水泥行业也是重污染行业，说到粉尘、二氧化硫、二氧化氮等污染，水泥行业逃不了干系。

我们的发展需要注重可持续性，需要长远规划，需要评价环境的承受能力，要知道环境恶化结出的恶果是所有人都必须承受的。

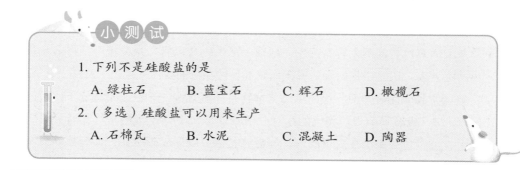

小测试

1. 下列不是硅酸盐的是
　　A. 绿柱石　　　B. 蓝宝石　　　C. 辉石　　　D. 橄榄石
2.（多选）硅酸盐可以用来生产
　　A. 石棉瓦　　　B. 水泥　　　C. 混凝土　　　D. 陶器

【参考答案】1. B　2. ABCD

7. 寻找人类的第二家园：类地行星的硅酸盐表面

我们现在对地球的结构很了解了，地球中心是一个铁质的内核，中间层是熔融状态的地幔，主要成分是硅酸铁、硅酸镁和少量的硅酸铝，地壳的主要成分是各种各样的硅酸盐，其中硅酸铝最多。

我们相信，46亿年前，地球刚刚形成之时，其化学组分和原初太阳系的平均组分差不多，即氢、氦两种元素最多，然后是碳、氮、氧、氖、镁、硅等元素。后来，为什么变成氧和硅两种元素最多呢？

我们一个一个看，首先，氦元素很难与其他元素化合，又很轻，不断飘浮到大气上层，很容易被太阳风带走。

氢元素要好一点，虽然也很轻，但是很容易跟氧元素化合形成水。水的相对分子质量只有18，沸点为100 ℃，所以一部分散失到太空，剩下的一部分形成我们现在的海洋。

再看看碳元素，碳元素会和氢元素结合形成甲烷，甲烷的相对分子质量只有16，沸点为 –162 ℃，太容易散失到太空里了，所以甲烷带走了一部分氢元素和一部分碳元素，现在的地球上很难找到大量的甲烷。好在碳元素还可以跟氧元素生成较重的二氧化碳，进而和其他元素生成碳酸盐。碳酸盐基本都是固体，一部分可溶

煤炭，这种碳元素含量较高的物质，来自植物的碳固定过程。

于水，所以固定下来了一部分碳元素。碳元素还会搭起长链有机物的骨架，相对分子质量大的有机物都不太容易挥发。地球上诞生生命以后，光合作用又将碳元素进一步固定下来，从而让我们看到现在地球上各种神奇的生命现象。

氮元素和碳元素类似，最简单的化合物是其氢化物——氨，相对分子质量仅仅比甲烷大1，也容易散失。氮气的相对分子质量是28，跟空气的平均相对分子质量差不多，可以勉强保留在大气圈内。好在氮元素可以形成硝酸盐，大多数溶解在海洋里，少部分残留在矿石内。

氧气的相对分子质量是32，比空气的平均相对分子质量29要大，因此不容易

散失到太空中。氧元素的反应活性很强，很容易和大部分元素形成氧化物，金属氧化物大多是固体，非金属的氧化物一般也比较重，容易形成含氧酸和含氧酸盐。因此地球上的氧元素最多，它还帮忙固定了其他很多元素。

从地幔喷到地壳的硅酸镁，形成了美丽的橄榄石。

在氖元素那章里我们已经说过了，氖是单原子分子，虽然相对分子质量是20，但是单拳难敌双手，也逐渐散失了。

镁是金属固体，而且由于硅酸镁的熔点超级高，当别的矿物已经处于熔融状态，密度降低的情况下，它却仍然保持固体本色，不断往下沉，终于沉到地幔。所以在地球漫长的演化过程中，镁元素基本保留，稳坐地球元素排行榜的第四把交椅。

最后到硅。单质硅是固体，硅在自然界中主要以硅酸盐和二氧化硅的形式存在。此外，硅的氧化物二氧化硅是固体，熔点约为1 713 ℃；碳化硅是熔点超高的固体，熔点大约为2 700 ℃；各种各样的硅酸盐更是固体，也都是熔点超高的物质，只有在地幔的高温下才会熔融。

前面提到，氧和很多元素形成氧化物，但很多氧化物仍然具有反应活性，比如氧化钠、氧化钾、氧化钙等，硅元素能够让这些氧化物彻底"安定"下来。

这里插播一个笑话。硅元素："来吧，氧妹妹，不要总在外惹事了，来跟我一起过日子吧。"于是氧元素和硅元素结合成了稳定的硅酸盐矿物，过起了安安稳稳的小日子，氧顺便带来了一帮硅的小姨子们——那家美女（钠、钾、镁、铝）。

所以我们看到，硅元素和氧元素一起将其他各种元素固定下来，而它们俩本身就是我们星球的地壳中含量较多的元素。由这两种元素形成的硅酸盐构成了众多岩石、矿石，让我们有一个坚实的落脚点。平时我们在奔跑、行走的时候毫不在意，但这是地球文明的基础，试想一下我们在木星这种气态星球上怎么走路？如何生存？

宇宙中，由于氢、氦元素最多，所以大部分行星都是气态的，但也有类似地球的行星。这里的"类似"主要是指这些行星有铁质核心、硅酸盐的地幔和表面，这种星球叫"类地行星"。在太阳系内，类地大行星就有四个——水星、金星、地球和火星，此外，小行星谷神星由于也有一个硅酸盐表面，所以也勉强算得上类地行星。

"类地行星"表面都会存在山峰、峡谷、火山、环形山等，跟地球的地貌比较类似。有一些"类地行星"会有大气，但都属于"次生大气"，由火山喷发而来或者由彗星带来，而大型气态行星的大气属于"原初大气"，是它们形成的时候就有的，来自原初太阳系星云。

对于这些"类地行星"，人类基于目前的认知，理论上可以将它们改造成宜居星球，因为它们好歹还有硅酸盐的基底。我们之前在碳元素那章里就讨论过改造金星、火星，虽然你会跟我说改造它们有点难度，但是你去改造木星、土星试试？

相对于类地行星，还有一部分行星叫"类木行星"，太阳系内就有四颗类木大行星——木星、土星、天王星、海王星。它们的特点是体积大，主要由气体组成，距离太阳较远。

它们的体积大是相对于类地行星来说的，木星的体积是地球的 1 300 多倍，但是相对于恒星，它们仍不够资格。低于 0.1 个太阳质量的星球，其引力还不够大，因此不能启动核聚变，只能屈居为一颗类木行星。它们的气体成分主要还是氢气和氦气。一方面由于它们相对较大，有足够强的引力吸引住较轻的气体；另一方面它们距离太阳较远，太阳风吹到它们那里时已是强弩之末，不能带走较轻的粒子。

太阳系内，还有一些较大的卫星也有硅酸盐的表面，跟"类地行星"的概念类似，未来人类将它们改造成深空探索的中转站，也不无可能。

太阳系内的类地行星和具有硅酸盐表面的卫星

地球的卫星月球有一个很小的铁质核心，还有一个硅酸盐的表面。现在的理论认为地球在形成初期，受到小行星撞击，抛射出去的物质形成了月球。

火星的两颗卫星太小，不考虑。

木星较大的四颗卫星，又称"伽利略卫星"，它们的结构都和类地行星很相似。其中木卫二欧罗巴的表面还有冰层，这吸引了很多人的目光，甚至进入众多科幻小说的场景。

土星最大的卫星土卫六，也是改造为宜居星球呼声很高的候选者。

1976 年，我国吉林省下了一场陨石雨，留下来的最大一颗陨石质量约为 1 770 kg，是世界上最大的一颗石陨石。

太阳系内还有一群"不速之客"——陨石，其大多数来自小行星带，也有一部分来自火星和月球。每年有记录的落到地球上的陨石有 500 颗以上。

陨石按照它们的成分可以被分为石陨石和铁陨石，其中石陨石的主要成分就是硅酸盐，其矿物组分主要有橄榄石、辉石、长石，这些在地球上都能找得到。所以从物理、化学的角度去看，宇宙也没有什么神秘的。

按照陨石内部的结构，陨石又可以分为球粒陨石和异陨石，90% 以上的陨石都是球粒陨石。之所以叫球粒陨石，是因为其内部含有大量微小的硅酸盐球体。这些矿物是太阳系内最原始的物质，从原始太阳星云中直接凝聚而来，它们代表了原始太阳系的化学组分，因此很有科研价值。

天文学家们对太阳系内的天体早已如数家珍了，他们的视野不断扩展到太阳系外。我们的太阳系很热闹，有八大行星，还有很多的小行星、矮行星、彗星，那么其他恒星系会是一番什么景象呢？是家家门庭若市，还是一个个光杆儿司令？会不会也有一些"类地行星"，成为我们未来的家园？

这个搜索计划说起来容易，做起来却有如登天。我们在光年尺度下去观察那些不发光的行星，就好像在月亮上架起望远镜寻找地球上的一个细菌。

对于科学家来说，世上无难事，只要肯思考。他们想出了很多方法，比如凌日法：行星围绕恒星旋转，当行星挡住恒星的时候，恒星的光度会略有下降，通过观测恒星光度的细微变化，就可以总结出这颗恒星有没有行星。

还有天体测量法：行星受到恒星引力的同时，恒星也在受到行星引力的作用，因此恒星会有轻微的摆动，通过观测这种轻微的摆动，可以计算出有没有行星在吸引它。

这是目前探索系外行星最常用的两种方法，此外还有利用相对论效应、引力透镜等方法。截至 2016 年 8 月，已经确认的系外行星有 3 310 个之多，原来，我们的地球在宇宙中不孤独。

在发现的系外行星中，大多数是气态的类木行星，因为它们足够大，容易找得到。现在，天文学家对系外的类木行星基本已经麻木了，因为类木行星没有硅酸盐基底，不适合生存。如果天文学家能找到系外的类地行星，一定是重磅消息！

2016 年 5 月，*Nature* 上发布了一篇文章。原来，早在 2015 年底，科学家们在一颗距离地球约 40 光年的恒星 Trappist-1 附近发现了 3 颗系外行星，它们极有可能都是类地行星，最外侧的那颗行星表面温度约为 30 ℃，和地球十分接近。

这实在是一个振奋人心的消息。我们相信，随着科技水平的提升，我们会不断发现更多的类地行星。这些拥有硅酸盐表面的星球会不会成为人类今后的移民地呢？

小 测 试

1. 下列不是类地行星的是

    A. 水星　　　　B. 金星　　　　C. 火星　　　　D. 木星

2. 石陨石最主要的化学组成是

    A. 铁　　　　　B. 水　　　　　C. 硅酸盐　　　D. 碳酸钙

3. 你对是否有地外文明的看法是

    A. 宇宙那么大，一定有

    B. 费米悖论知道不？到现在都没发现地外文明，说明一定没有

    C. 可能会有不建立在类地行星基础上的地外文明

    D. 说不清

【参考答案】 1. D　2. C　3. 略

8. 开启计算机时代的硅元素

我们花了很多篇幅说了二氧化硅和硅酸盐的故事，幕后真正的主角——单质硅还没有现身呢！确实，在历史上，将单质硅分离出来是一件很难的事情，所以人们很晚才见到它的真面目。人们得到单质硅以后，它又默默无闻了很久。一直到20世纪下半叶，它才成功逆袭，成为计算机时代的重要角色。

说到硅元素的发现史，又得提到一长串熟悉的名字。

1787年，拉瓦锡认识到石英中含有一种元素，他将它列在第一份元素名单里，名字叫"Silice"，意思是石英。

在铝那章里我们已经提过了，1808年，戴维信心满满地宣布他发现了四种元素的踪迹，石英里的元素是其中之一。因为他相信这种新元素是一种金属元素，所以他将这种新元素命名为"Silicium"。

戴维并没有得到一丁点儿纯硅，在他之后，1811年盖－吕萨克先制得了四氟化硅，然后他尝试用钾去还原它，得到了一些无定形硅，但实在是不纯，无法做进一步的分析研究。

1817年，英国化学家托马斯·汤姆森提出硅应该是一种非金属，所以他建议用"Silicon"这个名字，类似碳的"Carbon"和硼的"Boron"，这个名字一直沿用至今。

1823年，经过之前几位中场大师的传递、配合，最终化学教父贝采里乌斯完成了"破门"，他用钾还原氟硅酸钾，得到了一团棕色粉末，他将粉末反复冲洗，最终得到了较纯净的无定形硅。地壳中第二多的元素终于见天日了。

前面提到，无定形硅类似于无定形碳。虽然化学家们知道水晶的结构类似于钻石，但是水晶毕竟是二氧化硅晶体，不是纯硅的晶体，他们还是迫切地想看看较纯净的硅晶体是什么样的。

直到发现硅元素30多年之后，法国人德维尔将无定形硅跟氯化钠、氯化铝混合，

化学教父贝采里乌斯，硅元素的发现者

然后电解，第一次得到了较纯的晶体硅。

单质硅被制得以后，并未引起大家的重视，它的熔点很高，达 1 410 ℃，但熔点和硬度都比石英要稍微差一点儿。单质硅常温下化学性质比较稳定，不太容易和其他物质发生反应，这让它看起来似乎没有什么用处。但是到了高温下，单质硅就活泼起来，它和氧元素的化学亲和力尤其强大，很喜欢从金属氧化物里把氧元素夺过来，所以用它来还原氧化物，是再好不过的。

法国人德维尔第一个得到硅晶体。

用石英、焦炭和钢混合，加热到 1 500 ℃ 以上，得到硅铁合金。这是一种很有用的合金，世界上 80% 的硅都用在这里。它的价值不是体现在作为炼钢的原材料，而是在炼钢时起到脱氧的作用。这就用到了硅和氧亲和力超强的原理，同样，硅铁合金也可以用于金属镁的高温冶炼，将 CaO·MgO 中的镁置换出来。

很多物质纯度高到一定程度以后，其化学性质会变得完全不一样。前面的硼元素如此，硅也如此。

将石英和木炭混合，加热到 1 900 ℃ 以上，通电让它们电解，可以得到 98% 以上的硅，被称为冶金级硅。由于其中含有一些金属，也被称为金属硅或者硅金属。这种硅材料已经商品化，主要用于生产白炭黑和有机硅，以及继续纯化，生产更加纯净的硅。

让氯化氢和粗硅粉反应生成氯硅烷，然后让氯硅烷在氢气气氛的还原炉中还原沉积，就得到了比较纯净的硅晶体，纯度可以达到 4 个 9，也就是 99.99%。这种硅晶体虽然已经如此纯净，但是其内部存在很多种结晶方向，不是一整块儿大晶体，称为多晶硅。

科学家们还不满意，他们继续将多

多晶硅（左）和单晶硅（右）太阳能电池板的对比图

晶硅熔融，将一块儿比较规则的种子晶体慢慢浸入硅熔体中，逐渐冷却，让硅晶体在种子晶体上慢慢生长，最终可以得到一块儿完美的硅晶体，这就是单晶硅。在单晶硅里，硅原子以钻石的晶格排列方式排列，跟水晶不一样的地方在于，它没有氧原子，而完全由硅原子本色出演。单晶硅的纯度可以达到 6 个 9 以上，也就是 99.999 9% 以上。

多晶硅和单晶硅虽然有些微小的差异，但在大多数方面还是挺相似的，你可以将多晶硅想象成很多个单晶硅的无规则组合体。从技术角度来说，单晶硅更纯，很多方面的性能更好；从商业角度来说，多晶硅成本更低，使用起来更加经济。

20 世纪 60 年代，人们发现只要在硅晶体中掺入极微量的第三主族元素，比如硼元素，或者第五主族元素，比如磷元素或砷元素，硅就会表现出很活跃的半导体性能。这让之前一直默默无闻的硅元素一下子走上了科学技术最前沿的大舞台，一直保持到现在。

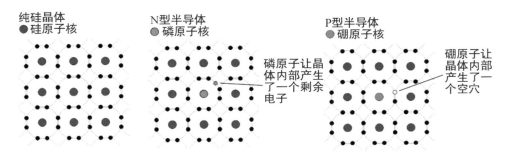

左图：纯硅晶体，每个硅原子的最外层有四个电子，相互共享。
中图：加入磷系元素，会让晶体内部有剩余电子，这就是 N 型半导体。
右图：加入硼系元素，会让晶体内部有空穴，需要电子来填充，这就是 P 型半导体。

二战后的 1946 年，美国的宾夕法尼亚大学发明了世界上第一台基于图灵思想的电子计算机——埃尼阿克（ENIAC）。今天的人们看埃尼阿克，简直不可思议。这个重达 30 吨的大家伙，包含了约 18 000 支电子管，人们要给它专

笨重的埃尼阿克，图上这些只是其一部分。

门供电，其计算能力却只是每秒 5 000 次，现在随便一个手掌计算器都可以完爆它。当时可能谁都没有想到，这将开启一个伟大的计算机时代。

1947 年，美国贝尔实验室发明了晶体管，并取代了计算机中的电子管，创造了第二代计算机。第二代计算机更加小型化，能耗降低，计算能力提高到每秒 10 万次以上。

1958 年，美国人基尔比用半导体做出了一个新玩意儿。他这样描述自己的发明："在一个半导体材料的体内，所有的组成电路看似各自独立，却都是高度集成的！"因此他的新玩意儿被称为"集成电路"。他的发明迅速被美国空军采用，继而被应用到电子计算机中，他还因此获得了 2000 年诺贝尔物理学奖。

2000 年诺贝尔物理学奖获得者基尔比，是第一块集成电路的发明者。

基尔比发明的集成电路使用的是锗元素，硅元素无疑比稀有的锗元素更加便宜，而且硅元素的耐高温性能和抗辐射性能也更好。所以，仅仅半年之后，美国仙童半导体公司的诺伊斯就发明了基于硅的集成电路，解决了基尔比集成电路的很多缺点。接下来，几乎是一夜之间，硅元素就取代了锗元素，成了半导体行业的主人，开启了第三代计算机——集成电路数字机时代，这一代计算机速度更快，而且成本更低。

世界上第一款 CPU 集成电路——Intel 4004，是基于硅元素的哦！

基于基尔比、诺伊斯的发明，1971 年，英特尔公司的费金工程师制造出了世界上第一款商用的 CPU 微处理器——Intel 4004，它被称为"超大规模集成电路"。第四代计算机时代到来了，它的基础就是硅元素！

Intel 4004 是一件划时代的作品，它小到不可想象，尺寸只有 3 mm × 4 mm，片内集成了 2 300 个晶体管，晶体管之间的距离是 10 μm，每秒运算 6 万次，当时的成本只有不到 100 美元。英特尔公司的首席执行官戈登·摩尔将 Intel 4004 称为"人类历史上最具革新性的产品之一"。这位摩尔先生早在 1965 年就预言道："当价格不变时，集成电路上可容纳的元器件的数目，约每隔 18~24 个月便会增加一倍，性能也将提升一倍。"这被称为"摩尔定律"。

半个世纪过去了，摩尔定律一直在发挥着作用。2012 年，晶体管间距从 Intel 4004 的 10 μm 降低到了 22 nm，2015 年，降低到了 14 nm。摩尔定律既是摩尔先生的神奇预言，更是他对计算机行业的伟大指引。每当有人跳出来，提出对硅材料的开发已经接近终结，摩尔定律即将走到尽头时，总会有新技术

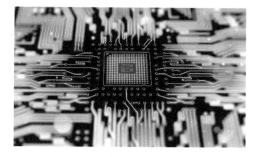

电子产品的硅心脏

诞生，继续挖掘硅元素的潜力。计算机的发展史，体现了人类永不满足的进取精神，摩尔定律就好像一面旗帜，引领我们走向更加神奇的未来。

我们看到，摩尔定律的指引让计算机的运算速度不断提高，更让计算机的小型化成为现实。如今手提电脑早已普及，随便一部智能手机的功能都已经远超早些年的电脑。我们在享受信息时代的便捷时，是否想到了这些电子产品的心脏是用硅做的呢？

1. 硅元素的发现者是

　　A. 戴维　　　　B. 贝采里乌斯　　　C. 德维尔　　　D. 基尔比

2. 因发明集成电路而获得 2000 年诺贝尔物理学奖的是

　　A. 基尔比　　　B. 巴丁　　　　C. 摩尔　　　　D. 戴维

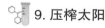

9. 压榨太阳

人类的生存和发展需要各种各样的物质，更需要能源提供能量，进入工业时代以后，能源更成为影响社会发展的重要因素。

最早，人类使用的是生物能源，比如人们燃烧柴火获得热量，人们吃下用动物、植物做的美味佳肴，维持生命代谢。在氧那章里我们提到，植物的能量来自光合作用，归根到底来自太阳，动物的能量来自植物，所以追本溯源生物所需的能源都来自太阳能。

【参考答案】1. B　2. A

进入工业时代，人们开始大规模利用化石能源，比如石油、煤和天然气。现代理论认为，这些化石能源都是由上亿年前的动植物演变而成的，也就是说，我们利用的是上亿年前的太阳能。

我们还利用水力来发电，可以这么理解，水力实际上是水循环的引力能，水循环的原动力就来自太阳。太阳照射大海，水蒸腾上天，汇聚成云，再降下雨水到陆地，人们利用了其中一小部分水流所产生的做功能力。

风力发电近年来也很热，风能是大气运动形成的一种能源形式。太阳辐射造成大气圈冷热不均，气压不平衡，气体流动起来就形成了风。

爱因斯坦怎么可能没有获得过诺贝尔奖？然而他获得诺贝尔奖的原因不在于他参与的量子力学，跟他一手提出的相对论也没有丝毫关系，只是一个"小小"的光电效应。

在地球上，我们利用的大部分能源都来源于太阳能，但都经过了转化过程。每一次转化都会造成能量的损失，如果是人为的转化，还可能会造成环境的污染。人们都希望能够直接利用太阳能，那将是令人兴奋的事情。

很早就有利用太阳能的做法了，比如因纽特人利用冰制的凸透镜取火，再如太阳灶，这些都是将光能转化成热能的例子。热能不容易输送，还得借助于电能。能不能将光能直接转化成电能呢？

1839 年，法国物理学家贝克勒尔发现，将两个同样的电极浸在电解液中，其中一个被光照射，在两电极间会产生电势差，这被称为贝克勒尔效应。1887 年，德国物理学家赫兹发现了光电效应，爱因斯坦因为解释这个现象而获得了 1921 年诺贝尔物理学奖。

图片为浙江衢州的太阳能发电场。很多城市的郊区也有这样的发电场，安全无污染。

这些现象都说明光能转化成电能是可能的，但是要转化成可控的电流，还要等到半导体技术的出现。

上一节我们提到，在单晶硅里掺入硼或磷等杂质，可以得到 P 型半导体或 N 型半导体。让二者紧密接触，由于 P 型半导体缺电子，N 型半导体多电子，会出现电子浓度

太阳能汽车以后会大规模使用吗?

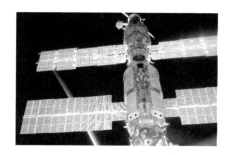

图片为国际空间站使用的太阳能电池板，现在的人类还不可能携带很多能源上天，在太空中，太阳能是天然的能源。

差。N区的电子会扩散到P区，达到平衡后，这个交界面两侧就生成了电势差，交界面的P型一侧带负电，N型一侧带正电,这就是PN结。

当太阳光射到PN结上时，一定能量的光子可以将电子从硅的共价键中激发出来，成为自由电子。自由电子在PN结的电势差作用下定向流动，获得可控的电流成为可能。这被称为"光生伏特效应"，意思是光能产生了电压,现在我们说的"光伏"就是这个意思。

此处插播一条广告：不用风，不用水，也不用等上一亿年! 一亿年! 只要你拥有一台硅元素构成的太阳能光伏电池，你就可以马上直接使用太阳能!

太阳光朝向四面八方发射，不会对地球有所偏私，所以我们不过是在地球上截获了那一小部分的太阳光,我们要不要更加"贪婪"一点?

1960 年，美国物理学家戴森提出：一颗行星的能源是极其有限的，一个高度发达的文明，一定会有能力建造一个球将恒星包裹起来，并拦截其大部分能量。这个球就被称为"戴森球"。

这个想法看似异想天开，却有人把它和暗物质联系起来。天文学家很早就发现，遥远星系的运动规律似乎并不符合万有引力定律，因此要么修改引力常量 G，并假设常量 G 会变动，要么就必须假设有一些我们看不到的物质存在,这就是"暗物质"。根据测算，

戴森球，即用硅片包裹恒星。

宇宙中的暗物质比我们能看见的正常物质要多得多，占整个宇宙的 26.9%，而我们能看到的物质只有 4.9%。

当戴森球理论提出之后，人们立刻想到，也许宇宙中存在很多高科技文明，他们已经建立了很多戴森球，包裹住了大部分恒星，作为他们的能源仓库。因此，很多恒星虽然我们看不到，但是它们的引力依然存在。

无独有偶，1964 年，苏联天文学家尼古拉·卡尔达舍夫设想了外星文明的级别：级别Ⅰ，该文明可以主宰整个行星的能源；级别Ⅱ，该文明能够掌握自己的中心恒星和行星系统的能源；级别Ⅲ，该文明可以掌握自己所处的恒星系统的一切能源。

按照这个说法，我们人类文明还远远没有达到级别Ⅰ的标准，还属于第零级文明。我们太过渺小，对在宇宙中只算尘埃的地球的能源还没有能力完全利用起来，更不用谈利用整个恒星系统的能源。

现在，我们似乎获得了一种"大跃进"跨入级别Ⅱ的文明的方法，即建造一个戴森球将太阳包裹起来，也许会留一个孔对着地球，让它按照地球的公转角速度来旋转，让我们仍然能看到太阳。这将是一个多么浩大的工程，又将带给我们一个怎样美好的未来。要知道，地球能接收到的太阳辐射能量仅仅是太阳总辐射量的二十二亿分之一。如果能成功建造戴森球，也不用去研究什么低温核聚变了，天上本来就有那么大一个核聚变的工厂——太阳啊，这个工厂足够大，也足够安全，已经安全运转了 50 亿年，还可以继续安全运转约 50 亿年。我们要做的只是将地球上的硅提炼出来，做成硅片薄板，送上天去收集太阳的能量，把它所有的能量都"压榨"干净！

问题是我们地球上有没有这么多硅元素？地球能不能承受化学提炼硅所造成的污染呢？

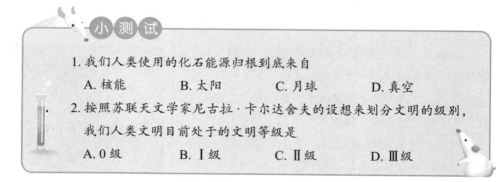

小测试

1. 我们人类使用的化石能源归根到底来自

　　A. 核能　　　　B. 太阳　　　　C. 月球　　　　D. 真空

2. 按照苏联天文学家尼古拉·卡尔达舍夫的设想来划分文明的级别，我们人类文明目前处于的文明等级是

　　A. 0 级　　　　B. Ⅰ级　　　　C. Ⅱ级　　　　D. Ⅲ级

10. 玻璃和有机物的完美结合——有机硅

前面我们历数了硅元素的很多用途，但是基于硅元素的无机非金属材料也有致命的缺点：韧性差，易碎裂。话说有机高分子材料也存在一些缺点，如易老化、不

【参考答案】1. B　　2. A

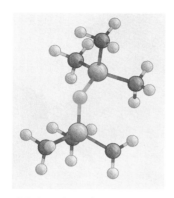
硅氧链和碳基有机官能团结合。

有机硅之父基平

耐高温。如果能把有机高分子和硅元素结合到一起，那将是比较完美的材料。

20世纪初，英国化学家基平用格尼亚试剂和四氯硅烷反应，生成甲基氯硅烷和苯基氯硅烷，然后水解缩合，得到了第一个有机硅聚合物——聚二苯基硅氧烷，有机物苯环和无机物硅氧链终于结合在一起了。基平当时对高分子聚合物还不甚了解，他认为其中可能含有酮基，所以把这种聚合物叫"硅酮"，并用"silicone"来命名这种新材料，这一称呼一直延续到现在。

20世纪30年代，美国最大的化学公司陶氏化学（也称道化学）和最大的玻璃公司康宁公司同时对新兴的有机硅材料看好，并组织团队开展研究。1943年，这两家公司出资成立了一家合资公司道康宁，专业从事有机硅材料的研发和生产，在这家公司身上，体现了玻璃和有机物的完美结合。道康宁一直是有机硅领域的领导者，有如电子消费品里的苹果公司，一直被模仿，从未被超越。

对于很多人来说有机硅似乎是比较神秘的东西，笔者作为一个在有机硅行业浸淫了9年的从业者，将尽我所能将有机硅展示给大家。

有机硅最基础的原材料有三种——金属硅、甲醇和氯化氢，先让甲醇和氯化氢反应生成氯甲烷（CH_3Cl），然后让硅和氯甲烷反应，得到的主要产物有一甲基三氯硅烷（CH_3SiCl_3）、二甲基二氯硅烷［$(CH_3)_2SiCl_2$］、三甲基氯硅烷［$(CH_3)_3SiCl$］和四氯硅烷（$SiCl_4$）。

将这些氯硅烷水解，就得到了各种硅醇［将氯硅烷中的氯原子（Cl）换成羟基（—OH）就可以了］。这些羟基都有反应活性，它们的反应活性加上硅原子的四方向特性造就了有机硅的千变万化。

$$R_3SiCl + H_2O \implies R_3SiOH + HCl$$

$$2R_3SiOH \implies R_3SiOSiR_3 + H_2O$$

M单元，作为封头剂。

$$R_2SiCl_2 + 2H_2O \implies R_2Si(OH)_2 + 2HCl$$

D单元，作为扩链剂，是硅氧链的主干。

三甲基氯硅烷被称为 M 单元，它只有一个活性基团，另外三个甲基（或者其他烷基）是没有反应活性的，因此它经常被放在硅氧链的两侧，作为封头剂。

二甲基二氯硅烷被称为 D 单元，它有两个反应基团，可以帮助硅氧链往两侧延伸，所以可以作为扩链剂。它也可以自己首尾相连，形成环状。

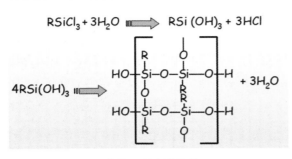

一甲基三氯硅烷，T 单元，它有三个反应基团，所以它可以帮助形成三维的空间网状结构，做成坚硬的硅树脂。

四氯硅烷（Q 单元）比较少用到，因为很多时候用一甲基三氯硅烷就可以了。

T 单元，起交联作用。

好了，现在我们已经有了四种基本单元，我们把它们依次简称为 M、D、T、Q。有了这四种基本单元，经过排列组合，再加上引入其他基团，我们可以搭出几乎无限种可能的结构。

有机硅的奇妙特性一方面来自它结构上无穷尽的排列组合，另一方面也来自硅氧链的神奇。

C—C 键的键能是 345 kJ/mol，而 Si—O 键的键能较高，比如硅油主链中 Si—O 键键能为 506.7 kJ/mol，因此硅氧键比碳碳键更加稳定。

C—C 键虽然键能较低，却比较僵硬，不容易转动，围绕它旋转所需的能量高达 13.8 kJ/mol，相比而言，Si—O 键则灵活了很多，约有 0.8 kJ/mol。

灵活的硅氧链

在金刚石晶体中，C—C 键键长为 0.154 nm，键角为 109° 28′，而 Si—O 键键长为 0.162 nm。硅氧链中的 Si—O 键和石英晶体中的 Si—O 键不一样，它的键角达到了 130°。也就是说，硅氧链中的 Si—O 键又长又扁。

最常见的有机硅就是二甲基硅油，因为它的两端都是用 M 单元甲基封端的，故而得名。它的硅氧链最短可以只有两个 M 单元，很容易挥发；也可以用 D 单元不断扩链，做到 5 000~10 000 的聚合度，这个时候它的表现已经如同一团橡皮泥。

二甲基硅油的结构如下图所示，无机的硅氧链主干很灵活，可以随意转动，有机的甲基朝向疏水端，表现出极低的表面张力。它就像一根意大利面条，有弹性，很光滑，还不容易打结。

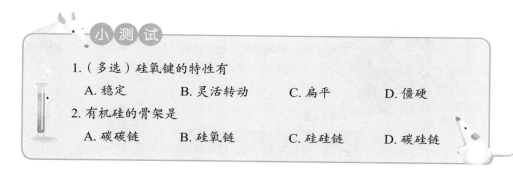
二甲基硅油的硅氧链

二甲基硅油只是最普通的有机硅化学品，有机硅实在太奇妙，形态、功能各异：它可以比水的流动性还好，也可以比蜂蜜、沥青还要黏稠，甚至可以做成橡皮泥那样的橡胶；它可以像海绵一样软，也可以像石英一样坚硬；它可以做成黏合剂，也可以一点儿都不黏，还能帮助离型；它可以很亲水，也可以很疏水；它可以表现得很光亮，也可以呈现亚光的外观；它可以是绝缘体，也可以帮助传热导电；它可以用来发泡，也可以用来消泡……

截至现在，人类还没有发现过天然的有机硅，因此我们可以暂时宣布有机硅是人类自身智慧的结晶，在有机硅身上，科学家们简直发现了另一个世界。下面两节，我们将一起进入这个奇妙的新世界。

小测试

1.（多选）硅氧键的特性有

    A. 稳定   B. 灵活转动   C. 扁平   D. 僵硬

2. 有机硅的骨架是

    A. 碳碳链   B. 硅氧链   C. 硅硅链   D. 碳硅链

11. 硅橡胶：阿波罗登月和隆胸技术

关于橡胶的故事我们已经讲了很多，从最早的聚异戊二烯，到丁苯橡胶、丁腈橡胶，甚至氟橡胶，本节我们要讲的是硅橡胶的故事。

20 世纪 40 年代，人们发现将高聚合度的有机硅和白炭黑混炼以后，得到的硅橡胶性能更好。对于橡胶这类高分子聚合物，玻璃化温度是一个很重要的指标，一般用 T_g 表示，在玻璃化温度以下，高聚物会从高弹态变成玻璃态，弹性十足的橡胶就会变成很脆的塑料。比如聚氯乙烯的玻璃化温度是 –81 ℃，丁苯橡胶是 –56 ℃，

【参考答案】1. ABC   2. B

46亿年以后，地球和月球上的硅元素又相遇了。只不过，一方仍是死气沉沉的无机硅，另一方已经被智能生命调教成生动活泼的有机硅。

而硅橡胶的玻璃化温度是 -120 ℃，这意味着硅橡胶可耐受更低的温度，比如可应用于阿波罗登月。月球表面温度最低达到 -180 ℃，用其他材料，耐受不了这么低的温度。当阿姆斯特朗穿着硅橡胶材质鞋底的靴子踏上月球时，道康宁公司创造了历史。阿波罗 11 号登月任务还采用了道康宁公司的有机硅密封剂、橡胶（软管）、灌封化合物与绝缘材料。

有机硅更大的好处在于，它以硅元素为基底，跟以碳元素为基底的人体不相容，所以对人体是有生理惰性的，这让硅橡胶可以用在我们身边很多地方，比如婴儿的奶嘴。有机硅还有一个特性是不沾油污，因此很容易清洁，被用来做各种儿童玩具。

◀婴儿奶嘴用硅橡胶制成，妈妈们尽可放心。

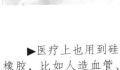

▶医疗上也用到硅橡胶，比如人造血管、导尿管等。

▲宝宝处于口欲期的时候会喜欢咬食他身边的任何东西，这时候不如给他一根硅橡胶的磨牙项链。

爱美之心，人皆有之，尤其对于女性。19 世纪末就有人发明出隆胸技术，隆胸技术最早使用过的填充物有象牙、玻璃球、牛软骨等。

1961 年，美国整形医生托马斯·克罗宁、弗兰克·杰罗跟道康宁公司一起发明了用硅橡胶做填充物的方法，也叫"克罗宁－杰罗"填充法。硅橡胶不仅柔软，而且不和人体发生反应，所以是最理想的隆胸填充物。

1991 年，美国《新闻周刊》的一份调查向人们披露了这样的事实：从事隆胸行业的人早在 10 年前，就已通过动物实验意识到硅橡胶填充物与癌症等疾病的可能联系。1992 年，40 万名女性联名起诉硅橡胶的生产商道康宁公司。她们曾经通过硅橡胶隆胸换取外表的满足，是这项技术的受益者，却在这起事件中受到律师的蛊惑，为了巨额赔偿金与道康宁公司对簿公堂。

这起事件让道康宁被迫赔偿隆胸女性们32亿美金，直接导致这家公司陷入破产保护达9年之久。

这起事件之后，隆胸行业还一直存在，硅橡胶隆胸技术依然是最成熟、最受人欢迎的。虽然道康宁公司停止经营硅橡胶隆胸业务，但是其他公司还一直在经营这项业务。时过境迁，一大批文献又表明，硅橡胶与癌症等疾病并无直接联系。道康宁真堪称最倒霉的公司！一朝被蛇咬，十年怕井绳，直到现在，道康宁公司还没有重返硅橡胶隆胸市场。

我们为了在衣服上印上美丽的图案，比如个性化的T恤衫，经常会采用印花技术。很多的印花材料如PVC不透气，穿在身上会让人很不舒服。有机硅有一个很突出的优点，它的透气性能非常好。因此使用液体硅橡胶在衣服上印logo和其他图案，既美观耐用，又防水防污，还非常舒爽。其实，硅橡胶在很多领域都发挥着重要作用。

◀3D打印硅橡胶涂层

▲游泳镜也采用的是硅橡胶。

▲按键的垫片都是硅橡胶制的，随着平板电脑的普及，这些硅橡胶将成为电子垃圾。

▲打印机、复印机这些设备的滚轮也用的是硅橡胶。

电线、电缆使用聚乙烯、聚氯乙烯的比较多，如果使用硅橡胶则会更完美，因为硅橡胶绝对不导电，还耐寒、耐高温。

上面提到的这些硅橡胶都需要高温固化，所以也称为高温胶（HTV）。另一些硅橡胶可以在室温下固化，也称为室温胶（RTV）。有机硅的表面张力极低，容易铺展，做成橡胶以后，可以迅速填充空隙，起到密封的作用，是密封胶的理想材料。

密封胶在我们身边随处可见，家装卫浴用的玻璃胶就是这种有机硅密封胶。前面说过，现在的大厦是以钢结构为框架的，铝合金撑起玻璃幕墙，帮助玻璃和铝合金黏结的也是有机硅密封胶。

◀卫浴、厨房都要用有机硅密封胶。

▲高压锅的密封圈也是硅橡胶。

硅橡胶的世界已经足够丰富多彩了，下一节我们将进入更神奇的硅油世界。

小测试

1. 下列几种橡胶中，玻璃化温度最低的是

　　A. 丁苯橡胶　　B. 天然橡胶　　C. 硅橡胶　　D. 聚氯乙烯橡胶

2. 因为隆胸技术而遭遇巨额赔偿的公司是

　　A. 道康宁　　B. 联碳　　C. 杜邦　　D. 仙童

【参考答案】1. C　2. A

12. 硅油：无硅洗发水和麦当劳橡胶门

前面我们说过有机硅的结构决定了它的表面张力极低，特别易于铺展，起到渗透和润滑作用。如果我们把它做成黏度较低的液体，也就是硅油，它这些方面的特性就尤为明显。因为硅油的成本比矿物油要高，所以工业领域更多地使用矿物油，硅油则常见于我们身边的日用品领域，比如护手霜、润肤霜、洗发水与护发素等。

女士用的彩妆里面也有挥发性的硅油，帮助稀释化妆品中的成分。

近年来，众多微商平台都大张旗鼓地打出"无硅洗发水"概念。他们声称：洗发水中的硅油不溶于水，难以被冲刷掉，久而久之会堵塞毛孔，造成发质损伤、头发掉落等。

我们回到盥洗室拿出洗发水，看看上面原料的名称，如果有"聚二甲基硅氧烷"，这就是硅油了。为什么要在洗

这一头飘逸顺滑的美发，得益于硅油的润滑。

发水里加硅油呢？原来，最早人们只用水洗头发。18 世纪的印度人开始用草药洗头发，这样可以让头发更加芬芳和光亮。这被欧洲人学过去，他们将草药加入肥皂里，这就是最早的洗发香波。后来人们发现肥皂对头发伤害太大，改用了合成表面活性剂。也就是说，最早的洗发水都是"无硅"的。

一直到 20 世纪 50 年代，宝洁公司发明了洗护二合一洗发水，首次将硅油加入洗发水中，起到了保护、润滑、光亮发丝的效果，这种新产品一炮走红，迅速被同行学习。从此以后，含硅油的洗发水几乎一统江湖。

那么回过头来看，含硅洗发水到底是不是像无硅派宣称的那样，对人体有那么大伤害呢？我们可以仔细分析下。

第一，无硅洗发水不是最近几年才出现的新名词，最早的洗发香波就是无硅的，

相对而言，含硅洗发水是更先进的洗发水。

第二，通过前面的讲述，我们可以得到关于有机硅的最基本的知识：有机硅具有生理惰性，跟人体不相容，所以，残留的硅油对人体是没有伤害的。

第三，无硅派宣称残留下的硅油会堵塞毛孔，我们之前也提到过，有机硅的透气性能很好，所以这一点也不成立。

第四，所有物质的表面都会有一个化学吸附层和物理吸附层，化学吸附层在里面，物理吸附层在外面。硅油因为和头发表面没有反应活性，所以只能存在于物理吸附层。也就是说，其他含有极性基团的物质，比如洗发水里的表面活性剂，更容易吸附到头发上，它们更容易沉积，而不是硅油！

最后，我们来揣测一下无硅派的用心吧。原来，中国大多数消费者习惯于用洗护二合一的洗发水，而西方、日韩等发达国家则普遍先用洗发水后用护发素，花两份的钱。中国护发素的市场还远远未打开，商家为此伤透了脑筋。若消费者问："无硅洗发水不够顺滑，达不到含硅洗发水的效果，应该怎么办呢？"商家会这样回答："使用护发素就好了。"为什么用护发素就好了呢？还不是因为里面有硅油！这不是换汤不换药嘛！如果说硅油对头发有伤害，放在护发素里就没有伤害了吗？商家一直在推广无硅洗发水，可一直没有提"无硅护发素"啊，这真是一场闹剧！

让我们再看看另一起事件。几年前，媒体曝出麦当劳出售的麦乐鸡含有玩具泥胶的成分"聚二甲基硅氧烷"。麦当劳中国有限公司回应称，在中国，麦当劳售卖的麦乐鸡中聚二甲基硅氧烷的含量完全符合国家现行的《食品添加剂使用标准》，对消费者的健康无害，可放心食用。

麦当劳的麦乐鸡里面发现了橡胶成分？

这又是怎么一回事呢？麦当劳的快餐里面怎么会有橡胶成分呢？原来，麦当劳的油炸食品会用到食用油，人们为了预防食用油在加工、运输过程中起泡，会在其中加入消泡剂。消泡剂最主要的要求是表面张力低，又是"表面张力"，你一定想到了有机硅！没错，有机硅消泡剂的主要成分就是"聚二甲基硅氧烷"。

我们在前面提过，"聚二甲基硅氧烷"就是二甲基硅油的学名，经常被简称为硅油。二甲基硅油的结构是 $M-[D]_n-M$，D的重复基团可以多也可以少，链长可以随意调节。因此，二甲基硅油的黏度可以很低，比水还稀，也可以很高，跟橡胶一样。玩具里的硅橡胶和洗发水里的硅油、食用油里的消泡剂，是一个系列的化学品，但绝对不是一回事。麦当劳在自己的产品上标示出详细的用料，这是一件符合法规的事情，而有些人看到了一点儿皮毛，没有经过调查就下结论，则是无知者无畏了。

其实，在我们的食物里，消泡剂随处可见，比如食用油、豆浆、浓汤宝里面，为了防止在运输、加工过程中起泡，这些食物中都添加了消泡剂，而有机硅消泡剂就是最常见的一种消泡剂。

此外，一些药物吃下去也容易起泡，为了顾及患者的感受，不让他们变成"泡泡龙"，这些药物也添加了有机硅消泡剂。你能想象吗？在我们身边，甚至是肚子里，都有硅油的身影。但这些有机硅只是经过我们的身体，跟我们不发生任何反应，挥挥手不带走一片云彩。

上一节我们说过硅橡胶不传热导电，是良好的绝缘体，但是将白炭黑和硅油混合加热，掺入银粉或者铝粉，就能得到一种膏状物。这种硅膏（也叫硅脂）的导热性能非常强，被称为导热硅膏，广泛用于CPU、电池等电子元器件的散热。

只需要一点点导热硅膏，就能大幅度提升这些电子元器件的散热性能。

在织物中加入氨基硅油，可以让纺织品更加柔软，所以硅油又可以用作柔软剂。我们的衣服越来越柔软，越来越舒适，这都是硅油的功劳。

硅油的生产工艺有两种：一种是我们之前介绍的利用金属硅、甲醇等获得硅油的方法，叫作水解法；还有一种是将废旧的硅橡胶高温裂解而获得硅油的方法，叫裂解法。这是有机硅的优势，从宏观的产业链来看，它可以被回收，重复利用，但是我们不

硅橡胶回收的过程，其中的杂质会比较多。

能乱用。因为裂解硅油中的杂质比较多，如果用来生产工业产品，只要符合质量控制的要求就可以，但是要用它来生产和人体密切接触的产品，则是一件危险的事情。

有机硅本身没有害处，但是要建立起一系列的法律法规来约束它们的生产和使用。食品里必须用食品级有机硅，洗发水里要用化妆品级有机硅，药品中则一定要用医药级有机硅。相关部门要严格管理裂解硅油的生产和流向，这样才能将科学的力量用在正途，真正帮助人类的发展。

小 测 试

1.（多选）将硅油加入洗发水的目的是

　　A. 保护　　　　　B. 润滑　　　　　C. 洗涤　　　　　D. 光亮

2. 在麦当劳的油炸食品用到的食用油里加入硅油是为了

　　A. 消泡　　　　　B. 润滑　　　　　C. 洗涤　　　　　D. 光亮

 13. 硅基生命

通过前面十几节的叙述，我们见识了硅元素的神奇：它既能用来做太阳能电池板，也可以成为计算机的心脏，还能在日常生活中扮演各种角色。那么，我们可以开一下脑洞：也许有一个世界，完全是由硅元素骨架搭建的，甚至包括那里的生命。

是啊，我们已经习惯了由碳骨架组成的各种生命——动物、植物、菌类，就连肉眼不可见的细菌和病毒也是由我们熟悉的几种物质——蛋白质、糖类、脂肪、核酸组成的。

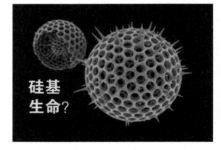

之前提过的硅藻算不算"硅基生命"？当然不算，二氧化硅构成了硅藻的细胞壁，但硅藻内部仍然由蛋白质、糖类、脂肪、核酸这些物质组成。

这些物质虽然看起来千差万别，却有一个共同的骨架——碳链。因此，我们将这些熟悉的生命统称为"碳基生命"。

在元素周期表里，碳和硅在同一个主族，这意味着它俩的性质有很多相近的地方。比如，碳元素可以和氢元素生成甲烷，硅元素也可以和氢元素生成硅烷；碳酸

【参考答案】1. ABD　2. A

盐和硅酸盐很类似；碳元素自身可以形成长碳链，而硅元素可以跟氧元素联姻，形成更灵活更柔软的硅氧链。那么有没有可能存在这样的生物，用以硅氧链为骨架的化学物质组成了身体的各种成分？与碳基生物对应，这种幻想中的生物被称为"硅基生命"。

想象中的硅基生命正在觅食。

早在 19 世纪，天体物理学家儒略·申纳尔就探讨过以硅为基础的生命存在的可能性，他大概是提及硅基生命的第一人。

这个概念被同时代的英国化学家詹姆士·雷诺兹接受，他在英国科学促进协会的一次演讲中指出，硅化合物的热稳定性使以其为基础的生命在高温下可生存。英国遗传学家约翰·波顿·桑德森·霍尔丹提出在一颗行星的深处可能发现基于半融化状态硅酸盐的生命，而铁元素的氧化作用则向它们提供能量。

科幻作家永远走在科学猜想的最前沿，斯坦利·温鲍姆的《火星奥德赛》描述了一种硅基生命：该生命体有一百万岁，每十分钟会沉淀下一块儿砖石——二氧化硅。你看多么有趣，我们人吸收氧气，呼出二氧化碳，而硅基生命排出的竟然是二氧化硅。它们的寿命也比我们碳基生命要长得多，从另一面来说，它们的反应速度超级慢，一定慢过树懒"Flash"。

科幻界泰斗阿西莫夫先生在一篇文章《并非我们所认识的——论生命的化学组成》中指出宇宙中可能存在的 6 种生物形态：

①以氟化硅酮为介质的氟化硅酮生物；

②以硫为介质的氟化硫生物；

③以水为介质（以氧为基础）的核酸 / 蛋白质生物；

④以氨为介质（以氮为基础）的核酸 / 蛋白质生物；

⑤以甲烷为介质的类脂化合物生物；

⑥以氢为介质的类脂化合物生物。

这其中，只有第三种是我们熟知的碳基生物。值得注意的是，阿西莫夫将硅基生物放在第一位，其原因有三：

一是硅元素在宇宙中的含量相对丰富，尤其在类地行星上。碳元素会跟着甲烷散失掉，硅元素则会跟它的"亲密爱人"——氧元素牢牢地结合在一起。

二是硅元素可以通过硅氧链结合成多变的、稳定的、不活泼的有机硅，在浩瀚

科幻界的泰斗——阿西莫夫，他的许多作品让我们脑洞大开。

的宇宙中，可能性意味着必然性。

三是阿西莫夫还特地指出，硅基生物更可能与氟元素结合而获得诞生生命的机会。因为含氟的硅化合物可以是液态的，这无疑比熔点高的二氧化硅、硅酸盐要好得多。你可以将硅氧链比作碳链，而将氟类比为碳基生命中的氧或者氢。这样的生命形态真是难以想象。

科幻大片《星际迷航》中也出现过硅基生命"Horta"，每过 5 万年，所有的"Horta"就都死去，只剩下一个个体活着照看将会孵化出下一代的那些蛋。

看完了外国作家的科学幻想，我们也来看看国内著名科幻作家刘慈欣（《三体》的作者）的想象力。

在作品《山》中，主角冯帆遇到的外星文明这样介绍自己："我们是机械生命，肌肉和骨骼由金属构成，大脑是超高集成度的芯片，电流和磁场就是我们的血液。我们以地核中的放射性岩块为食物，靠它提供的能量生存。没有谁制造我们，这一切都是自然进化而来，由最简单的单细胞机械，由放射性作用下的岩石上偶然形成的 PN 结进化而来。我们的原始祖先首先发现和使用的是电磁能，至于你们意义上的火，从来就没有发现过。"

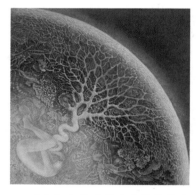
《山》中的硅基生命最早是在类地行星内部诞生的，我们地球内部有没有硅基生命？

看到没？芯片，硅基生命的大脑；岩块，硅基生命的食物。

刘慈欣在另一篇更有名的小说《乡村教师》中，更是将思想发散到深远的宇宙中，虚构了一场碳基生命和硅基生命的宇宙大战。在这场战争中，各种想象中的武器和作战手段层出不穷："蛙跳"时空跃迁、激光蒸发海洋、引爆超新星、反物质云屏障、四维扫描、数据镜像组合、奇点炸弹……令科幻迷们大呼过瘾。如果这部小说中的场景能被拍成电影，其震撼效果将不亚于《三体》。

虽然小说中的宇宙大战场景以碳基帝国的最高指挥官为主角，几乎没有对硅基帝国进行直接描述，但从主角的独白中，我们对硅基生命有所了解：

"战后，银河系中最迫切需要重建的是对生命的尊重。这种尊重不仅是对碳基生命的，也是对硅基生命的。正是基于这种尊重，碳基联邦才没有彻底消灭硅基文明。但硅基帝国并没有这种对生命的感情。如果说碳硅战争之前，战争和征服对于它们还仅仅是一种本能和乐趣的话，现在这种东西已根植于它们的每个基因和每行代码之中，成为它们生存的终极目的。由于硅基生物对信息的存贮和处理能力大大高于我们，可以预测硅基帝国在第一旋臂顶端的恢复和发展将是神速的，所以我们必须在碳基联邦和硅基帝国之间建成足够宽的隔离带。"

相比较而言，西方科幻里的硅基生命更加实体化，而刘慈欣则按照他的一贯风格，从侧面写意，给读者留下无尽的想象空间。

当然这都是人们的幻想，很多科学工作者已经提出相反的意见，认为硅基生命不可能存在。比如：二氧化硅作为排泄物熔点太高，硅基生命要么需要在 2 000 ℃以上的高温状态下生存，要么其代谢将非常慢，反应将非常迟钝；地壳里的硅元素的含量大大高于碳元素，但是最后还是碳基生命诞生出来，没有硅基生命的影子，凭什么说宇宙的其他地方会有不同呢？

当然，人类有幻想的权利，只要符合目前的科学认知，不被科学证伪，一切的假设都可以提出来，这本身就是一种科学精神啊！

赛后，无奈的李世石

细看刘慈欣这两部小说中的硅基生命，它们都是以超高集成度的芯片为大脑，因此信息存贮和处理能力超强。这是不是可以带给我们一些启发？

2016 年 3 月发生了一件改变人类认知的事情，谷歌公司开发的一款围棋人工智能程序"AlphaGo"战胜了人类围棋顶级选手李世石，在围棋人工智能领域，实现了一次史无前例的突破。在这之前，大多数围棋专业人士认为围棋中有太多"虚"的成分，人类的感性认识更容易在这些领域取得优势，人工智能不太可能攻克这座堡垒。

人类的失败意味着什么？ AlphaGo 只是一个程序，但表现出以硅为基材的处理器的超级运算能力，一台计算机可以安装多个不同程序，以面对不同问题。尽管我们人类仍然拿出了情感的遮羞布，但在成败面前这些显得苍白无力。任何复杂问题都可以分解成若干子问题，在解决问题方面，什么都比不过计算的准确性。

说不定以后计算机还可以自己编写程序呢！这是不是意味着它们已经获得了生命？也许到了那一天，我们发现，硅基生命原来就在我们身边，而且是我

硅基的人工智能会是人类的朋友、工具，还是人类的掘墓人？

们自己培养起来的。它们由简单的硅片变得复杂，得到了人类点化，获得了生命力，分分钟超过了创造它们的主人——人类。它们会不会取代我们成为世界的主宰？

也许，我们只能希望阿西莫夫的机器人三定律①是宇宙真理！

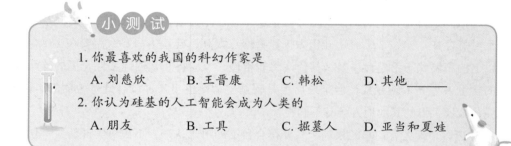

小 测 试

1. 你最喜欢的我国的科幻作家是

　　A. 刘慈欣　　　　B. 王晋康　　　　C. 韩松　　　　D. 其他_____

2. 你认为硅基的人工智能会成为人类的

　　A. 朋友　　　　　B. 工具　　　　　C. 掘墓人　　　D. 亚当和夏娃

① 第一定律：机器人不得伤害人类个体，或者目睹人类个体将遭受危险而袖手不管。

　第二定律：机器人必须服从人给予它的命令，当该命令与第零定律或者第一定律冲突时例外。

　第三定律：机器人在不违反第一、第二定律的情况下要尽可能保护自己的生存。

　后来阿西莫夫又补充了第零定律：机器人必须保护人类的整体利益不受伤害。

第十五章

磷

谁懂得常温下就自燃的"熊孩子"的苦恼？多想做一支明亮又温暖的"小火柴"！

元 素 档 案

姓名：磷（P）。

排行：第15位。

性格：白磷的脾气暴躁，40 ℃下就能自燃。红磷则温和很多，黑磷更是稳重持家。

形象：是善恶兼具的矛盾体，既能制成恐怖的白磷弹，也能构建灵动的生命。

居所：以磷酸盐的形式存在于自然界。动植物都需要我！

第十五章 磷（P）

磷（P）：位于元素周期表第 15 位，常见单质有棕红色（红磷）粉末和黄白色（白磷，剧毒）固体。两种单质磷中，白磷的化学性质极为活泼，在空气中室温下即可自燃。人身体中也含有磷元素，它是构成生物膜、DNA、RNA 等物质的重要元素，同时，它是细胞能量的直接来源——ATP 的重要组成元素。

1. 鬼火和尿液

在俄国著名作家果戈理的小说集《狄康卡近乡夜话》里，有这样一个故事："一位老大爷中了恶魔的妖法，昏昏沉沉地陷入了鬼魅之境，蓦地看到小路边的坟堆上闪烁着点点烛光。老大爷直起身子，双手叉腰，注目凝视——烛光熄灭了，但是在离他不远的地方又重新出现了。"

这里所谓"烛光"当然不是蜡烛的光，而是通常所说的"鬼火"。在我国清代蒲松龄的《聊斋志异》中，"鬼火"也常常出现。古人迷信，经常把"鬼火"添油加醋地描述为阎罗王出巡的鬼灯笼。现代的我们当然不会相信这种荒谬的解释，那么"鬼火"究竟是什么呢？

亨德里西作品《蛇与鬼火》

让我们把思绪拉回到 17 世纪，现代化学还未建立，炼金术士们相信世界上存在着一种"哲人石"，可以点石成金。这些炼金术士们找来各种晦涩的书籍，尝试各种诡秘的方法去寻找这种传说中的石头。

1669 年，德国汉堡有一位商人兼炼金术士布兰德，他相信人尿液中含有一些精华物质，所以他搜集了很多尿液，不停地蒸发蒸发再蒸发。我真不知道他是怎样弄到这么多尿液，又是怎么忍受这些味道的，只知道按照记录，他总共蒸发了 5 500 L 尿液，得到 125 g 白色蜡状物体。

　　布兰德欣喜若狂，以为自己成了"哲人石"的发现者。然而他又迅速失望，因为这种白蜡跟黄金一点儿都不一样，放到空气中时很容易自燃，发出奇特的绿光，不发热也不会引燃其他物质。他用"冷光"命名这种新物质，也就是磷现在的英文名"Phosphorus"。

波义耳用更好的方法得到了磷。

　　1675 年，化学家昆克尔听说布兰德的发现，想买这个配方，结果布兰德将配方卖给了出价更高的昆克尔的朋友克拉夫特。后来昆克尔自己也独立发现了这个方法，毕竟，蒸馏尿液也没什么复杂。

　　克拉夫特带着这个"神秘"配方自以为是地巡游欧洲，到处展示新发明。到了英国，他遇到了大化学家波义耳，并将磷的样品给波义耳看，并透露了提取方法。波义耳估计是嫌这种方法太恶心，或者不知道怎么去搞到那么多尿液，便改进了实验方法，用炭和石英在高温下还原磷酸钠，也同样得到了磷。

　　磷的发现一下子传遍欧洲，化学家们迅速展开了对磷的研究。1783 年，拉瓦锡的学徒让让布尔发现了一种磷毒气，他在实验记录本上这样写道："我用些苛性钾想使磷溶解，几个小时后，我发现有许多气泡附着在磷的表面。为了加速那些酸质的反应，我加热到 40~55 ℃。瓶里的磷还没完全溶解，就有一种臭鱼般恶臭的气体产生，让人难以忍受。这些气体一接触空气，就立刻爆炸起火。"

　　你看，这是不是和鬼火有些相似呢？你之所以会在乱坟岗或沼泽地看到鬼火，是因为人类和动物身体里有很多磷元素，死后尸体腐烂就会生成磷化氢，磷化氢不会自燃，但它会自聚成联膦（二磷化四氢）。联膦非常容易自燃，发出冷光。这种光非常微弱，在日光很强的白天看不见，到了漆黑的夜晚，就会忽明忽暗地出现，这让害怕黑暗的人们感到更加恐怖，于是真的以为是鬼魂在闪耀了。

　　根据描述，鬼火多在夏天出现，这是由于夏天气温较高，联膦更容易挥发。有时候人们还会看到鬼火追着人跑，这是空气流动的原因。夜晚风比较小，空气相对静止，人一走动，就会带着空气里的联膦一起走，看起来好像是鬼魂索命，其实这根本是无稽之谈。

近年来，又有些科学家对鬼火的这种解释提出质疑。1980年，英国地质学家米尔斯将磷化氢和空气、氮气混合，想在实验室里模拟鬼火的出现。结果他得到了绿光和一大片浓烟，这显然和鬼火现象不符。他认为鬼火应该是一种冷焰，而生物体的降解物中，能产生冷焰的物质有很多，烷烃、醇类、醛类，甚至蜡都有可能。

森林里动植物尸体的降解物有很多，容易产生鬼火。

2008年，两位意大利科学家重复了米尔斯的实验，确实得到了绿光，不过他们认为，在夜间人眼的视觉感受会和白天不一样，可能分辨不出来。他们还发现如果调整气体比例，可能会避免产生浓烟，最起码会让人眼看不出来。不过他们也同意米尔斯的说法，除了联膦以外，可能还有其他因素导致产生鬼火。

还有人提出，鬼火的产生可能另有原因。之前我们介绍二氧化硅时提到过压电效应，自然界有大量的石英，还有一些砷化合物，它们在地质应力的作用下产生压电效应，制造出电荷激发了附近的一些可燃气体（如含甲烷的沼气），就会产生冷焰。

进入现代社会，随着城镇化建设的推进，火葬取代了乱坟岗，沼泽地被开垦，鬼火越来越少见了。鬼火真正的解释可能也和它自身一样神出鬼没，让我们难以确定。

出现鬼火也好，提炼尿液也好，都是因为人体和动物体内含有大量的磷元素。磷元素堪称"生命动力元素"，关于这一点，我们会在接下来的几节里继续谈。

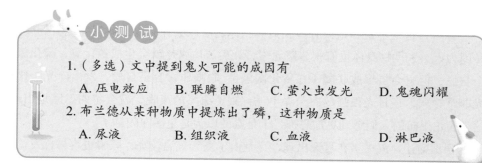

小 测 试

1.（多选）文中提到鬼火可能的成因有
　　A. 压电效应　　B. 联膦自燃　　C. 萤火虫发光　　D. 鬼魂闪耀
2. 布兰德从某种物质中提炼出了磷，这种物质是
　　A. 尿液　　　　B. 组织液　　　C. 血液　　　　D. 淋巴液

2. "磷"氏兄弟

我们知道磷主要有四种同素异形体：白磷（黄磷）、红磷、紫磷、黑磷。它们可以说是"四兄弟"，白磷是"小弟"，黑磷是"大哥"。

如今生产白磷还一直沿用波义耳的方法，只不过将磷酸钠变成了磷酸钙，后者是磷矿石的主要成分，分布更加广泛。白磷是无色透明的晶体，遇光照会显出淡黄色，所以也叫黄磷。

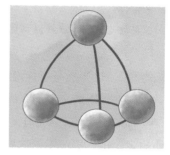

一个白磷分子中有 4 个磷原子，它们组成一个四面体，按照正常情况，键角应该是 60°，而实际上磷原子以 3p 轨道杂化成键，p 轨道成键的键角一般是 90°，因此白磷分子里磷磷键是受了很大应力而弯曲的键，非常不稳定。这种不稳定在宏观上就表现为活跃的化学性质，在常温下就很活泼。

白磷的分子结构

白磷的脾气有点火爆，燃点只有 40 ℃，在空气中会自燃，变成一阵浓烟，生成三氧化二磷和五氧化二磷，所以白磷通常保存在水里。还记得舍勒发现氧气的过程吗？他就是从水里拿出一块黄磷，隔着烧瓶略微加热一下黄磷就燃烧起来了。

它的这种特性被武器专家利用，做成白磷燃烧弹。这是一种极为危险与恐怖的武器，白磷的燃烧和汽油等碳基物质的燃烧不一样，它接触到人的身体后，会烧穿肉皮，并深入到骨头。二战末期，白磷弹被各国利用，太平洋战争末期，日本士兵在各个海岛上据险顽抗，美国人用白磷弹对付在工事里的日本士兵，非常残忍，这里就不详叙士兵中了白磷弹之后的惨样了。

战后，人们认识到化学武器的残酷，1980 年通过的《联合国常规武器公约》将白磷弹列为违禁武器，不允许对平民或在平民区使用。总共有 80 多个国家签署了这一公约，但美国没有签署。现在，

战场上的白磷弹，我们希望越少见到它的身影越好。

用硫酸铜溶液作为解毒剂，我们可以看到蓝色的硫酸铜溶液慢慢褪色，底部的磷变成红色的铜。

许多国家仅仅使用白磷弹作为信号弹和烟幕弹。

白磷的易燃性还被用作影片素材，在刘德华主演的《狄仁杰之通天帝国》中，三个人无故地"自燃"而死，顷刻间红色火球蔓延全身，将整个人烧成了黑色的灰烬。不仅起火原因难以捉摸，视觉效果也十分震撼。在电影里，通过狄仁杰之口我们得知，引起"自燃"现象的东西是一种来自西域的虫子，名曰"赤焰金龟"，这当然是影片虚构的。而这种虫子之所以能引起人体"自燃"，在于它以黄磷为食，因此全身都充满了毒性。

白磷有剧毒，约 0.1 g 就能致人死亡。它沾到皮肤上很难去除。由于白磷可以还原金、银、铜、铅等盐里的金属，所以可用硫酸铜作为白磷中毒后的解毒剂，如不慎将白磷沾到皮肤上，可用硫酸铜溶液冲洗。

在隔绝空气的情况下，我们将白磷加热到一定程度，再凝结下来，便可得到红磷。相对于激情似火的小弟弟白磷，红磷三哥要稳重不少，无毒，燃点很高，常温下不会燃烧。我们以前很熟悉红磷，因为火柴盒两侧红红的东西就含了红磷。红磷在空气中接触水蒸气以后，会缓慢潮解，暴露在空气中几个月的火柴就没用了，所以火柴需要保持干燥，避免受潮。

1865 年，德国人希托夫在一根密闭的管子里加热红磷，得到了一个单斜晶体，外观是漂亮的紫罗兰色，他把这称为紫磷。后来人们发现将白磷和熔融的铅放在一起加热到 500 ℃，也可以得到紫磷。

相对于无定形的红磷，紫磷二哥更加"有型"，它由磷磷键组成一个个的五面体和六面体结构。所以，严格意义上说，红磷算是白磷和紫磷之间的产物。

在 12 000 个标准大气压下，将白磷加热到高温，可以得到一种类似石墨的黑色物质，这就是大哥黑磷。它是类似石墨的层状

红磷（左）和紫磷（右）的外观对比图

物质，每一层中磷原子形成一个个的六元环。

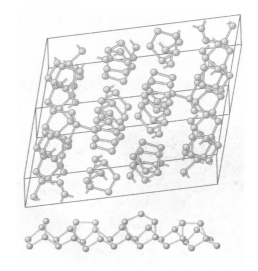

大哥虽然形象黑了点儿，却是最稳重持家的，在几种磷的同素异形体中，它热稳定性最好，最不容易发生化学反应。和石墨一样，它也很光滑，可以导电。

近年来，科学家又发现了磷家失散多年的兄弟——P_2，它的结构类似氮气分子，由两个磷原子通过三键结合成一个磷分子。这种同素异形体只能存在于 1 200 ℃以上，而且非常不稳定。

瞧瞧吧，不要因为磷和氮处于同一主族就认为它们很相似，多一层电子，其宏观性质就差别很大呢。同理，碳和硅不也是这样吗？

图片为红磷的晶体结构（上）和紫磷的晶体结构（下）对比图。红磷的晶体结构是一种无定形结构，而紫磷更加有型。

黑磷的外观（左）与分子结构（右）

小 测 试

1. 磷的常见同素异形体里最活泼的是

    A. 白磷   B. 红磷   C. 紫磷   D. 黑磷

2. 磷的常见同素异形体里，其结构与石墨类似的是

    A. 白磷   B. 红磷   C. 紫磷   D. 黑磷

【参考答案】1. A   2. D

3. "鸟粪之国"和无磷洗衣粉

瑙鲁的磷矿

在浩瀚无边的太平洋上有一个美丽的岛屿，千百年来，迁徙的鸟儿总是喜欢来到这里歇息片刻。它们将自己的排泄物留在了这里，日积月累，变成了这个岛屿最宝贵的财富。

这个岛屿就是传说中的"瑙鲁"，这个国家仅仅约有 22 km²，却有 70% 的面积被鸟粪覆盖，堪称"鸟粪之国"。因为鸟粪中富含磷酸盐，所以这里有天然的磷矿。岛屿上的土著就依靠这些磷矿过上了富裕的生活，他们在澳大利亚墨尔本建了一座 52 层的大厦，人称"鸟粪大厦"。

巴西出土的蓝色宝石级磷灰石

地球上的磷矿石主要由磷灰石组成，根据附加阴离子的不同，可以分为羟磷灰石、氟磷灰石和氯磷灰石等，其主要成分分别是含羟基、氟、氯的磷酸钙。有些矿物不含磷酸根，而含有钒酸根或者砷酸根，因为晶体类型一样，所以也叫磷灰石。纯净的磷灰石晶体是无色透明的，但有时候因为一些金属离子的杂质而呈现出绿色、蓝色、红色，有些特别漂亮的可以算得上宝石级。更多的时候，因为含有很多有机物杂质，它呈现出深灰色，正如同它的名字。

世界上磷矿石储量前三的国家是美国、摩洛哥、中国，摩洛哥这个北非国家的资源很值得重视哦！

瑙鲁的磷矿石这么值钱，是因为磷肥是"氮、磷、钾"三种最重要的化肥之一，世界上 80% 以上的磷矿用于生产各种磷肥。

健康的玉米叶子（上）与缺磷的玉米叶子（下）

磷元素是生物生长的必需元素，如果
庄稼缺少磷元素，会生长缓慢、矮小瘦弱。
植物需要磷，动物当然也不例外，还有相
当一部分磷矿石被用来做动物饲料。

没有食品添加剂，就没有现代食品工业。

食品中允许正常添加三聚磷酸钠。

既然植物和动物都"吃"磷，我们人
也来一点儿吧？是的，我们的食品里也有
磷，不过不是为了补充磷元素，因为我们
每天吃的动物和植物里的磷已经够用了。
食品中的磷主要是三聚磷酸钠（STPP），
作为添加剂使用。在食品中它起保湿的作用，还可以在肉类、海鲜里面起防腐作用，
已经被证明是安全的。不要看什么食品广告里面宣称的"绝对不含防腐剂"，我就
不信这里面没有三聚磷酸钠。

三聚磷酸钠更多地被用来生产洗涤剂，我们在家用的洗衣粉里就能见到它。我
们用的自来水虽然经过处理，但仍然含有一些钙、镁离子，有点"硬度"。很多洗
涤剂在"软水"中效果很好，遇到"硬水"效果就打折了。加入三聚磷酸钠以后，
由于三聚磷酸根离子带五个负电荷，络合性能特别强，钙、镁离子被它络合带走，
就再也干扰不了洗涤剂了。

兴一利，必生一弊。磷元素真是好，植物、
动物都爱"吃"，可是我们不要忘了，微小的
藻类、细菌也是生物啊。前面我们说过，自
然界有水的地方就有细菌，三聚磷酸钠排放
到水体里以后，逐渐水解为磷酸盐，成为水
里藻类、细菌的最爱。它们大饱口福后大量
繁殖，就会引起水体的"富营养化"。平静
的湖泊不会生出"鬼火"，但是在沼泽里常见，
那是因为沼泽是"富营养化"的湖泊，被磷"污
染"了，这个道理大家明白了吗？

每年有数百万吨的三聚磷酸钠生产出
来，它们大多数被添加到洗衣粉中，又被排
放到水体里。三聚磷酸钠已经被公认为水体
富营养化的"首席元凶"，为了解决这一问题，

在严重富营养化的湖泊中，绿色的
藻类遮盖了湖水。

"无磷洗衣粉"概念被提出来。

我当然希望"无磷洗衣粉"能解决当前的问题，不过我又担心无磷洗衣粉的生产会导致更大的污染。

1. （多选）最重要的三种化肥元素是

    A. 氮   B. 磷   C. 钾   D. 钙

2. 下列选项中，导致水体富营养化的"首席元凶"是

    A. 酸雨   B. 三聚磷酸钠   C. 苯   D. 重金属离子

4. 生命的能量块儿——ATP

生命太奇妙！

看看动物世界，飞禽在天上舞动，走兽在地上奔跑，鱼儿在水里畅游，昆虫在丛中鸣叫，夜色降临，萤火虫若隐若现地发出微弱的"灯光"。

人类是高级动物，除了不会飞以外，人会行走、奔跑、做瑜伽、挖鼻屎……我们总是这样告诉自己：生命在于运动。此外，人类能成为万物灵长，是因为有一颗神奇的大脑，它每时每刻都在高速运转，产生了一束又一束的电流，沿一条条"神经高速公路"流向人体各处，这是大脑在发号施令。

就连我们看不见的细菌、病毒，它们也时刻都在运动和繁衍。

运动需要能量的支持，这些能量来自哪里？

有人会说，这不是很简单的事情吗？从拉瓦锡时代开始，人们就知道人体像一只反应炉，每天吸入氧气，呼出二氧化碳和水蒸气，那是因为我们体内有碳、氢、氧等元素组成的"燃料"。后来人们逐渐知道，人体内的营养物质有六种——水、蛋白质、糖、脂肪、维生素和矿物质，其中蛋白质、糖和脂肪都可以作为我们的燃料，为我们提供能量。然而化学家和生物学家们不会满足于这样简单的认识，他们要研究这些营养物质在人体内究竟经过了什么样的反应路线，才能如此均匀而稳定地输出能量，确保我们的体温相对恒定，没有让我们局部过热而"自燃"。

【参考答案】1. ABC   2. B

有人做了这样一个实验：将萤火虫的发光器取下，研磨成粉末，等量分别装入不同的玻璃管中，各加入等量且适量的水，过了十几分钟，荧光就消失了，看来发光器里面的营养物质用完了。然后人们向不同的玻璃管中补充几种不同的营养物质——糖、脂肪和ATP，加入糖或脂肪的玻璃管都是死气沉沉的，而加入ATP的玻璃管则重新发光！这说明，糖和脂肪中的能量是不可以被萤火虫直接使用的，必须经过一系列的化学反应才能发挥燃料的作用。而ATP则是生物体内直接提供能量的物质，是最基本的能量块儿！

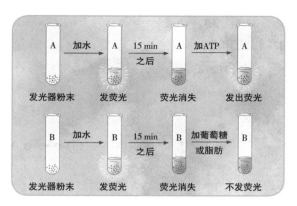

用萤火虫的发光器证实了 ATP 的重要作用。

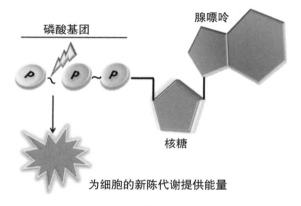

ATP 分子

在生物化学的世界里，ATP不是体育里的"职业网球联合会"，也不是 IT 中的"可靠传输层协议"，它是一种化学物质，全名是"腺嘌呤核苷三磷酸"，由 1 分子腺嘌呤、1 分子核糖和 3 分子磷酸基团组成。它的结构式可以简写为 A—P ~ P ~ P，A 代表腺嘌呤跟核糖，也就是我们说的腺苷，P 代表磷酸基团。

它之所以能供能，是因为它含有两个高能磷酸键，我们仔细看它的结构简式，其中 A 和 P 之间是用"—"连接的，这是普通的化学键，而 P 和 P 之间是"~"，说明这不是一般的化学键。ATP 遇水会水解生成 ADP（腺嘌呤核苷二磷酸）和 Pi（磷酸），同时释放出大量的能量。

我们一般将水解时释放的自由能大于 20.93 kJ/mol 的化学键称为高能键，而ATP水解生成ADP和Pi，释放的能量达到30.5 kJ/mol。ADP可以继续水解生成AMP（腺嘌呤核苷单磷酸）和 Pi，也释放出大量的能量，因此"~"为高能磷酸键，ATP 中最有用的结构就是它。

ATP 是如此重要，在生物体内的很多重要反应中，它都起到了决定性的作用。

我们复习一下光合作用中的卡尔文循环，每一个循环中，9 个 ATP 固定下了 3 个二氧化碳，生成一个三碳糖——3- 磷酸甘油醛（PGAL）。在这个过程中，ATP 不仅提供了能量，还提供了磷酸基团用于合成糖类。

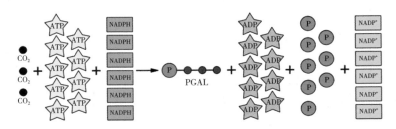

在光合作用的暗反应——卡尔文循环中，ATP 是重要的供能物质。

光合作用固定了二氧化碳，合成了"燃料"——糖类。天生我材必有用，蕴含在糖类中的能量又是如何释放出来的呢？

糖类，由碳、氢、氧三种元素组成，由于大多数糖类分子中氢元素和氧元素之比为 2 : 1，和水一样，故又称为"碳水化合物"。由于糖类分子结构中含有氧元素，所以不易燃，不信你在家烧烧蔗糖试试，只会得到一大堆黑乎乎的炭，氧原子和氢原子都变成水蒸气跑了。生物体可不像煤炉那么简单粗暴，是不可能先将糖类烧成炭，再用炭来燃烧的。

糖在生物体内首先要经过葡萄糖酵解的过程，每个葡萄糖分子变成两个丙酮酸。整个过程历经了 10 步化学反应[包括 DHAP(磷酸二羟丙酮)和 PGAL(3- 磷酸甘油醛)

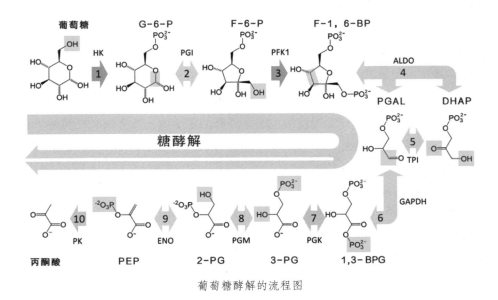

葡萄糖酵解的流程图

的相互转化]，每个化学反应都需要酶的参与。所以，生物体就好像一个大的生产车间，酶就是各个流水线上的车间主任，它们手头都拿着一份自己负责的生产工艺流程；ATP、ADP、NAD⁺、NADH 都是它们手头的重要工具，ATP 提供能量，激活葡萄糖；ADP 则吸收能量形成 ATP，留给下一个循环；NAD⁺ 起氧化作用，促成电子转移。

总结一下整个葡萄糖酵解反应，一个葡萄糖分子可以净产生 2 个 ATP，葡萄糖的化学能储存在 ATP 中。

$$葡萄糖 + 2NAD^+ + 2ADP + 2Pi \rightarrow 2 \text{丙酮酸} + 2NADH + 2H^+ + 2ATP + 2H_2O$$

葡萄糖酵解的总反应式

经过了复杂的葡萄糖酵解，我们得到了小分子丙酮酸。但是丙酮酸也只是一个中间产物啊，从来没见过哪个人会排泄出丙酮酸这种玩意儿的，它又是如何发挥作用的呢？

克雷布斯博士出生于德国的一个犹太家庭，他子承父业，成了一名优秀的外科医生。二战爆发前夕，他们全家遭受了纳粹的迫害，被迫来到英国。由于他在英国没有行医许可证，只好在剑桥大学从事一些基础医学的研究，没想到，他纯粹的理论研究反而获得了重大的发现。

早在德国期间，克雷布斯就和亨赛雷特一起发现了鸟氨酸循环，他对生物体内的营养物质如何代谢非常感兴趣。到了英国，"无丝竹之乱耳，无案牍之劳形"，他可以静下心来好好研究各种论文。他发现当时已经有很多化学家、生物学家对此进行了一些研究，但是都很零散。比如一些报告中提到 A 可以产生 B，另一些报告中又解释了 C 可以跟 D 合成 E，还有一些材料表明 F 生成 G。克雷布斯想，如果有一种中间产物 X，可以把这些反应串联起来，形成一个循环，那岂不是非常美妙的事情？

他花了 4 年时间，终于发现 X 就是如今常见的食品添加剂——柠檬酸。这个假设成立以后，之前发现的化学反应物质 ABCDEFG 都被串成了一个循环链条，之前那些报告中的化学反应都只是这个循环中的一部分，这个循环就是"柠檬酸循环"，也被称为"克雷布斯循环"，现在它更加有名的名称是"三羧酸循环"（TCA 循环）。克雷布斯因此获得了 1953

1953 年诺贝尔生理学或医学奖获得者——克雷布斯

年诺贝尔生理学或医学奖。

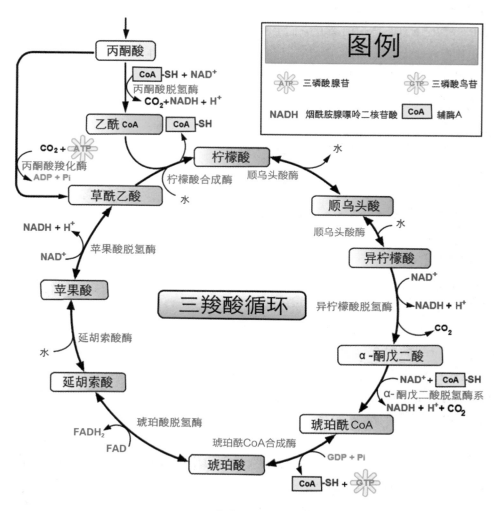

三羧酸循环全景图

　　整个循环似乎步骤太多，很难看懂。其实没看懂也没关系，我们只需要总结一下，看看整个过程前后都发生了什么：草酰乙酸没发生变化，起到了催化剂的作用，发生变化的是乙酰辅酶 A 中的 2 个碳原子，都变成了二氧化碳，3 个 NAD⁺ 变成了 3 个 NADH，GDP 吸收能量生成 GTP，GTP 再将能量转入 ADP 而产生 ATP。

　　现在的研究表明，不仅葡萄糖酵解产生的丙酮酸会进行三羧酸循环，脂肪、蛋白质也都会先代谢生成乙酰辅酶 A，然后通过三羧酸循环而分解成水和二氧化碳。乙酰辅酶 A 是生物体代谢的重要中间物质！

三羧酸循环是在有氧的情况下进行的代谢，产物 NADH 中的高能电子，沿着电子传递链传递，最后到达分子氧，分子氧和 H⁺ 结合形成了水。高能电子逐步释放的能量将 ADP 变成 ATP，储存下能量。这个反应过程也很复杂，就不展开说了，一般称为"氧化磷酸化"。

三羧酸循环的效率极高，曾经认为，1 个葡萄糖分子经过了糖酵解、三羧酸循环和氧化磷酸化之后可以得到 36 或 38 个 ATP，而其中的糖酵解净产生了 2 个 ATP。经过修正，1 个葡萄糖分子实际产生 30 或 32 个 ATP。

经过计算，葡萄糖代谢理论上的化学能效率大约为 40%，而太阳能光伏的转化效率目前大约是 15% ~ 20%。我们当然不能通过这两个数字就说碳基生命的效率高于可能存在的硅基生命，更值得我们去研究的应该是，硅基生命将如何通过一系列硅元素化合物的循环反应而得到稳定、可持续而又高效的能量输入。最起码，我们熟悉的生命形态在宏观上是稳定的，可不是昙花一现。

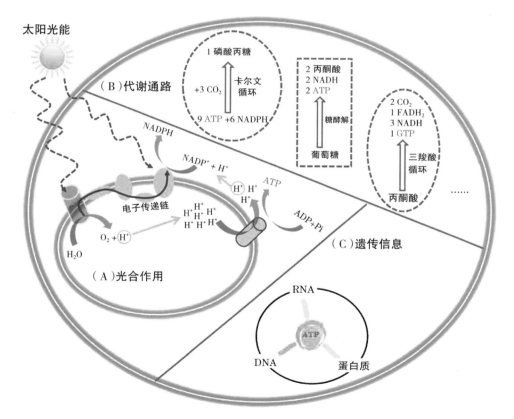

ATP 还在遗传信息的传递与表达中发挥着重要作用，由于篇幅有限，这里就一笔带过了。

前面提到糖酵解产生丙酮酸，这个过程产生的能量很少，丙酮酸可以通过三羧酸循环产生更多的能量，然而这一过程是需要氧气参与的，在缺乏氧气或者氧气供应不足的情况下，那又会怎样呢？在缺氧条件下，丙酮酸可在乳酸脱氢酶的催化下，还原为乳酸。

我们在剧烈运动之后，经常会觉得肌肉发酸，以前认为那是在缺氧条件下生成的乳酸在作祟。最近的研究表明，乳酸的作用远远没有那么厉害，能够让人们隔天还能感受到酸痛的主要原因还是肌纤维受损，因此锻炼需要循序渐进，量力而为，不能想着一蹴而就。

再延伸一点儿。在氧气供应充足的情况下，糖类、脂肪和蛋白质都能代谢成乙酰辅酶 A，再经过三羧酸循环为有氧呼吸提供充足的能量；在剧烈运动的时候，由于氧气的供应跟不上人体的需求，需要通过糖酵解、丙酮酸代谢成乳酸等方式供能，进行无氧运动。

人体细胞内 ATP 含量很少，且糖酵解产生的能量跟三羧酸循环相比少得多，人体更是不可能长时间忍受"乳酸之苦"，因此人体不能长时间进行剧烈的无氧运动。所以减肥靠剧烈的无氧运动是不太合适的，只有依靠长时间（15 分钟以上）的有氧运动，才能有效地消耗糖和脂肪，比如 5 km 以上的慢跑，1 500 m 以上的游泳，10 km 以上的自行车骑行，长时间快走、散步等，这些都是很健康的减肥方式。

1. 生物体内最直接提供能量的物质是

    A. ATP   B. 脂肪   C. 糖   D. 蛋白质

2. 下列过程为人体提供能量的效率最高的是

    A. 糖酵解   B. 三羧酸循环

    C. 乳酸途径   D. 开尔文循环

【参考答案】1. A   2. B

第十六章

硫

元素特写

最爱居住于火山口的我是个"小恶魔",火药、酸雨都在彰显我的气场和能量!

元素档案

姓名:硫(S)。

排行:第16位。

性格:活泼,易与多种金属元素结合形成各种矿物。

形象:古代曾是炼制神丹的主角,现代发展化工的利器,但都掩盖不了它散发出来的危险气息……

居所:单质硫主要存在于火山口周围,以化合态存在的硫多为矿物。

第十六章　硫（S）

硫（S）：与氧元素同族的第16号元素，单质呈黄色，可以用来处理水银温度计摔碎后散落的水银（硫单质可以与水银反应生成无挥发性的固体）。化工生产和化学实验中，常用到硫酸（H_2SO_4），即便是一个对化学毫无概念的人，也绝不会不知道硫酸。因为用不到硫酸的工业极少，所以就有了"硫酸的产量是衡量一个国家化工水平的标志"的说法。硫的氧化物二氧化硫是空气污染的主要来源之一。

1. 地狱里的恶魔元素——硫

地狱中的大魔王路西法（撒旦）正在喷出地狱火，拷问死者的灵魂。

圣经中这样描述神秘而邪恶的地狱：地狱这炽热而火红的地方，流淌的熔岩为河，灿黄的"燃烧石"为山。这里的燃烧石就是硫黄，地狱恐怖的气氛就是硫黄那刺鼻的气味营造的。地狱里更为恐怖的是有无数的恶魔，它们拥有邪恶的心灵和超自然的力量。每当它们现身的时候，硫黄那刺鼻的气味就会随之出现，让人无法呼吸。恶魔掌握神秘的法术，最厉害的就是"地狱火"，"地狱火"是硫黄燃烧的火焰。

最大的恶魔名叫路西法（Lucifer），就是圣经中的撒旦，它曾是一位天使，"路西法"是"带来光"的意思。在弥尔顿的《失乐园》中，路西法拒绝臣服于圣子基督，发动叛变，失败后坠落到地狱，这就是"堕落天使"，也称为恶魔。

在《圣经》里，路西法化为一条蛇，勾引夏娃偷食禁果，想让人类和它一起堕落。

话说英语中"Lucifer"还有一层意思，就是美丽的金星。外观柔美暖黄的金星看起来和恶魔相差甚远，而真实的金星表面却酷似地狱。金星表面温度400多摄氏度，没有水，没有氧气，到处是电闪雷鸣，见不到太阳，金星上的云层并不是由水组成的，而是浓硫酸，其中混杂着单质硫的颗粒。从太空观察，我们只能看到它浓厚的云层，金星的黄色是因为其云层中有硫颗粒。

在太阳系中，还有一个星球比金星更像地狱，这就是木卫一——艾奥。在四颗"伽利略卫星"中，它最靠近木星，受木星强大引力的影响，潮汐摩擦产生了大量的潮汐热化，这些热量以火山活动的形式被释放出来。木卫一上已知活火山有400多座，表面温度高达1 600 ℃，是太阳系中地质活动最活跃的星体，没有之一。

望远镜里的木卫一也是黄色，其表面主要成分是硅酸盐和硫化物，木卫一微薄的大气中主要成分是二氧化硫，还混杂着些许氧气，由于温度过高，连食盐（氯化钠）都变成了蒸气，很难想象人类到了这里如何生存，堪称地狱的升级版。

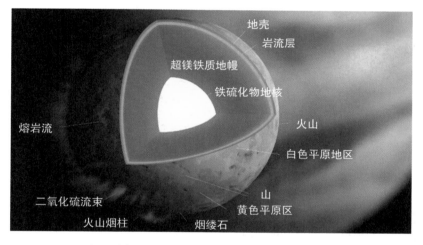

地壳
岩流层
超镁铁质地幔
铁硫化物地核
熔岩流
火山
白色平原地区
二氧化硫流束
山
黄色平原区
火山烟柱
烟缕石

太阳系中地质活动最活跃的星体木卫一——艾奥

火山口的硫黄

金星和木卫一的例子可以让我们思考一下类地行星、卫星的命运：质量稍小，或者距离太阳太近，表面温度过高，引力吸引不了足够的氧气和氢气形成水，反而成为硫元素的舞台。这种发展趋势是不是有其必然性？

宇宙中的硫元素不少，排在第10位，比磷、氯、铝、钠都要多。硫元素主要生成于较大恒星的内部，由 α 粒子和硅核聚变而成。在地壳中，硫竟然比碳还要多一点，以各种硫化物和硫酸盐的形式存在。偶尔，也会在火山口、温泉附近发现单质硫。

单质硫外表鲜黄，而又自然呈现，人类很早就认识了硫元素。大约 4 000 年前，古埃及人已经学会用硫黄燃烧生成的二氧化硫来漂白衣物，在流传下来的古埃及纸莎（suō）草上，甚至记录了他们用硫黄来治疗沙眼的故事。

后来古希腊人和古罗马人也学会了硫黄漂白术，古希腊人还用硫黄来制作熏香，这都被记录在荷马史诗《奥德赛》和普林尼的《自然史》中。古希腊的祭司们在神谕宣示所里跟神交流的时候，要点起带有硫黄的熏香，这被称为"圣灵之气"。祭司们吸进这些神秘气体后会变得癫狂，然后说出一些让大家震惊的话语，这些话被认为是神的旨意。

古希腊德尔菲的神谕宣示所（阿波罗神殿）遗址

有个历史上非常有名的神谕来自吕底亚国王克洛伊索斯，他信心满满想去攻打居鲁士的波斯帝国，出征前想听听神的想法，于是来到德尔菲神谕宣示所，得到了经过硫黄熏蒸过的神谕："你将会灭亡一个伟大的国家。"这让克洛伊索斯自以为必胜，最后神谕果然应验，只不过这个伟大的国家就是吕底亚自己。

温泉里一般也有一些硫黄，硫黄可以帮助人体消毒，这也是温泉对人体的好处之一。

中国最有名的炼丹家葛洪

硫黄很早就为中国人所知，大约公元前 600 年，古蜀国的汉中地区就有开采硫黄的记载。到了晋朝，我们的祖先发现可以从黄铁矿中提取硫，这一发现没有加速中国古代化学科学的发展，而是被道士和术士们包装成神秘的东西。道士们看到硫黄易于燃烧，发出刺鼻的烟雾，就拿去装神弄鬼；术士们发现硫和很多金属都能结合，就拿去配制丹药，毒害皇帝。

硫黄还用于中药。外敷用以解毒、杀虫和疗疮，现代医学里也在使用。内服用以补火、助阳和通便，现在我们知道其原理是：硫黄进入人体后生成硫化钾，刺激胃肠黏膜，促使肠道蠕动，使粪便软化。但硫黄毕竟是硫单质，过多服用对人体有害。

到了宋朝，人们发明了黑色火药，硫黄是其中组分之一，因此成为重要的战略资源。中华文明并没有因此而走上扩张之路，是福是祸留待后人评说。

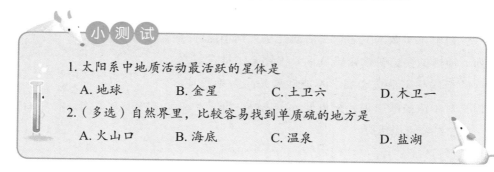

小 测 试

1. 太阳系中地质活动最活跃的星体是

    A. 地球   B. 金星   C. 土卫六   D. 木卫一

2. （多选）自然界里，比较容易找到单质硫的地方是

    A. 火山口   B. 海底   C. 温泉   D. 盐湖

2. 化学的代名词——硫酸

硫酸有危险，操作需谨慎。

硫酸是每个化学实验室必备的试剂，即便是一个对化学一无所知的人，也绝不会不知道硫酸的危险性。在大众脑海里，硫酸简直就是化学的代名词！

确实，在实验室里，即使专业的化学工作者面对浓硫酸也需要小心谨慎。它的腐蚀性超强，日常生活中的物品没有几样能不被它腐蚀。不小心将浓硫酸滴在衣服上，衣服瞬间就会破洞；食物掉进浓硫酸里会冒泡，最后剩下一坨黑乎乎的炭；除了聚四氟乙烯、高密度聚乙烯之外的大部分塑料碰到浓硫酸也会融化掉；一些较活泼的金属如铁、铝，就更不在话下了；一些面对其他酸较迟钝的金属如铜、汞，碰到浓硫酸，会被直接氧化，释放出刺鼻的二氧化硫气体。

一般把质量分数在 70% 以上的硫酸叫作浓硫酸，最常用的浓硫酸质量分数为 98%，这是一种密度较大的黏稠液体，是水的 1.84 倍。因此所有化学教材都告诉学生：

只能把浓硫酸缓缓倒入水中，而不能反过来，否则水滴将在浓硫酸的表面上演激情似火的舞蹈。

浓硫酸中的水分很少，因此硫酸在其中难以电离生成水合氢离子，这时候硫酸主要表现出它的强氧化性、吸水性和脱水性。

初中化学课本上的金属活动性从大到小这样排列：钾钙钠镁铝锌铁锡铅氢铜汞银铂金。排在氢之后的金属是不活泼金属，不能和酸发生置换反应。但是对于浓硫酸来说，铜也好，汞也好，都是小菜一碟，统统可以反应。

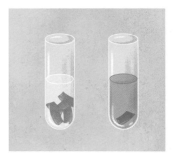

红色的铜片（左）在浓硫酸里加热，会被氧化生成蓝色的硫酸铜溶液（右）和二氧化硫。

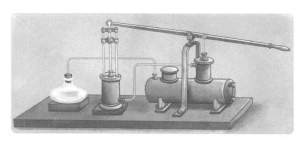

用浓硫酸干燥气体的装置

把浓硫酸敞开放置，瓶内的液体逐渐变多，也变得更稀了，这是因为浓硫酸具有超强的吸水性，它随时随地搜寻水分子。这个性能让它成为化学实验室干燥气体的神器，但要注意的是硫酸同时具有酸性和氧化性，不能用它来干燥氨气等碱性气体，也不能用它来干燥硫化氢、溴化氢等还原性气体。

可以做一个经典实验——白糖变黑雪，将浓硫酸倒入白糖中，立刻冒出一阵烟雾，然后就剩下一堆黑色的残渣。碳水化合物中的碳留下，氢和氧都被浓硫酸当作水夺过去了。衣物之所以碰到浓硫酸会被烧个洞，也是类似的原理，织物中的主要成分是纤维素，是一种碳水化合物；纸张也一样，主要成分是木纤维，还是碳水化合物。

胆矾中的结晶水也会被浓硫酸"脱"出来，然后胆矾就变成白色的无水硫酸铜。

这里需要注释一下，吸水和脱水是不一样的，吸水指的是吸收游离的水分子，是物理变化；脱水是将化合物中的氧和氢按照水的比例脱离出来，是化学变化。结晶水合物是被浓硫酸"脱水"，这个反应是化学变化。咬文嚼字的高考命题者会出这样生僻的题

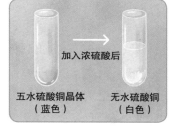

加入浓硫酸后

五水硫酸铜晶体（蓝色）　　无水硫酸铜（白色）

胆矾（五水硫酸铜）是蓝色的，被浓硫酸夺取结晶水以后变成白色的无水硫酸铜。

工人正在进行酸洗钝化。

目，高中生可千万不要弄错。

浓硫酸看似非常暴虐，但是当它碰到一些活泼金属，比如铁、铝的时候，又变得"暖"起来。它的强氧化性会让金属表面迅速生成一层保护性的氧化膜，阻止进一步的氧化，所以浓硫酸可以用来进行酸洗钝化。

脑补一下，浓硫酸"暖暖"地对铁、铝说："对你凶，是在保护你；稀硫酸对你才是'温水煮青蛙'。"

有这么一个段子："德国产的钢铁在浓硫酸中也不会腐蚀，而中国产的钢铁在稀硫酸中就冒泡了。"现在你应该能懂得里面的笑点了吧？

早在 4 000 多年前，苏美尔人就发现硫酸了，之后的古希腊医生迪奥斯科里德斯和古罗马自然学家普林尼都在他们的著作中提到了硫酸，古希腊名医伽林甚至用硫酸来给病人治病。进入中世纪以后，拜占庭统治下的希腊人开始用硫酸来冶炼金属，硫酸也成为炼金术士们的必备"良药"。这些故事都被记录在埃及古墓出土的著名的"莱顿"纸莎草书里，但书中都没有制取硫酸的具体配方。

阿拉伯人吉伯也经常"玩"硫酸，由于他制取硫酸的方法被记录下来，所以他被公认为硫酸的发现者。

在中世纪以前，人们是用加热绿矾（硫酸亚铁）的方法来制取硫酸。中国的老祖先也掌握了这种方法，并把硫酸叫作"绿矾油"。到了 17 世纪，德国化学家格劳伯发现可以用加热硝酸钾和硫黄的方法得到三氧化硫，将三氧化硫溶于水以后就得到了硫酸。1736 年，英国伦敦的沃德用这种方法开办了第一家硫酸工厂。

10 年后，英国药剂师罗巴克嫌这种方法成本太高，而且只能在玻璃器皿里生产，他发明了更廉价、可以工业化规模生产的方法——铅室法。这种方法可以得到浓度为 65% 的硫酸，后经盖 – 吕萨克改进可以得到浓度为 78% 的产品。如果你需要更高浓度的硫酸，可以继续干馏。

1831 年，英国人菲利普斯发明了接触法制硫酸，先煅烧黄铁矿（二硫化亚铁），得到二氧化硫，再使得到的二氧化硫在五氧化二钒的催化作用下被氧气氧化，得到三氧化硫，然后用 98.3% 浓硫酸吸收三氧化硫得到焦硫酸，最后再加入适量的水得到适当浓度的硫酸，也可以用硫代替黄铁矿。这种方法一直沿用至今，全世界所有的硫酸工厂使用的都是这种方法。

下一节我们就看看硫酸是怎样参与到化工生产的每个角落，帮助我们制造各种材料的。

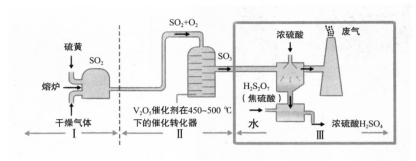

接触法制硫酸的全过程

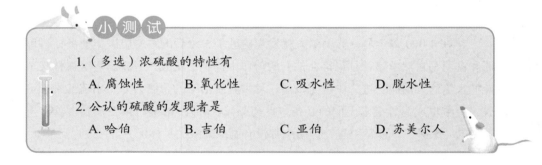

小测试

1.（多选）浓硫酸的特性有

A. 腐蚀性　B. 氧化性　C. 吸水性　D. 脱水性

2. 公认的硫酸的发现者是

A. 哈伯　B. 吉伯　C. 亚伯　D. 苏美尔人

3. 硫酸——化工水平的标志

有这么一种说法：硫酸的产量是衡量一个国家化工水平的标志。那是因为用到硫酸的工业实在是很多，下面我们挑选几个来看看。

硫酸最大的用途是用来生产化肥，硫酸铵也叫硫铵，它还有个别名“肥田粉”。常用的磷肥过磷酸钙的生产就离不开硫酸。

磷酸和氢氟酸也需要用硫酸来生产，氟磷灰石跟硫酸反应，得到了石膏、氢氟酸和磷酸。

造纸工业、水处理工业里要用很多的硫酸铝，用硫酸和铝土矿反应就可以得到硫酸铝。铝离子有很强的絮凝能力，这一点在铝的章节谈过了。硫酸铝和氯化铝都

【参考答案】1. ABCD　2. B

是很好的絮凝剂，相当一部分硫酸用于制备硫酸铝。

　　浓硫酸有一个鲜为人知的特性：导电性很强。浓硫酸含水很少，不能电离出水合氢离子，但它可以自耦电离出硫酸合氢离子 $H_3SO_4^+$ 和硫酸氢根离子 HSO_4^-。浓硫酸的介电常数在 100 左右，平衡常数约为 2.7×10^{-4}，这比水的平衡常数高了 10 个数量级。所以浓硫酸是一种很理想的化学反应催化剂，不仅对很多物质表现出优秀的溶解性，更是提供了一个大规模的质子转移平台。

◀很明显，浓硫酸（左）的电导率比水（右）好很多。

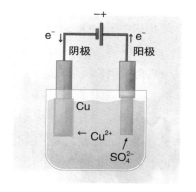

▶向阴极上电镀铜。硫酸的导电性能让它成为电镀中用到的最普遍的材料之一。

　　高中化学制取乙酸乙酯需要用硫酸作为催化剂，其实工业生产中需要用硫酸作为催化剂的反应何止千万，随便列举一下：

◀黏胶纤维大量用于我们的织物，每生产 1 吨黏胶纤维，就要消耗硫酸 1.2 吨。

▶尼龙在之前的氮章节已经提到过，每生产 1 吨尼龙短纤维，就要消耗硫酸 230 kg。

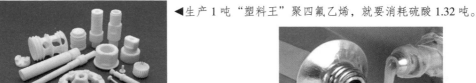

◀生产 1 吨 "塑料王" 聚四氟乙烯，就要消耗硫酸 1.32 吨。

▶生产 1 吨环氧树脂，需要消耗硫酸 2.68 吨。

硝化反应是向有机物分子中引入硝基的反应，但是必须用硫酸作为催化剂。生产三硝基甲苯（TNT）就是一种最典型的硝化反应。

邻硝基甲苯

2，4-二硝基甲苯

2，4，6-三硝基甲苯（TNT）

类似于硝化反应，磺化反应是向有机物分子中引入磺酸基团的反应，这回，硫酸不用再作幕后的催化剂，而是直接走上舞台。几乎所有染料中间体都需要硫酸参与进行磺化反应，还需要硫酸将非离子表面活性剂磺化，得到阴离子表面活性剂，例如我们身边的洗涤剂，大多数是烷基苯磺酸钠。

在药物生产中，硫酸更是必不可少。常备药阿司匹林的生产就需要硫酸。

硫酸的反应能力甚至惊上了 "天"，用于探测木星的 "伽利略号" 太空探测器在掠经木卫二欧罗巴的时候，通过光谱分析发现木卫二上富含（相对于地球而言）硫酸。在水中加入一点儿硫酸，可以有效地降低水的冰点，最低可以到 $-63\ ℃$。这意味着什么？意味着更多的有机物可以在低温的溶液中发生反应，"富含" 硫酸的木卫二可能更具 "生机"。

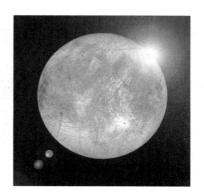

"伽利略号" 拼出的木卫二的清晰照片

也有一些科学家提出质疑，认为这只是一些硫酸盐。木卫二上究竟有没有生命，只能等未来的着陆器登陆后深入调查取样，才能一窥究竟了。

看了这么多，我们是不是可以理解 "硫酸的产量是衡量一个国家化工水平的标志" 这句话了？同时，硫酸的使用需要特别谨慎。只要用一小瓶硫酸就可以毁容，而工业化生产中的硫酸都是以吨计的，所以化工生产绝非儿戏。一个国家的化工生产能力不仅体现在生产量的增加，更在于稳定、持续、安全生产的能力。

小测试

1. 浓硫酸可以在很多反应中作催化剂，是因为它
   A. 氧化性强　　　　　B. 脱水性强
   C. 腐蚀性强　　　　　D. 自耦电离，提供质子转移平台
2.（多选）生产过程中需要用到硫酸的化工产品有
   A. 聚四氟乙烯　　B. 环氧树脂　　C. 尼龙　　D. 黏胶纤维

4. 晶莹透亮的"矾"

在英文里，硫酸盐还有一个别名"vitriol"，原意是玻璃。因为人们最早发现硫酸盐时，它们看起来五颜六色，晶莹透亮，类似玻璃，所以就起了这么个名字。

在中文里，硫酸盐有另一个名字"矾"。这些硫酸盐晶体大多数都带结晶水，由于其中含有不同的金属元素，因此五光十色，晶莹剔透。

▲天然的蓝矾

▲明矾：十二水合硫酸铝钾，是无色透明的硫酸盐。在铝的章节我们也提过，它是一种净水剂。

▲泻盐：七水合硫酸镁。在镁的章节我们也提过，还讲了一个农夫饮牛的故事。它也是一种白色晶体，可以用作泻药。

▲芒硝：十水合硫酸钠。在钠的章节里我们已经提过，这是一种白色的晶体，可以用作中药。

【参考答案】1. D　2. ABCD

蓝矾：五水合硫酸铜。硫酸铜中的铜是重金属，会使蛋白质变性，有毒，如果误食，需要服用大量牛奶、鸡蛋清等富含蛋白质的物质解毒。硫酸铜当然不是用来做毒药的，而是用来整治那些细菌和藻类的。它可以用来配制农药杀菌剂"波尔多液"，还可用来处理游泳池里的藻类。

绿矾：七水合硫酸亚铁，草绿色晶体。最早的硫酸就是从绿矾里提取出来的，所以也叫绿矾油。硫酸亚铁的亚铁离子具有还原性，所以硫酸亚铁经常被用来做还原剂。铁还是人体必需的元素，硫酸亚铁还可治疗缺铁性贫血。

蓝矾：五水合硫酸铜，天蓝色，如同美丽的蓝宝石。上图为网友"小分子团水"的杰作，他在高中时期就经常自己做探索性实验，对硫酸盐晶体非常感兴趣。

皓矾：七水合硫酸锌，白色晶体。主要用来做防腐剂和收敛剂。

石膏：二水合硫酸钙，也叫水石膏、软石膏或二水石膏。加热失去结晶水，称为硬石膏、熟石膏。因为它的这种加热后变硬的性能，人们用它来做建筑材料、艺术品材料，以及固定骨折的材料。

重晶石：主要成分是硫酸钡。大多数硫酸盐都可溶，或微溶于水，只有硫酸钡是个例外。它是一种重要的矿物，我们到钡元素那一章再详细谈，这里只需要知道检查肠胃病变的时候吃的"钡餐"就是硫酸钡。

硫酸铅，也叫石灰浆，用于制造车辆中的铅酸电池，铅酸电池正在被新型的锂电池取代。

截至这里，我们只是提及了一些最常见的"矾"们，还有很多金属的硫酸盐晶体，它们有些"独舞"，有些"共鸣"，十分好看，下面是它们中一部分的展示：

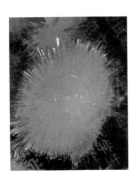

◀硫酸铈与硫酸镧，都是针状的晶体。

▶硫酸铬钾，酷似紫水晶。

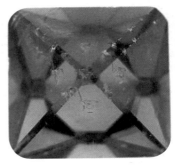

因为硫酸盐大多溶于水，而且它们的溶解度随温度的变化比较明显，所以可以

利用温度的变化进行结晶。这种结晶方法不需要复杂的条件，也不存在太大的危险，在中学实验室或者家里就可以做，你也可以试试哦！

有创意的中学生们创造各种结晶条件，使硫酸盐长成形形色色的晶体，那个心形"蓝宝石"就是一位可爱的中学生自己做的，准备送给自己心仪的女孩。一般来说，蓝色的硫酸铜晶体是最好的材料，可以伪装成"蓝宝石"，紫色的硫酸铬钾酷似"紫水晶"，红色的硫酸钴铵可以当成"红宝石"。

硫酸钴铵，酷似红宝石。

心形硫酸铜晶体

你也许会问，会不会有不法分子用硫酸盐来冒充宝石呢？其实大可不必担心，硫酸盐晶体大多数都是可溶的，放到水里检验一下就好了。

需要提醒的是，颜色鲜艳的"宝石"多含重金属元素，有毒。所以在送礼物给自己女神的时候，一定要说清楚：只能远观哦！否则伤害到自己的女神，就弄巧成拙了。

最后放上一张压轴作品：

◀网友"小分子团水"的大作——硫酸铜蓝玫瑰，心仪的女神收到这样的礼物，岂能不动心？

小 测 试

1. 下列选项中，硫酸盐为蓝色晶体的是
　　A. 硫酸铜　　　　B. 硫酸亚铁　　　　C. 硫酸锌　　　　D. 硫酸镁
2. 下列选项中，硫酸盐为绿色晶体的是
　　A. 硫酸铜　　　　B. 硫酸亚铁　　　　C. 硫酸锌　　　　D. 硫酸镁

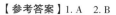

【参考答案】1. A　2. B

🧪 5. 魔降世间——硫污染

在硫元素的第一节中，我们就把硫元素和地狱里的恶魔联系在一起。是啊！不同于它的"大哥"生命元素——氧，大多数时候，硫都被称为"恶魔元素"。

一位瑞典科学家用重硫酸钙来分解木头，得到了一种像水一样的无色液体（硫醇）。这种液体很臭，似乎也没什么用，科学家就随手将它倒进了附近的湖里，想让臭气散掉。谁知，当天就弄得全城臭气熏天。

含硫化合物大多数都有刺激性气味，如硫化氢，它那特别的臭鸡蛋味让人难忘。笔者在高中曾担任过化学课代表，永远忘不了那一天，化学老师让我将制取硫化氢的启普发生器从教室搬回实验室的情景，那一路如同万里长征。

谁能想到这种臭臭的东西也可以利用起来，人们把微量硫醇添加在煤气里。这样一闻到这种恶臭，就知道有煤气泄漏了，能起到预警的作用。

在硫元素的第一节中，我们还提到大魔王路西法口吐地狱火的传说，那地狱火就是硫燃烧的火焰。在那邪恶的火焰中，硫被氧化成二氧化硫，二氧化硫也是一种具有刺激性气味的气体。火山口的硫被高温点燃，使得产生的蒸气中含有二氧化硫。

二氧化硫活性较高，可用它来漂白，但生成的物质大多数不稳定，易分解，经过一段时间就变回先前的颜色。比如白色草帽易变黄，并非因为氧化，而是因为它们用了二氧化硫漂白剂。

"脱离剂量谈毒性，都是耍流氓"，少量的二氧化硫对人体无害，大规模的生产、排放则会导致魔降世间。在氮元素那一章，我们提到过氮氧化物对我们的危害，大自然的闪电也会产生氮氧化物，而硫的污染大部分都要归咎于人类自身的生产活动。

煤炭、石油中除了含有大量的碳、氢和氧元素，还有少量的硫元素，人类把这些化石燃料开采出来，作为能源使用的同时也将大量的硫元素变成二氧化硫排放到空气中。这些二氧化硫会刺激呼吸道，使

产品类型：干型　　原产国：法国
原料与辅料：葡萄汁、二氧化硫
级别：AOP（法定保护产区级）　产区：波尔多
葡萄品种：美乐、赤霞珠、品丽珠
灌装日期：见瓶帽喷码（年/月/日）
贮藏条件：常温、避光、卧放或倒置

我们喝的红酒一般都添加二氧化硫，起抗氧化和杀菌的作用，残余量较少不会有毒性，大家放心品尝。

人呼吸困难，引发哮喘、咳嗽等病症；二氧化硫还经常与微粒、粉尘夹杂在一起，刺痛眼睛；高浓度的二氧化硫甚至会使针叶树脱叶枯死，进一步破坏生态。

英国的纬度较高，冬季十分寒冷，二战刚刚结束时，伦敦的居民大多采用烟煤供暖，市区内还有许多以煤为主要能源的火力发电站。

这些火电厂就是二氧化硫的排放器。

1952 年 12 月 5 日开始，大量煤炭燃烧产生的二氧化碳、一氧化碳、二氧化硫、粉尘等污染物在伦敦的城市上空蓄积，引发了接连数日的大雾。其间，由于毒雾的影响，不仅大批航班被迫取消，就算白天汽车在公路上行驶都必须开着大灯。当时，伦敦正在举办一场牛展销会，参展的牛"明星"们首先对烟雾产生了反应，350 头牛中有 52 头严重中毒，14 头奄奄一息，1 头当场死亡。紧接着，伦敦人得了呼吸系统疾病，死

1952 年冬天，伦敦的白天。现在中国的某些城市是不是也在经历这些苦痛？

亡率急剧上升。据记载从 12 月 5 日到 12 月 8 日的 4 天里，伦敦市死亡人数达 4 000 人，这就是著名的"伦敦烟雾事件"。

更加恐怖的是，二氧化硫在空气中会被氧化成三氧化硫，三氧化硫溶于水就变成了硫酸，随雨水落下，这就是可怕的"酸雨"。

酸雨落下，首先遭殃的是大理石、汉白玉等石料，它们的主要成分是碳酸钙，遇酸就会反应释放出二氧化碳。我们后面在钙的篇章里会介绍到众多的标志性雕塑、建筑大多使用大理石，酸雨落下，奇迹遭殃，这是对文明的腐蚀！

酸雨还会侵蚀金属，金属可是人类文明的基础材料之一，我们无法忍受钢铁桥梁因为酸雨而断裂，铝合金门窗因为酸雨而漏风。

2007 年，美国电力公司同意为地区控污措施支付 46 亿美元的费用。美国电力公司之所以受到指控，是因为电力公司燃煤发电是造成酸雨的主要原因，而这酸雨"玷污"了美国地标性雕塑——自由女神像。

酸雨还对森林植被有很大危害，在常年降酸雨的地区，经常会发现森林植被成片衰亡。

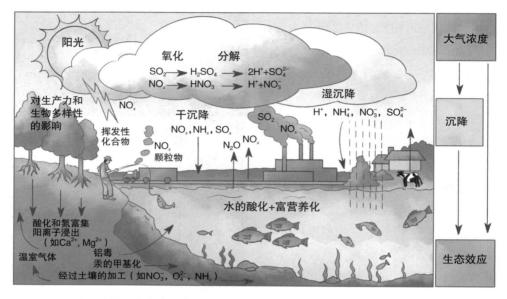

酸雨算是一种酸性沉降，只不过这种沉降对环境和人类文明伤害太大。

酸雨更大的危害是会导致土壤"酸化"，土壤中有很多铝土矿，能和硫酸反应，释放出大量的铝离子。而铝离子对生物有害，植物吸收过多的铝离子，会中毒甚至死亡。

◀哈佛大学的"中国石碑"，由于害怕酸雨侵蚀，已经被包裹起来。

▲乐山大佛遭酸雨侵蚀风化严重。

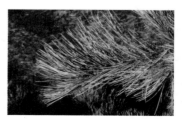

▶被二氧化硫毒害的针叶树

▲受酸雨"洗礼"过的针叶林

在酸雨的作用下，钠、钾、镁、钙等元素也会流失，这样土壤就会缺乏矿物质元素，越来越贫瘠。土壤也是一个小却复杂的生态系统，甚至有人说土壤也有"生命"，因此过酸或过碱都会打破土壤的平衡，碱多些就变成盐碱地，而酸多些营养元素就会流失。

要彻底解决硫元素对生态系统的危害，似乎只能少使用化石能源，但是在可控核聚变出现之前，我们还得长期依赖煤炭、石油。因此，权宜之计是给化石能源中的恶魔硫元素加上"紧箍咒"，不让它出来祸害我们，这就是"脱硫"！

不管是硫化氢还是二氧化硫，都是酸性的，只要用碱性物质来吸收废气就可以达到效果，石灰石就是最理想和最廉价的脱硫剂，和二氧化硫生成的硫酸钙还可以作为石膏的原材料。

后来又发明了更多的脱硫方法，除了用各种化学物质脱硫，还有用等离子体脱硫的新技术。希望能用科技的力量驯服恶魔元素，不让它祸害人间，而是为我所用。

恶魔已经来到世间，影响我们的生存环境！

 小 测 试

1. 酸雨的形成最主要是因为

　　A. 闪电　　　B. 燃烧化石燃料　　　C. 核电站　　　D. 生物呼吸

2.（多选）红酒里加入二氧化硫是为了

　　A. 抗氧化　　B. 杀虫　　　　C. 杀菌　　　D. 增加色度

【参考答案】1. B　2. AC

第十七章

氯

纵然你喜爱我的绿色，离不
开我的陪伴，也不要离我太近，
我会惹你哭泣。

元 素 档 案

姓名：氯（Cl）。

排行：第 17 位。

性格：作为氟的"同族兄弟"，也有着很强的
　　　得电子法力，活泼又危险。

形象：纯净的我是黄绿色、气味刺激的剧毒
　　　气体，但也是漂白、消毒的"神器"，
　　　和钠携手成为生活的好帮手。

居所：存在于你的身边，常见的氯化物主要
　　　是氯化钠（食盐）。

第十七章　氯（Cl）

氯（Cl）：原子序数为 17 的卤族元素，氯气在常温下是黄绿色气体，具有刺激性气味，有毒。常见的制备氯气的方法有两种，一种是将浓盐酸和二氧化锰加热，另一种是电解饱和氯化钠溶液。氯气与水反应，其自身歧化生成次氯酸和盐酸的混合物，其中，次氯酸对细菌有杀伤力，可用来消毒。氯气有毒，是最早被用作化学武器的物质。

🧪 1. 黄绿色气体

话说可爱的舍勒发现"火焰空气"之后，在瑞典乃至整个欧洲已经很有名了。化学家伯格曼请求他研究瑞典的一种矿石——软锰矿（现在我们知道它就是二氧化锰），于是舍勒被这种黑色的松软矿物吸引。和研究其他矿物一样，对待未知物质，首先要让它尝尝酸的味道。

舍勒发现这种矿物不溶于稀硫酸，也不溶于稀硝酸。如果把它放到浓硫酸里加热，

舍勒在用牛尿泡收集气体。

也会溶解，并释放出一种气体，这种气体对舍勒来说再熟悉不过了，就是"火焰空气"——氧气。

软锰矿在面对盐酸的时候反应却完全不一样，舍勒的笔记本上这样记录：

将一两浓盐酸加入半两磨细的软锰矿里，放置一小时，酸液出现深棕色，将一部分深棕色溶液倒入瓶中加热，则有热王水的气味出现。一刻钟后，王水的气味消失了，溶液变得无色透明。

因为要彻底了解这种新奇的东西，我拿出一个曲颈甑装上软锰矿和盐酸的混合物，把一个牛尿泡系在瓶颈上，将曲颈甑放在热沙中加热。能看到牛尿泡胀起来了，说明收集到了气体。等到不再反应，我取下牛尿泡，从外面就能看到里面呈现黄绿色，好像王水冒出的雾气的样子。这种气体有特别的气味，简直让人窒息，闻了之后感觉伤肺。

舍勒仔细端详这种新的气体，这是一种黄绿色的气体，气味令人窒息。他又做了很多实验，在实验记录本上留下了这样的文字：

氯气的水溶液叫作"氯水"。舍勒的记录本中提到了很多化学反应，方程式你可以写得出来吗？

只跟水少量化合，使水有微酸味；遇到可燃物质（氢气），即变成盐酸。

不能用木头塞封装，这种气体可以使木头变黄。

蓝色试纸全部变白；所有植物的花，无论红的、蓝的、黄的，不久都变白；绿色植物亦然。变白后的植物无论用酸还是碱，都无法复原。

在这种气体中昆虫立刻就死去，火立刻就熄灭。

几乎所有金属都会跟这种气体反应。尤其注意到，将黄金放到这种气体的溶液中，再加入氨气，可以生成雷酸金。

不要忘了，舍勒终其一生都是"燃素理论"的笃信者，他对待"火焰空气"是如此，见到"黄绿色气体"还是如此，他竟然把它当成"脱去燃素的盐酸"。所以，我们可爱的舍勒只是一个优秀的实验化学家，而无法成为像拉瓦锡、戴维那样的一代宗师。

燃素理论很快就被拉瓦锡推翻了，所有化学物质都要被重新解释。法国化学家贝托莱盯上了这种黄绿色气体，他发现将这种黄绿色气体先溶解在水中，再光照，就会释放出氧气，剩下盐酸。他想当然地认为黄绿色气体＝盐酸＋氧气，干脆叫它"氧化盐酸"。

拉瓦锡的好朋友——贝托莱

拉瓦锡在确认氧是一种元素以后，认为凡是酸都含有氧元素，氧就是"酸素"。那么，盐酸也不例外，其中也含有酸素。既然这种黄绿色气体是"氧化盐酸"，那就说明它含有更多的酸素，是更强的酸。

这是想当然的推理，然而之后的化学家们一直没有从这种黄绿色气体里分解出氧气。1809—1811年间，法国科学家盖－吕萨克让"氧化盐酸"通过红热的木炭，试图将其中的氧还原出来，未果。他又试图将干的氯化银跟硼酸酐和碳一起共热，竟然得不到盐酸。如果有水存在，马上就会得到盐酸，这似乎说明氯化银中是不含氧元素的。

盖－吕萨克曾在笔记本上这样写道："如果假设'氧化盐酸'是一种元素，就能解释这些现象。"后来他又放弃了之前的假设，"似乎把'氧化盐酸'看成化合物可以解释得更好"。

气体三定律的提出人之一——盖－吕萨克

这个问题最终留给大帅哥戴维来一锤定音，他研究了磷、锡跟"氧化盐酸"的化合物，发现很多现象存在矛盾，"法国化学学派所持的见解，在细致地考察之前，表面看起来漂亮和令人满意，但从我们现在的知识来考察，它不过是建立在假设的基础上"。

戴维又拿出他的独门暗器——电流，对着"氧化盐酸"放电几个小时，甚至导致了强烈的爆炸，"氧化盐酸"仍然没有什么变化。他又用电流"考验"磷、锡跟"氧化盐酸"的化合物，仍没有氧分离出来。

"看来，'氧化盐酸'根本就不是什么酸，"他的脑海里产生了一个新的想法，"可以认为，氢是盐酸的一个基团，而所谓'氧化盐酸'只是盐酸的一个酸化要素。"

就这样，戴维又一举拥有了两个发现：

①氧化盐酸并不是什么化合物，而是一种元素，他根据它的颜色中的绿色，将它命名为"氯"（Chlorine）。戴维发现的新元素已经够多了，他没有抢功，仍然把发现"氯"元素的功劳归于舍勒。

②酸也是可以不含有"酸素"——氧的，盐酸就是一个典例，这种类型的酸叫作"无氧酸"，类似的还有硫化氢、溴化氢，而我们熟悉的硫酸、硝酸等叫作"含氧酸"。

要问戴维一辈子最大的发现是什么？有人会说是他发现的钠、钾等新元素，有人会说是他发明的煤气灯，还有人会说是他发明的威力无穷的电池组。戴维自己给出的答案是："我最大的发现是法拉第。"

1812年12月的一天，"戴维爵士"正在家里养病，仆人把一大堆邮件整整齐齐放到沙发旁边的茶几上。戴维随手取出一只最大的信封，里面竟然是一本厚厚的书，足有 368 页。硬封面上烫了金字"戴维爵士讲演录"。

"奇怪！哪个出版商连招呼都不打一声，就用我的名字出书？"

翻开内页，原来这 300 多页书竟是用漂亮的字体手工抄写的，而且附带了不少精美的插图。戴维一下子坠入云雾中，莫名其妙起来。

书中落下一张信笺：

尊敬的戴维爵士：

　　我是一个订书学徒，很热爱化学，有幸听过您 4 次讲演，整理了这本笔记，现送上。如能蒙您提携，改变我目前的处境，将不胜感激云云。

迈克尔·法拉第

戴维将信看了两遍，想到自己也是苦出身，多亏了贵人相助才有了今天，不由动了恻隐之心，提起大鹅毛笔写了一封回信：

先生：

　　承蒙寄来大作，读后不胜愉快。它展示了你巨大的热情、记忆力和专心致志的精神。最近我不得不离开伦敦，到一月底才能回来，到时我将在你方便的时候见你。我很乐意为你效劳，我希望这是我力所能及的事。

戴维

作为戴维（左）助手的法拉第（右）正在努力地清洗仪器。

很快，法拉第如愿以偿进入戴维的实验室，成为戴维的助手，从刷洗仪器开始做起。他非常珍惜他的工作，总是把仪器洗刷得特别干净，一直到"水既不聚成水滴，也不成股流下"才作罢，简直到了"洁癖"的地步。

1820 年，戴维开始指导他独立开展研究，第一项课题就是"氯气的化学性质"。法拉第通过氯和乙烯、乙烷发生取代反应的方式，得到了四氯乙烯和六氯乙烷，他还在氯水饱和溶液中发现了水合氯晶体（$Cl_2 \cdot 8H_2O$）。

有一次，法拉第想观察氯气加热和冷却之后的变化，他用了一个封闭的 U 型管，一端加热水合氯晶体，另一端放到冷却剂里冷却。他发现冷却端总是出现一些黄绿色的油状物，他的洁癖让他一阵敏感："难道管子又没有洗干净吗？"他又仔细冲洗了其他 U 型管，不管冲洗得多干净，重复实验，那些油状物还是会出现。他终于忍无可忍，将 U 型管锯开，管中一下子冲出一股黄绿色气体，其中的油状物也不见了。

在 7.4 个标准大气压下，氯气液化成黄绿色的液体。

　　法拉第这时才明白：冲出的黄绿色气体就是氯气，原来管中的油状物是液体形态的氯，是高压下的氯气冷却之后的产物。法拉第的"洁癖"帮助他发现了液氯！

　　在这之前，"气体是一种永恒体"的论断被科学界奉为真理。法拉第的发现让人们意识到气体、液体、固体都只是同种化学物质不同的"相"，是可以相互转变的。

法拉第独自在实验室。

　　紧接着，法拉第又用同样的方法液化了二氧化硫、硫化氢、一氧化二氮（笑气）、二氧化氯、磷化氢、氰气、溴化氢、四氟硅烷、二氧化碳，开辟出一条液化气体的道路。

　　法拉第还发现，有一些气体，如甲烷、氧气、氢气、氮气、一氧化碳等，在常温下无论用多高的压力都无法液化，他把这些气体叫作"永久气体"。这些问题就留待后面的低温物理学家去解决了。

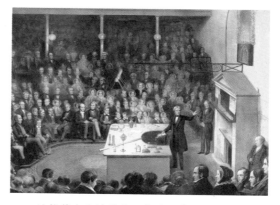

法拉第走上演讲台，接过了戴维的衣钵。

　　法拉第的勤奋让他的成就和名望迅速超过了戴维，在我们现在的教科书里，可能找不到戴维，但是一定能在很多地方见到法拉第的名字。他的电磁感应定律直接导致了发电机的发明，造福了现代文明下的所有人。牛顿和爱因斯坦固然伟大，他们的理论对人类文明的影响深远，但是在 21 世纪的现在，法拉第对当今世界的直接贡献显然更大，很难想象离开电的人类文明将如何运转。

在工作以外，法拉第没有像戴维那样去追求"爵士"的荣誉，而是低调地生活和从事社区服务。但有一点和戴维一样，他也找到了自己的传人，那就是大名鼎鼎的麦克斯韦。毫无疑问，在电磁学理论方面，麦克斯韦的成就登峰造极，无出其右。但必须承认，他是踩在法拉第肩膀上的巨人。

小 测 试

1. 氯气的发现者是

    A. 舍勒   B. 戴维   C. 沃克兰   D. 法拉第

2. （多选）戴维对氯气的研究带来的两大发现是

    A. 发现氯气   B. 液化氯气

    C. 证明氯是一种元素   D. 证明并不是所有的酸都含有氧元素

3. 法拉第的第一项工作带来的发现是

    A. 发现氯气   B. 液化氯气   C. 电动机   D. 电磁感应

2.84 消毒液竟然是这样来的

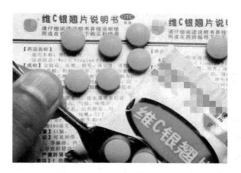

维 C 银翘片，家庭解毒必备之良药！

多数家庭都会有这样东西——84 消毒液，用于各种犄角旮旯的杀菌消毒。家长对它是又爱又恨，爱它总是能有效清理各种污渍，恨它会被孩子当成饮料喝下去。这里教给大家一个小诀窍，如果孩子误服84 的话，马上服用一些维生素 C，可以缓解毒性。但这毕竟只是缓解而已，无论如何还是要送到医院，用大量的水洗胃。

【**参考答案**】1. A   2. CD   3. B

据说84消毒液的名字是有来头的，1984年，北京第一传染病医院研制了一种能迅速杀灭各类肝炎病毒的消毒液，经北京市卫生局组织专家鉴定，授予应用成果二等奖，定名为"84肝炎洗消液"，后更名为"84消毒液"。其实这玩意儿就是次氯酸钠，不是什么特别神秘的东西，而且西方很早就做出来了。

1789年，法国大革命爆发的那一年，拉瓦锡的好朋友贝托莱用舍勒刚发现的氯气通过碳酸钾溶液，得到了次氯酸钾溶液，因为贝托莱的实验室在巴黎的瓜维尔区，所以大家都称它为"瓜维尔水"。后来，用碳酸钠代替碳酸钾，就得到了次氯酸钠溶液。再后来人们发现用漂白粉（次氯酸钙）和碳酸钠反应就可以得到次氯酸钠，而且生产成本更低，一战期间，这种物质被广泛地用于医院的杀菌消毒。因为这是爱丁堡大学病理科的发明，所以用他们科全称的缩写命名了一个品牌——"EUSOL"（优苏），这个品牌一直延续到现在。

氯碱工业发展起来以后，制取次氯酸钠就更简单了，将氯碱工业的主要产物氯气通入同样是主要产物的烧碱溶液里，就可以发生歧化反应，生成氯化钠和次氯酸钠。

$$Cl_2 + 2NaOH == NaCl + NaClO + H_2O$$

次氯酸钠的制取原理

次氯酸钠之所以可以杀菌消毒，是因为次氯酸盐容易跟空气中的二氧化碳发生反应生成次氯酸和碳酸氢钠。次氯酸又是一种很不稳定的酸，受到光照，就会自行分解成盐酸和原子态氧，原子态氧跟氧气相比，氧化性有过之而无不及，简直是遇神杀神，遇佛杀佛，不管是细菌还是HIV病毒，都不在话下。

用84消毒液漂白衣物的后果

最早次氯酸盐就是用来做漂白剂的，这种漂白和二氧化硫的漂白机理不同：二氧化硫的漂白是"化合的艺术"，和一些物质结合成不稳定的化合物，遇光遇热又容易分解成之前的物质；而次氯酸盐的漂白则是"毁灭的艺术"，遇到一切物质先把它氧化了再说，是不可逆的。

还记得可爱的老婆看我的球衣太脏，实在洗不干净，就想到用84消毒液来漂白，谁知这件白色球衣一天比一天发黄，最后为了避免在场上被认为是对方球员或裁判，我只能含泪将它扔掉。

在家使用84消毒液清洗马桶时还必须注意一点，千万不要把它和"洁厕灵"

$$2HCl + NaClO \longrightarrow NaCl + H_2O + Cl_2\uparrow$$

一起混用，洁厕灵的主要成分是盐酸，盐酸和次氯酸碰到一起，会发生反歧化反应，又生成氯气，氯气当然不会是你喜欢的气体。这已经不是除污了，而是在制毒。

2014 年的一天，北京市朝阳区的一家玻璃加工作坊内，保洁公司员工将洁厕灵倒入一个大桶，没想到桶里还有残余 84 消毒液。随后混合液体倾洒在地，院内的 17 名工人不同程度地产生不适反应送医治疗，其中 3 人呼吸

千万不要这样刷马桶。

道被氯气灼伤。这就是缺乏化学常识的后果啊……

因为氯气遇水就变成了盐酸和次氯酸，所以它也经常被用来做游泳池的消毒剂。但也要注意，这种消毒剂不能和另一种消毒剂双氧水混用。氯气和双氧水反应会生成盐酸和氧气，盐酸留在水里姑且不说，水中的氧气含量增大会导致水体的富营养化。2016 年巴西奥运会的"碧池"事件就是这个化学反应在作怪，巴西奥组委需要恶补化学知识哦。

2016 年巴西奥运会的游泳池的池水变色贻笑世界，右边的池子之所以变成"碧池"，一方面是因为错误搭配了消毒剂，另一方面则是因为少加了硫酸铜。

二氧化氯一般需要现用现配。

因为氯气会和水中的有机物发生取代反应，生成有机氯化合物，它们会在人体内沉积，形成慢性中毒，所以现在很多国家都已经禁用氯气来对饮用水消毒。现在更常用的消毒剂是二氧化氯，它的消毒能力是氯气的 2.6 倍，也不会生成有机氯化合物，对人体没有伤害。

但二氧化氯是一种易爆的黄色气体，极难存储，因

此只能在消毒现场用亚氯酸钠、次氯酸钠和盐酸制取，现做现用，自来水厂的消毒都用它。

3. 化学武器之殇

　　大家是否见过这样的画面：国外某广场，一大批集会示威者与全副武装的警察对峙，突然一声炮响，警方射出催泪弹，示威人群面前浓烟滚滚，很多示威者被呛得泪流满面，狼狈不堪，只能作鸟兽散。

　　一位参加过游行示威的美国科学家这样描述中了催泪弹之后的感受："那真的是相当痛苦，我的脸马上就有灼烧感，眼睛开始流泪。因为闭上了眼睛，所以我的行动受到了限制。这种感觉就像是在切洋葱，但是比切洋葱痛苦一百倍。"

　　用来做催泪弹的化学物质是苯氯乙酮，这是一种含氯的有机物，也叫 CN，它会破坏呼吸道的黏膜，吸入较多的人甚至会晕厥。苯氯乙酮很快被另一种催泪弹——2- 邻氯苯亚甲基丙二腈（CS）取代，这

2007 年，法国暴乱时，警察手持盾牌，面戴防毒面具，正在用催泪弹对付示威人群。

就是电视里常说的催泪瓦斯。在各种催泪弹中，它比较"温和"，而且在使用后扩散得特别快，不会对人体造成过多伤害，因而被更广泛地使用。

这些含氯的催泪弹最早被用于军事领域，属于化学武器，比如 CN 最早在一战和二战中被研制出来，所幸没有投入战场。

在氨那一章里我们已经提到了一个天使与恶魔并存的大人物——哈伯，就是他打开了化学武器这一潘多拉魔盒。他最早发现氯气对人的伤害很大，第一次大规模成功使用的化学武器就是氯气的毒气罐，在比利时的伊普尔，15 000 多名英法士兵中毒，其中 5 000 人死亡。

在化学武器的战场上，不戴防毒面具就是在拿自己的生命做游戏。图为一战中吸入光气的士兵。

这还没完，经此一役，各国都见识到了化学武器的魔力，开始生产和研究更"有效"的杀人武器。大多数化学武器都含氯，氯元素由此背上千古骂名。

光气（碳酰氯），由一氧化碳和氯气在光照条件下制成。1915 年 12 月 19 日，德军发射装填光气的火箭弹。英军阵地上当场有 1 000 多人中毒，100 多人死亡。双方也由此知道了光气的威力，在一战中，光气的使用量达到 10 万吨。

芥子气（二氯乙基硫）因有芥末的气味而得名。它会使人的皮肤红肿、起包、糜烂、坏死，非常容易产生二次感染。受害者痛不欲生，对旁观者也起到了极大的震慑作用。

比利时的伊普尔真是一个悲情的地方，1917 年 6 月 12 日，德军在这里对英军防线使用芥子气，造成 2 000 多人的伤亡。英法联军一看这玩意儿这么狠，便以其人之道，还治其人之身，据统计，在第一次世界大战中共有 12 000 吨芥子气被战争消耗，导致超过 130 万人伤亡。看看

一战的下士阿道夫·希特勒后来变成二战的元首，不知道是不是受了"芥子气"的刺激，如果是这样，芥子气的责任就大了。

吧，一战不仅有"绞肉机"一般的凡尔登，也不只有血流漂橹的马恩河战役，一战后期化学武器肆虐，参战的军人不仅要承受常规武器的威胁，更要忍受化学武器的创伤。

话说当时有一位德国下士，也被英军的芥子气毒伤，眼睛暂时性失明，到了一战结束也没有复原。他的名字叫"阿道夫·希特勒"。

芥子气是使用量最大的一种化学武器，没有之一，其杀伤人数占已知化学战伤亡人数的八成以上，因此被称为"毒剂之王"。

1935—1936年，意大利全副武装的军队面对装备落后的埃塞俄比亚军队，投撒了芥子气，才艰难取胜。

1937年七七事变之后，国民政府宣布对日本侵略者开战。8月13日，中国军队开始向日本驻沪海军陆战队发动进攻，淞沪会战爆发。这是整个抗日战争中进行的规模最大、战斗最惨烈的一场战役。其间，日军对中国军队使用了芥子气，可以想象当时同胞们的惨状。更加严重的是，有一些毒气弹一直遗留在中国，这是对我国人民的潜在威胁。一直到2010年，日本方面才开始着手清除这些化学武器。

淞沪会战中，上海市闸北区，戴着防毒面具的日军正在对中国军队进行化学武器攻击。

需要注意的是，德国在二战中一直没有大规模地使用化学武器。一方面是因为害怕英法联军的报复；另一方面，在二战前苏德关系亲如一家，双方合作搞了一个"托姆克工程"，德国出专家帮助苏联进行化学武器研发。苏德开战之后，元

二战时期，日本军工厂，桶里储存的都是芥子气。

首当然对苏联的化学武器有所忌惮，也就不敢率先动手了。

而日本军方没有亲身经历过那血腥的一战，对残酷的化学武器没有概念，在少壮派日军军部无知者无畏的领导下，在 1935 年日军制造化学武器的规模达到顶峰，而在 1941 年之后则基本停止了。这一年发生了什么呢？珍珠港！日军对没有反击能力的中国军队肆无忌惮地使用化学武器，而在日本向美国宣战之后，他们面对强大的对手却有所忌惮。

好战必亡，忘战必危！拥有足够的军事反制力量，才是维护自身安全的最好办法。

二战之后，进入美苏争霸的冷战时期，世界相对和平。在一些区域性的战争中，还是会看到化学武器的身影。

美军战机在越南的丛林上空喷洒"橙剂"。

1963—1967 年，埃及干涉也门内战，对保皇党派投掷了芥子气航空炸弹。

20 世纪 60 年代至 70 年代，美军陷入越战的泥潭。越南游击队出没在茂密的丛林中，来无影去无踪，声东击西，打得美军晕头转向。美军为了扭转被动局面，决定首先设法清除视觉障碍。为此，美国空军用飞机向越南丛林喷洒了 7 600 万升落叶剂，这些落叶剂都被存放在橙色条纹的铁桶中，所以也被称为"橙剂"，它的主要成分是 2,4,5- 三氯苯氧乙酸和 2,4- 二氯苯氧乙酸，又是两种含氯物质。橙剂对人体本身没有毒害，但其中含有剧毒的杂质——二噁英。直到现在，还有越南老兵状告美国军方，称自己体内二噁英超标。同样的，很多美国的越战老兵也在自己体内检出了二噁英。万恶的战争啊，受害的永远是双方人民。

美国的普韦布洛化学武器库共存有 78 万枚芥子气炮弹，总质量约 2 600 吨。

1983 年，伊拉克和伊朗用世界上最先进的装备，打了一场最没有技术含量的战争。这场战争唯一的"亮点"是伊拉克使用芥子气对付伊朗军队。据统计，伊拉克在整个两伊战争中共使用了 1 800 吨芥子气和数百吨其他毒气，造成伊朗方面近 5 万人伤亡。而伊朗方面完全没有能力应对和反制，只能在口头上表示抗议。

1988 年 3 月 16 日，伊拉克军队对库尔德人使用了芥子气，超过 5 000 人死亡，伤者过万，这是历史上最大规模的一次动用化学武器对付平民的军事行动。这使得伊拉克政府和领导人萨达姆声名狼藉，并成为后来联合国特别法庭指控萨达姆的主要罪名之一。

1993 年 1 月 13 日，130 个国家参与签署了《关于禁止发展、生产、储存和使用化学武器及销毁此种武器的公约》，简称《化武公约》。这部条约的产生是国际社会的胜利，其中，各国销毁化学武器的条款是《化武公约》规定的最重要的义务。之后，美、中、俄等大国开始公开自己国家化学武器生产工厂的位置，并列出时间表，销毁这些夺命武器。

这是一个很好的开始，但也可能只是一厢情愿。化学武器与生物武器、核武器一起并称为三大"大规模杀伤性武器"。在这其中，化学武器被称为"穷国的原子弹"，由于造价低廉和技术门槛不高，其在国际黑市上就能买得到。

近年来，在叙利亚战争和伊拉克极端组织"ISIS"发动的战争中都出现了化学武器的身影，是不是会有更多的恐怖组织掌握这种廉价的"大杀器"，制造出一个又一个"9·11"？

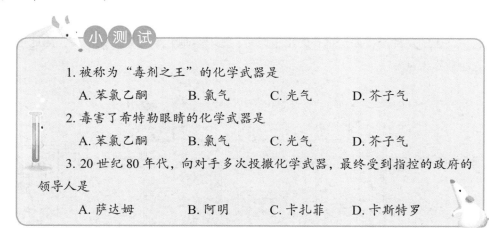

小 测 试

1. 被称为"毒剂之王"的化学武器是

    A. 苯氯乙酮   B. 氯气   C. 光气   D. 芥子气

2. 毒害了希特勒眼睛的化学武器是

    A. 苯氯乙酮   B. 氯气   C. 光气   D. 芥子气

3. 20 世纪 80 年代，向对手多次投撒化学武器，最终受到指控的政府的领导人是

    A. 萨达姆   B. 阿明   C. 卡扎菲   D. 卡斯特罗

【参考答案】1. D 2. D 3. A

🧪 4. 氯碱工业

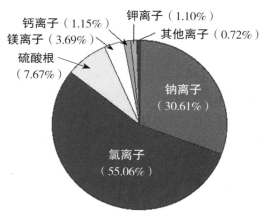

钙离子（1.15%）   钾离子（1.10%）
镁离子（3.69%）   其他离子（0.72%）
硫酸根（7.67%）

钠离子（30.61%）

氯离子（55.06%）

图片显示了海水中各种离子的比例，氯离子是最多的。

地球上的氯元素实在不多，地壳中含量只有 0.04%，位列第 15。这么少的氯元素却集中在地球上最大的"液体反应器"——海洋中，以氯化钠、氯化钾、氯化镁等盐类的形式存在。从这些廉价的盐类中提取氯元素，无疑是最有效的方法。

舍勒用二氧化锰和浓盐酸制造出了氯气，到了戴维时代，人们发现用电流来电解饱和食盐水可以得到氯气和氢氧化钠，这种方法效率更高，却无法应用于工业化生产。

我们可以想象，将戴维实验室里的电池组搬到工业化大生产的工厂里，是多么的困难。

直到 19 世纪末大功率直流发电机制造出来，电解法制氯才成为可能。其原理在高中化学课本中有讲：在电流作用下，氯化钠和水变成了氢氧化钠、氯气和氢气。这一反应的三种产物都是重要的化工原料，尤其氢氧化钠是最常用的碱，因此这种方法被称为氯碱法。

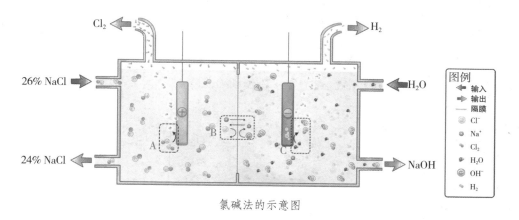

氯碱法的示意图

体现一个国家最高化工水平的是硫酸工业，而氯碱工业的发展程度则是一个国家基础化工水平的体现。因为氢氧化钠用途更广，所以一般用氢氧化钠的产量来衡量氯碱工业的水平。氯气的用途相对集中，除了用于之前提过的消毒液、漂白粉的生产中，最主要的用途就是生产塑料——聚氯乙烯（PVC）。

随着高分子化学的创立，聚氯乙烯行业也发展了起来。相对于聚乙烯（PE），聚氯乙烯成本低廉，耐候性、弹性更好。从 20 世纪 30 年代起，聚氯乙烯产量一直在塑料产量中居第 1 位。直到 60 年代后期，聚乙烯才取代了聚氯乙烯，现聚氯乙烯产量虽退居第二，但仍占塑料总产量的四分之一以上。

▲ PVC 比皮革、聚氨酯便宜很多，因此家具、装饰材料等经常用到它。由于 PVC 的表面过于粗糙，手感跟"真皮"明显不同，所以很容易区分。

▲ 由于 PVC 耐酸、耐碱、耐腐蚀，常用作下水道的管材。装修前的毛坯房里，都有它的身影。

▲ PVC 的防水特性使它成为制作雨衣、雨鞋等雨具的主要材料。

◀电线、电缆的包覆材料主要用的是 PVC，可是 PVC 燃烧会释放出含氯的毒气，人们一直希望能用其他材料来替代它。但是廉价仍然是它最大的优势。

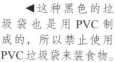

▶ PVC 也经常用于衣物的涂层，能够模拟出皮革的视觉效果。

◀这种黑色的垃圾袋也是用 PVC 制成的，所以禁止使用 PVC 垃圾袋来装食物。

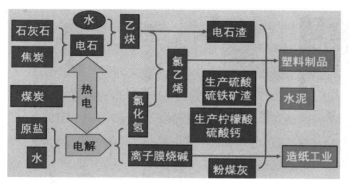

氯乙烯单体聚合成聚氯乙烯。

世界上主流的生产聚氯乙烯的方法是乙烯法，先用氯气和乙烯反应生成二氯乙烷（EDC），再让二氯乙烷在 400~500 ℃的高温下裂解，得到氯乙烯（VCM），就得到了合成聚氯乙烯（PVC）的单体。

而我国生产聚氯乙烯主要采用的是电石法，用石灰石和焦炭煅烧得到电石，电石水解生成乙炔，乙炔和氯化氢发生反应得到氯乙烯（VCM）单体。

依托煤炭资源，将电石法和氯碱法结合，建立一套成熟的化工产业系统，最大限度减少污染。

这种生产方法能耗和污染都较大，但实属无奈。我国原油的对外依存度已经很高，如果大力发展乙烯法，原油需求压力会更大。每用乙烯法生产 1 吨 PVC，须要消耗 6.25 吨原油。我国一年生产的 PVC 约 1 500 万吨，如果全部改为乙烯法制取，相当于一年要多消耗 1 亿吨左右的原油，这是不可想象的。我们现阶段能做的，就是继续深入研究生产方法和进行产业整合，尽最大可能减少污染。

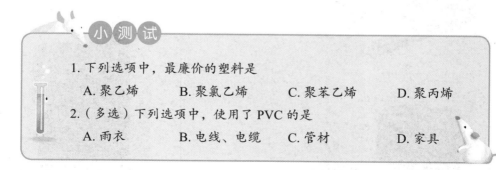

小 测 试

1. 下列选项中，最廉价的塑料是

　　A. 聚乙烯　　　　B. 聚氯乙烯　　　　C. 聚苯乙烯　　　　D. 聚丙烯

2.（多选）下列选项中，使用了 PVC 的是

　　A. 雨衣　　　　B. 电线、电缆　　　　C. 管材　　　　D. 家具

【参考答案】1. B　2. ABCD

5. 氯元素和中微子

在末日影片《2012》中，描述了这样的一个场景：2012年，太阳进入"亢奋模式"，中微子辐射超标，导致地核内发生了神秘的核反应，产生大量热量，引发了地震、火山喷发和超级大海啸。原来，世界末日的罪魁祸首竟然是中微子。

这神秘的中微子究竟是何方神圣？

中微子探测器，收藏于东京自然科学博物馆。

1896年，贝克勒尔发现了铀元素的放射性。第二年，卢瑟福和J.J.汤姆逊发现核辐射释放出的射线可以分为三种：α射线、β射线和γ射线。α射线就是高速氦离子流，β射线是高速电子流，而γ射线是高能光子流。

释放出β射线的核反应被称为β衰变，我们知道，原子核尺度下必须符合量子理论，释放出的β射线的能量应该是分立的。然而，实际的观测表明，β射线的能量没有什么规律可言，似乎是连续的，难道β衰变这么特殊，不符合量子理论吗？

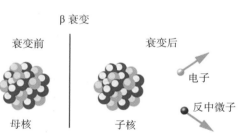

β衰变示意图：母核释放出一个电子和一个反中微子，剩下一个子核。

1930年，奥地利物理学家泡利提出，β衰变在放出电子的同时还放出一个静质量为零的中性粒子，他称之为"中子"。正是因为这种粒子也带走了一部分能量，所以导致电子的能量看起来没有规律。没想到两年后，查德威克发现了真正的中子，泡利的中性粒子就只好改名为"中微子"了。

中微子静质量为零，不带电，这样的粒子几乎不跟任何物质发生反应，也就没有办法可以观测到它。泡利一方面提出了"中微子假说"，另一方面又认为中微子是永远也观测不到的，中微子难道是一种"幽灵粒子"吗？

1941 年，我国物理学家王淦昌写了一篇论文《关于探测中微子的建议》，提出可以用铍 7 原子核来俘获中微子。可惜因为那时的实验条件限制，王淦昌的团队没能用实验来验证这一设想。

这篇论文发表在 1942 年的美国《物理评论》杂志上，5 个月以后，美国人艾伦就做了一个实验，并发表论文《一个中微子存在的实验证据》，在引言中提到，他是按照王淦昌的思路来设计实验的。

莱茵斯和柯万发现中微子（实际是反中微子）之后，发给泡利的电报。

这项实验最终在 1956 年由美国物理学家莱茵斯和柯万完成。他们选用质子作为靶核，如果有中微子通过，会和质子反应，生成中子和正电子。他们用装有氯化镉溶液的容器收集粒子，如果有中子产生，就会跟镉原子核反应，释放出 γ 射线，被闪烁计数器探测到，从而证实中微子的存在。

莱茵斯因此获得了 1995 年诺贝尔物理学奖，令人遗憾的是，柯万于 1974 年与世长辞，否则他也有机会享此殊荣。看看吧！如果想获得诺贝尔奖，一方面得让自己的成果获得认可，另一方面还得长寿。

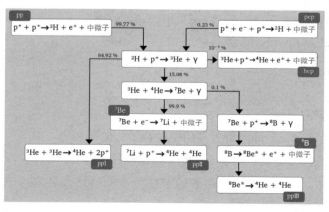

目前公认的太阳内部的核聚变路径——质子－质子链

为什么会有这么多中微子呢？要知道，就在离我们"不远"的地方，就有一个超大的核反应器——太阳。在太阳内部，每时每刻都在发生着复杂的核反应，天体物理学家可没有办法钻进太阳里，去了解其中究竟发生了什么。他们只能用计算机来建立模型，提出各种各样的理论，并做出预言。如果能够通过实验，观察到符合预言的观测结果，就可以说："嗯，这个理论暂时可信。"

在天体物理学家提出的太阳模型中，太阳会释放出光子、电子和中微子。光子这种电磁波太过普遍，电子的能量较低，根本不能钻出太阳的大气层，而中微子比较特殊，穿透能力强，所以能够到达地球上的中微子数量足够多。

然而，要观测到中微子又谈何容易，好比我们要构建一架光学望远镜，必须用透镜或者反射镜将光子偏转或掉头，电子显微镜也是类似的道理，也得让电子偏转。然而，根据泡利的论断，中微子几乎不跟任何物质发生反应，永远是直线飞行，怎样才能观测到这种"幽灵粒子"呢？

好在科学家们找到了一种好东西——氯元素。氯元素主要有两种同位素——氯35和氯37，前者约占四分之三，后者较少，只占四分之一。氯37的原子核会跟中微子发生反应生成氩37，但反应概率很小。

1964年，美国物理学家戴维斯在地下1 600米深的一座金矿里建立了最早的中微子探测器，之所以建得如此之深，是为了用厚厚的岩石来屏蔽宇宙射线，让他的探测器处于一个足够"安静"的环境。他找来了40万升的四氯乙烯，储藏在一个大储罐里。平均每个四氯乙烯分子中就有一个氯37原子核，非常便于计算。数以亿计的氯37原子核们，在地球深处守候着从太阳远道而来的中微子们。

◀1964年，戴维斯建在金矿里的中微子探测器。

◀美国时任总统小布什给戴维斯颁发科学奖章。

经过计算，如果太阳模型正确，平均每天在这个储罐里会有一个氯37转化成氩37。但是氩37也不稳定，半衰期是35天，之后又重新变成氯原子。如果将四氯乙烯液体长期置放在能够穿透一切的太阳中微子流中，就可以建立起一种平衡：产生的氩原子和衰变的氩原子是相等的。因此最终整个储罐里应该有35个氩37原子。

天啊！要在一个40万升的储罐里找35个原子，跟大海捞针没什么区别。然而他们做到了，实验结果显示，确实有氯37原子核变成了氩37原子核，但数量只有理论预测值的1/3，这就是"太阳中微子丢失问题"。戴维斯等科学家们继续花了30

多年来重复这个实验，测量结果始终没有改变，有些天体物理学家开始怀疑太阳模型的可靠性。

1988年诺贝尔物理学奖得主——莱德曼

另一些物理学家则认为应该从中微子本身去修正理论，意大利理论物理学家布鲁诺·庞蒂科夫首先提出，跟夸克有不同的"色"类似，中微子可能有不同的"味"，对应不同的轻子，我们常说的中微子实际上是一种电子中微子，除此之外还有 μ 子中微子等。在传播过程中，中微子在不同的"味"之间不停地振荡，只有在被观测到的时候才坍缩成我们观察到的那种"味"，这就是"中微子振荡"理论。

美国物理学家莱德曼证实了 μ 子中微子和电子中微子是不同的中微子，他因此获得1988年的诺贝尔物理学奖。

1983年，日本科学家小柴昌俊带领团队在神冈矿山里建立了神冈中微子探测器，经两次扩建，到90年代终于建成了"超级神冈探测器"，他们用这个探测器证实了"中微子振荡"。原来，有三种"味"的中微子——电子中微子、μ 子中微子和 τ 子中微子，分别对应三种轻子——电子、μ 子和 τ 子。中微子三兄弟在不停地振荡，互相转变。戴维斯的第一代中微子探测器中，氯37原子核只能跟电子中微子反应，当然也就只能测出实际值的1/3了。

因此小柴昌俊和戴维斯一起荣获了2002年诺贝尔物理学奖。戴维斯用四氯乙烯做出的成果在38年后终于被人们认识到价值，可是他建立的第一代中微子探测器已随着时代的发展而被埋入历史的尘埃中。后来的中微子探测器大多使用纯水，中微子与水中的氢原子核反应生成 μ 子，μ 子在水中的速度比光子在水中的速度还快，会产生一种"切伦科夫辐射"，通过观测这种辐射的多少就可以计算出有多少中微子通过了探测器。

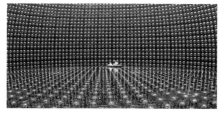

日本的"超级神冈探测器"

中微子这种"幽灵粒子"身上还有很多谜团等待着我们去揭开，比如它到底有没有质量？它的速度会不会超过光速？超新星爆炸会产生多少中微子？宇宙大爆炸的时候有没有产生中微子？中微子是不是暗物质？为什么正物质比反物质多那么多？中子的存在跟宇宙中最大的奥秘——质子究竟会不会衰变有没有直接关系？

2011 年，欧核中心（CERN）与大型中微子振荡实验（OPERA）项目组一起搞出了一个大乌龙——中微子超光速，引起物理学界的轩然大波，好在后来被证伪了，要不然现代物理学的基石——相对论都要被颠覆了。

爱因斯坦："OPERA, are you kidding me?"

我国也在深圳的大亚湾建立了自己的中微子探测器，虽和其他国家的探测器基于相同的物理原理，但仍是对我国自主仪器实验精度的一次考验。

2012 年 3 月 8 日，大亚湾中微子实验国际合作组宣布，他们发现了一种新的中微子振荡，并测量到其振荡概率，极大地完善了中微子振荡理论，并对进一步理解宇宙物质 - 反物质不对称具有重要的指标性意义。希望我国的科研人员再接再厉，为全人类的科学事业贡献一份力量。

要问中微子探测器究竟有什么用，前面提到的宇宙终极问题我们暂且按下不表，因为那离我们的生活过于遥远，就先谈谈中微子通信吧。我们可以去看看刘慈欣《三体 3——死神永生》中关于歌者神级文明的两个最精彩的选段：

> 主核吞下空间中弥散的所有信息，中膜的、长膜的和轻膜的，也许有一天还能吞下短膜的。

> 遗物中有一样东西引起了歌者的兴趣，那是死者与另外一个坐标的三次通信记录，用的是中膜。中膜是通信效率最低的膜，也叫原始膜。长膜用得最多，但据说短膜也能用于传递信息，要真行，那就是神了。但歌者喜欢原始膜，他觉得原始膜有一种古朴的美，象征着充满乐趣的时代。

这里的中膜就是电磁波，人类自带接收设备——眼睛，可惜只能看到可见光范围内的辐射。电磁波通信技术人类已经掌握了100多年，无线电广播就是一例，《三体》中人类文明和三体文明对话就是用这种最低级的通信方式。电磁波最大的问题是它会产生电磁辐射，长程通信信号会衰减，碰到星际尘埃会被阻挡。所以歌者说它"效率最低""原始"。

长膜是引力波，人类刚刚发现了引力波，但是在神级文明里已经是"用得最多"了。引力波通信的好处是长程有效，而且是向四面八方发射，因此用得最多。

短膜就是强相互作用，因为它只在小于原子核的微观尺度下作用，所以歌者说"如果能用短膜，那就神了"。看来掌握强相互作用通信的文明则是超神级文明！

加拿大的萨德伯里中微子观测站：SNO。现在的中微子探测器都是很巨大的，现阶段让科学家们头疼的问题是如何小型化。

在文章中，"轻膜"只是一笔带过，但是我们已经可以猜到，这就是中微子通信。它的优势是穿透力极强，几乎不衰减，缺点是只能定向发射。

这四种通信方式对应宇宙中四种基本相互作用：电磁相互作用（电磁波中膜通信），万有引力（引力波长膜通信），强相互作用（胶子短膜通信），弱相互作用（中微子轻膜通信）。未来走向太空的人类文明在宇宙尺度上一定是使用引力波作为广播通信手段，使用中微子作为加密通信手段！

再回过头来看影片《2012》，是不是觉得弱爆了，而且荒诞至极。如果中微子真的那么容易跟地球上的元素发生反应，把地核水都煮开了，那么科学家简直要开心死了，因为那意味着中微子探测器太容易制造了，易于跟中微子反应的元素就是理想的探测器材料。

看吧，跟《三体》相比，《2012》已经不是科幻，简直是玄幻甚至魔幻了。

1. 中微子最早被提出是为了解释

　　A. X射线　　B. 自然放射现象　　C. β 衰变　　D. 人工放射现象

2. 戴维斯建立的第一座中微子探测器使用的化学物质是

　　A. 四氯乙烯　B. 水　　　　　C. 铅　　　　D. 黄金

3. 戴维斯发现的"太阳中微子丢失问题"是因为

　　A. 太阳模型错了　　　　　　　B. 能量守恒定律错了

　　C. 中微子振荡　　　　　　　　D. 宇称不守恒

【参考答案】1. C　2. A　3. C

第十八章

氩

元素特写

我喜欢独处，但依然期盼你记得我那抹紫色光亮和我提供的焊接保护。

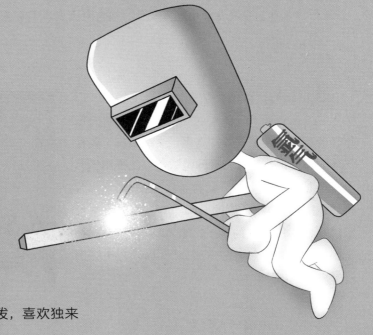

元素档案

姓名：氩（Ar）。

排行：第18位。

性格：沉稳、极不活泼，喜欢独来独往。

形象：气体守护者，从金属到文物，全部交给我来守护。

居所：空气中含量最多的稀有气体。

第十八章 氩（Ar）

氩（Ar）：位于元素周期表第18位，是空气中极为罕见的0族稀有气体元素之一。氩的化学性质极为稳定，很难与其他元素发生反应，单质为单原子气体。在真空管中充入氩气，通电时会发出紫蓝色光。

19世纪初，英国化学家汤姆逊主编的《哲学年鉴》上刊载了一篇文章，这篇文章出自一位年轻的英国化学家普劳特之手。文章指出：各种气体的密度都是氢气密度的整数倍。他推测氢原子可能是各种元素的"元粒子"，这就是"普劳特假说"，它是原子论的基础之一。瑞典大牛贝采里乌斯举出氯气的例子，表示反对。在当时，英国科学界相信"普劳特假说"，而欧洲大陆的科学家们则拒绝相信。

第二任卡文迪许实验室主任——瑞利。瑞利的祖上是男爵，因此后来瑞利被称为瑞利勋爵。

1879年，电磁学大师麦克斯韦去世，剑桥大学卡文迪许实验室主任职位空缺，接任这个职位的是37岁的瑞利。这个人非常严谨，非常重视定量研究。他首先想，如果连"普劳特假说"都证实不了，那化学家们使用的相对原子质量的准确性都存在疑问，定量分析还有什么意义呢？于是，他决定从测量各种气体的密度开始，验证"普劳特假说"。

瑞利先从最轻的气体——氢气开始，然后是氧气。他通过加热高锰酸钾、加热氯酸钾和电解水三种方法分别得到氧气，互相验证。经过10年的测定，他宣布氢和氧的相对原子质量之比实际上不是1∶16，而是1∶15.882，为"普劳特假说"提供了反例。

接下来，他要去称量氮气的质量，那个时代的化学家都知道，空气里除了氧气和极微量的水蒸气、二氧化碳，剩下的就是氮气。所以瑞利先让空气通过红热的铁屑或者铜片，去除氧气，再通过碱溶液，去除二氧化碳，最后通过浓硫酸，吸收水蒸气。瑞利称量了剩下的气体，并测算出密度为 1.257 2 g/cm^3，是氢气的 13.984 倍。

很简单是吗？是的。

完了吗？没有。

瑞利是一个特别严谨的人，和小学生做数学题要验算一样，他还得通过另一种方法来制取氮气，验证一下之前的结果。他选择让氨气和氧气通过红热的铜丝，生成水蒸气和氮气，再用浓硫酸吸收剩余的氨气和生成的水蒸气，得到纯净的氮气。结果很快也出来了，这种方法得到的氮气密度是 1.250 5 g/cm^3，跟之前的方法相差千分之五左右。

你也许会想："千分之五？这也许是实验误差吧，我们在学校做滴定的时候误差比这大多了。"

可是瑞利不这么想，对于严谨的他来说，千分位上出现误差是不能容忍的，足以让他认为这是两种物质："重氮"和"轻氮"。

他又采用其他物质来制取氮气，用笑气、一氧化氮甚至尿。他发现这些氮气都和用氨气制得的"轻氮"一样重。而无论如何处理空气，最终留下的"重氮"仍旧比较重。

从 1892 年到 1894 年，他花费了整整两年时间去跟这些气体搏斗。人生中能有多少个两年？瑞利很清楚，在他面前还有几十种有趣的物理问题在等待着他，可他却在提纯氮气这个最基本的化学实验上陷入泥沼，他从一个物理学家——至少是一个实验室主任——变成了一个化学实验员。

1894 年春天，瑞利在英国皇家学会上宣读了他的报告，提出了"轻氮"和"重氮"的问题。报告结束，英国化学家拉姆塞找到瑞利，表示有兴趣跟他合作："不管是什么原因，一定是因为空气中提取的氮气混入了其他气体，我们要做的

拉姆塞（左）和瑞利（右）

就是把杂质给找出来。如果您同意，我愿意把您的实验继续做下去。"走投无路的瑞利当然同意，会议结束之后，他们两人经常通信，没有任何隐瞒，成为莫逆之交。

还有一位科学家迪瓦尔也找到瑞利，对他说："去看看卡文迪许的手稿吧，我记得他曾经提到过氮气的质量问题。"

"卡文迪许？100多年前的那一位？"瑞利想到自己身为卡文迪许实验室主任，却没有对卡文迪许的手稿加以研究，不禁脸红，"自己竟然落后了100多年！"

回去以后，瑞利立马去图书馆，翻找卡文迪许的手稿和18世纪的《科学年报》，终于在1785年《科学年报》上找到了那位大隐士的实验记录。

亨利·卡文迪许

我们的老宅男再次现身，他真算得上超越时代带给人惊喜。

拉姆塞

原来，卡文迪许写稿的时候已经发现了燃素化气体（氮气）和脱燃素气体（氧气），他发现用一个起电盘不断制造出电火花，就可以让这两种气体化合，并被氢氧化钾溶液吸收掉。他让空气和一些氧气混合，跟他的仆人就这么用手一直摇了三个礼拜的起电盘，终于发现管里的气体不再反应了，再用一种"硫肝液"（硫化钾和多硫化钾的混合液）吸收掉未反应完的氧气，结果最后还是有一个小气泡，不参与任何反应。

卡文迪许写道："根据这个实验，我得出了一条结论：空气里的燃素化气体（氮气）不是单一的，其中约有1/120跟氮气性质绝不相同的其他气体。可见燃素化气体（氮气）并不是单质，而是两种物质的混合物。"

在瑞利翻找文献的时候，拉姆塞已经回到实验室，开始做实验了。几年前，很偶然的机会，他发现用灼热的镁粉可以有效地吸收氮气。于是事情变得简单了，只要用灼热的镁粉将"重氮"中的氮气吸收掉，剩下的隐藏者就不得不现形了。

果然，每经过一次灼热的镁粉，剩下的"重氮"密度都会增加，当这些"重氮"被镁粉处理过足够多次以后，它的密度达到了氢气的 20 倍，就再也不会变化了。很明显，"重氮"里所有的氮气已经都和镁粉反应了，剩下的是一种未知的物质。

拉姆塞花费了整整一个夏天，终于收集到了 100 cm³ 的新气体。而瑞利重复卡文迪许的实验，效率就低了许多，他只得到了 0.5 cm³ 的新气体。这已经不重要了，两位科学家殊途同归，得到了相同的结果。

瑞利模仿卡文迪许实验从而发现氩气所用的仪器

这种新气体究竟是什么物质？是新元素还是我们的老朋友组成的化合物？让它通过分光镜就可以给出答案。

他们将气体放进分光镜，通电之后，管里发出一阵冷光。他们恨不能把眼睛塞进窥镜，窥镜里出现了红线、绿线和更多颜色的谱线，这些谱线的位置跟之前任何元素的都无法对应。看来，新气体里有一种新元素是妥妥的。

严谨的他俩还想到，这种新元素会不会是氮和镁在高温下生成的呢？为了排除这种可能性，他们又使用物理的方法，利用不同分子量的气体扩散速度不同的原理，也得到了这种新气体。

1894 年 8 月 13 日，两位科学家来到牛津，在英国科学协会的年会上宣读了一份报告："我们发现了一种新元素，这种元素到处都有，空气里就有。"

这份报告不啻在牛津乃至欧洲上空扔下了一颗大炸弹，科学界一下子炸开了锅。

"什么？在空气里还有新元素？"

"100 L 空气里面就有 1 L 新元素，这怎么可能？"

"是啊，我们每天吸入又呼出这种新元素，可是从来没有察觉到它的存在。"

"要知道，空气成分的分析不说做过一万次，一千次肯定是有了，无数学校里的学生、工厂里的实验员都做过精确的定量分析，他们为什么都没发现呢？"

最终，正是因为这种气体如此平常，就存在于空气中，而又如此神秘，隐身了许多年，英国科学协

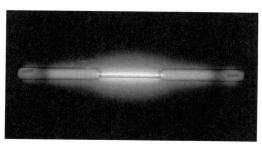

氩气管在通电之后发出冷光，一些霓虹灯里也有氩气的身影。

冷冻成固体的氩

会主席马登提议，用希腊文中的"慵懒""不活跃"来命名，翻译成英文就是"Argon"，这就是"氩"的由来。

这真是令人意外的发现，更让人惊讶的还在后面。

拉姆塞试图了解氩的化学性质，尝试让氩跟最活跃的物质化合，如氯气、白磷、强酸、强碱，甚至是电流、王水，但一切都是徒劳，氩好像一位最坚贞的烈女，面对"酷刑"，仍然不肯屈服。

拉姆塞真是不服气，作为一名化学家，探索物质之间的反应（化合、分解、置换、复分解）是自己的天职，也是化学的乐趣所在。就算是冷艳高傲的贵金属（黄金、铂金）碰到王水也会溶解。氩气，这位空气中的隐士看起来只是最普通的一团气体，却比世界上所有的物质都更高贵吗？

科学是要用事实来验证的，拉姆塞也好，瑞利也好，世界上所有的化学家也好，都没找到一种办法能让氩和其他物质化合。（事实上，到现在为止，也只发现了氩和氟、氢的化合物——氟氩化氢。）

这真是一个重大发现，可是门捷列夫的元素周期律却因此而摇晃起来，氩和拉姆塞后来发现的太阳元素"氦"在元素周期律里找不到自己的位置，没有什么元素跟它俩一样这么高傲，化学性质如此懒惰。

拉姆塞认为："一定还有一些元素，跟氦和氩相似，我们应该把它们一一找出来，这些元素可以组成一个新的家族。它们不是破坏元素周期律，而是元素周期律的补充。"果然，没过多久，拉姆塞和助手特拉弗斯又在空气里找到了三种新元素——氖、氪、氙，它们和氦、氩一起组成了新的一族，它们的性

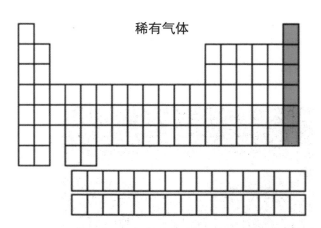
稀有气体

稀有气体在元素周期表上自成一族。它们现在大多数作为保护气，出现在工厂里，尤其是氩气，是液化氮气、氧气之后的主要副产物。

质很相似，都很"懒惰"，不愿意和其他元素反应，因此被称为"惰性气体"。后来人们发现，惰性气体不惰，遂改称"稀有气体"。

1904年，瑞利和拉姆塞因为氩气的发现包揽诺贝尔物理学奖和化学奖，成为科学史上的一段佳话。

最后让我们看一下瑞利的名言："一切科学上最伟大的发现，几乎都来自精确的量度。"

1.（多选）发现氩元素的科学家是

    A. 瑞利   B. 卡文迪许   C. 拉姆塞   D. 居里夫人

2. 最早发现"重氮"和"轻氮"现象的科学家是

    A. 瑞利   B. 卡文迪许   C. 拉姆塞   D. 居里夫人

3. 你认为氩的发现最主要的原因是

    A. 瑞利严谨的科学精神

    B. "上古科学家"卡文迪许的遗稿

    C. 拉姆塞发现氮镁反应的技术储备

    D. 一切都是运气

【参考答案】1. AC   2. B   3. 略

第十九章

钾

元 素 特 写

能让植物茁壮，能让身体健康，但不要因此就忽视我这枚碱金属的爆炸威力！

元 素 档 案

姓名：钾（K）。

排行：第19位。

性格：比钠更活泼，野性更足，遇水发生剧烈反应甚至爆炸。

形象：轻而软的低熔点金属，燃烧发出紫色火焰，是人体和植物的营养素。

居所：自然界中没有单质钾，它多以盐的形式广泛地分布于陆地和海洋中。人体中也有钾哦。

第十九章 钾（K）

钾（K）：位于元素周期表第 19 位，是柔软的、银白色的碱金属。钾的还原性极强，化学性质活泼，遇水发生剧烈反应。钾元素以化合物的形式广泛地分布于陆地和海洋中，也是人体细胞中的主要阳离子。钾可以调节细胞的渗透压，还可以维持体液的电解质平衡。并且钾 40 是我们身边最常见的放射性物质。

🧪 1."放射性的香蕉"，你敢吃吗

在钠元素那一章中，我们提到戴维发现了钾、钠两兄弟。钠是从苛性苏打里发现的，而钾是从苛性草木灰中电解出来的。

大多数植物都含有较多的钾元素，干燥或焚烧后留下的草木灰中，钾的含量远远超过其中的钠。先将草木灰浸泡在水中，让碳酸钙沉淀下来，钾盐溶于水，再蒸发干，就得到了化学家需要的"草木灰"（potash），其主要成分是碳酸钾。在历史上很长一段时间里，"苏打"和

苛性碱

（KOH/NaOH）

苛性钾（氢氧化钾）和苛性钠（氢氧化钠）是一对好兄弟，都是常见的腐蚀性强的碱，戴维将钾和钠从中提取出来。

"草木灰"难以分辨，直到 1702 年，燃素学说创始人之一斯塔尔提出这是两种物质。1789 年拉瓦锡在编辑第一张元素列表的时候对这两种"元素"也很是疑惑，犹豫再三没有让这哥儿俩上榜，他的疑虑给了戴维灵感，戴维终于将钾、钠这两种兄弟元素提取了出来。

在戴维的大发现之后，人们发现钾是金属中最活泼的，它是碱性最强的金属，所以用阿拉伯语中的碱来命名它为"Kalium"，中国人用"金"字旁加上"甲"字来命名它为"钾"，也源于当时它是最活泼的金属。

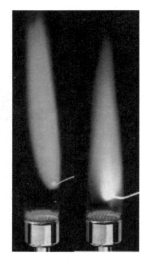

钾、钠两兄弟的特征焰色反应：黄色（钠）和淡紫色（钾）

但也正是钾的化学性质活泼，让它的工业化生产成为了一个难题。德维尔发明了用碳还原碳酸钠的方法来生产钠，却无法用碳还原出钾。如果要生产钾，则必须用钠来还原，这样的话生产成本就高了。

一直到现在，在工业化生产中，大多数时候还是会选择氢氧化钠，而不是氢氧化钾，虽然它们的性能和效果差不多，但钾的成本偏高。

大多数时候，肥皂制造也使用氢氧化钠，但用氢氧化钾生产的钾皂更软，水溶性也更好，因此钾皂也叫"软肥皂"。当然这种钾皂除了听起来高大上以外，在我们日常使用效果上，跟普通肥皂没有太大的区别。

在实验室做化学分析时，多会使用氢氧化钾的乙醇溶液。为什么不使用氢氧化钠呢？一方面是因为固体氢氧化钠的吸水性比氢氧化钾的强，在空气中称量会影响其准确性。另一方面是因为氢氧化钾碱性更强，跟油脂等物质的反应更彻底，在做酸值、皂化值等分析的时候优势更为明显。

当然化学分析也会用到氢氧化钠，但大多数情况是使用氢氧化钠的稀溶液。

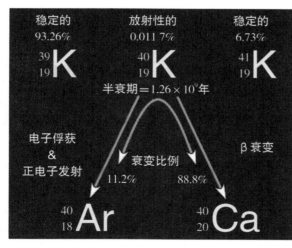

钾 40 的放射性很有意思。

钾的同位素在自然界中有三种：钾 39 最多，占 93.26%；钾 41 较少，占 6.73%；钾 40 最少，只占 0.011 7%，却因它的放射性得到了关注。

钾 40 的半衰期约为 12.5 亿年，它有两种衰变方式：一种是通过电子俘获或正电子发射衰变成氩 40，这种衰变方式占 11.2%；另一种是通过 β 衰变衰变成钙 40，88.8% 的钾 40 走这条路。

钙元素太过普通，自然界中就有很多钙的化合物，而氩元素相对稀少。尤其研究对象是一些火成岩的时候，由于高温熔融，自然界的氩气不可能保存在岩石里。

所以只要将岩石熔化，分析其中钾40和氩40的相对含量，就可以知道岩石的年代。这就是"钾氩年代测定法"，可以用于10万年到地球年龄（46亿年）之间的年代测定。

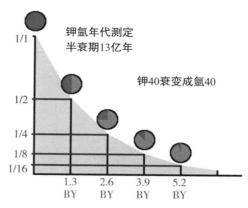

图中纵轴表示转化成氩40后还剩下的钾40的比值。BY=billion years，10亿年。

在碳元素那一章中，我们曾提到碳14只能适用于几万年以内的年代测定，因此主要应用于人类古文明的测定。而如果要测定更古老的原始文明甚至地质年代，则必须用钾氩年代测定法。

1960年，英国考古学家在东非的奥都威峡谷第一次使用钾氩年代测定法，测算出奥都威文化距今约175万年。

钾氩年代测定法不只在地球上使用，还被"好奇号"火星探测车带到了火星上。2013年，"好奇号"项目组在《科学》杂志上发表文章，提到"好奇号"在火星上使用了在地球上很成熟的钾氩年代测定法，测出了一块儿火星岩石的年龄在38.6亿~45.6亿年，符合科学家之前的预测。

"好奇号"火星探测车

科普和科幻界的泰斗阿西莫夫对钾40更加感兴趣，他推测，几十亿年前地球刚刚形成的时候，地球上的钾40比现在多得多。过多的辐射阻碍了长基因组的形成，所以几十亿年前，地球上的生物相对简单。而几十亿年后，地球上的钾40已经减少，基因突变的速度越来越慢，一方面可以让复杂的基因长时间存在，另一方面也会减慢进化速度。

我们吃的香蕉所含的辐射量比手机、电脑的大得多，你懂了吗？

要知道，钾是地球上比较普遍的元素，而钾40又是放射性同位素中丰度较高的一种，尤其要注意的是，动植物都需要富含钾元素的食物。香蕉是含钾量较高的食物，可以说我们吃的是"放射性的香蕉"。难道就是因为古猿爱吃香蕉，所以得到更多的基因突变的机会，才更有可能进化成现在的人类？

看来，这些放射性的钾40不只是在生命演化中起到了重要的作用，可以说如果没有钾40，可能人类不会这么容易进化成功。下一节，我们就一起来看看钾元素对于人类生命的重要性。

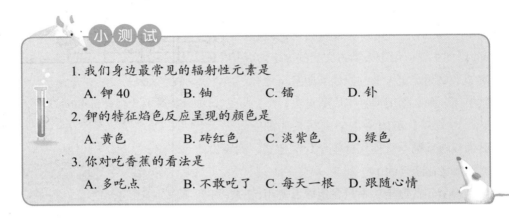

小 测 试

1. 我们身边最常见的辐射性元素是

　　A. 钾40　　　　B. 铀　　　　C. 镭　　　　D. 钋

2. 钾的特征焰色反应呈现的颜色是

　　A. 黄色　　　　B. 砖红色　　　C. 淡紫色　　　D. 绿色

3. 你对吃香蕉的看法是

　　A. 多吃点　　　B. 不敢吃了　　C. 每天一根　　D. 跟随心情

2. 钾、钠兄弟与高血压

氮、磷、钾是化肥中最重要的三种元素。

1840年，德国著名化学家李比希发现，缺乏钾元素的土壤长不出好的植物，可见，植物生长需要钾元素。一直到现在，氮、磷、钾仍是化肥中最重要的三种元素，尤其是经济作物，对钾的需求量特别大。

动物体内的钠元素和钾元素的总量差不多，只是分布在不同的地方。30%的钠分布在骨骼里，其余大多数都在细胞外的组织液里。钠离子是体液电解质平衡的关键，它不仅帮助调节体液的量和酸碱度，而且参与传递神经信号，促进肌肉收缩。理解这一点很容易，如果你皮肤上不小心破了一个小口，往上面撒点盐试试？

【参考答案】1. A　2. C　3. 略

说到这里，我们就可以明白植物体内的钠元素比较少的原因了，陆地上的植物不需要移动，也就不需要肌肉，自然也就不需要过多的钠了。这也是盐碱地上很难种植粮食的原因，还记得罗马人在灭亡迦太基之后往土地上撒盐的故事吗?

汉尼拔的坎尼会战是最后一次对罗马的威胁。第三次布匿战争之后，罗马人用撒盐的方法"重创"了迦太基的土地，从此以后，迦太基再也无力对抗罗马。

海洋性生物自身浸泡在富含钠离子的海水中，自然不缺乏钠离子。而当海洋性动物登陆之后，仅从陆地植物里无法获得足够的钠，就只能到处去找钠源。在漫长的进化历程中，对钠元素的渴求让人类进化出了"咸"这种味觉，"酸甜苦辣咸"五味，咸是五味中最重要的。我们还会看到一些草食动物舔食咸的石头，这是它们在补钠呢。

相对于草食动物，肉食动物可以通过捕食草食动物而从肉、血中获得足够的钠。人类进入农业文明之后，以谷物为主食，必须在食物中加入钠盐来满足自己身体对钠的需求。到了现代，家畜大规模驯养，制盐效率提升，让我们的膳食结构发生了变化。肉和盐的供应量大了，而我们体内"嗜咸""嗜肉"的基因却不会因此而改变，据估计，现代人每天摄入的钠盐比原始人多了十倍。

为了保持体液的浓度稳定，钠过多时身体会留存更多的水分，这意味

小鹿在舔"咸味"的岩石。

盐吃多了会导致高血压。

着各种组织（比如血管）会承受更大的液体压力。有人指出，高血压人群的数量不断上升，跟人们摄入过多的钠是有关的。

但也有人表示，日本人喜欢吃海鲜，钠元素的摄入量也很高，但是高血压患者很少，这如何解释？

这让人们开始注意到钠的"哥哥"——钾在人体内的作用。跟弟弟钠离子相反，哥哥钾离子主要分布在细胞内液中。钾和钠在人体内的很多功能都是相对应的，比如：钠会让平滑肌收缩，钾会让它们放松；钠会促进肾脏排出钙，而钾会减少钙的排出。

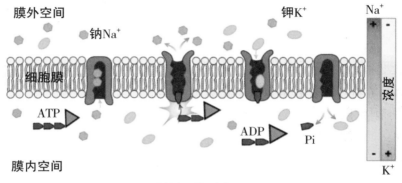

"钠钾泵"的机理

1997年诺贝尔化学奖得主——斯科

1957年，丹麦科学家斯科还在当助教的时候就对这两兄弟在人体中的作用展开了研究，他发现钾钠离子分布于细胞内外，是因为细胞膜上存在一种特殊的"泵"。细胞膜上的很多载体蛋白像工人一样每时每刻劳作着，每两个"工人"消耗一个ATP，将三个钠离子从细胞内"泵"到细胞外，又将外面的两个钾离子"泵"进细胞内。这个过程叫"主动转运"，这个特殊的"泵"叫"钠钾泵"，就是这个"钠钾泵"保持了细胞内外的钾、钠离子的平衡。

斯科的这个发现意义重大，他因此获得了1997年诺贝尔化学奖。

这让人们开始理解，多摄入一点儿钠没问题，只要钾、钠离子相对平衡，血压就能控制。日本人高血压患者少也就容易理解了，因为他们一边摄入很多钠，一边摄入很多钾（比如吃海带、紫菜等）。

理解了这一原理，我们就可以合理规划自己的膳食，平时也要多吃含钾的食物。香蕉和牛油果是含钾较多的水果，其他水果和蔬菜也不少。

紫菜和海带富含钾，可以有效降低血压。

各种各样的菌类含钾较高。

茶里面富含钾元素，相反，速溶咖啡里含钠的食品添加剂较多。中国人饮茶是好习惯啊，要坚持。

事实上，引起高血压的一小部分原因是膳食中的钠盐，还有一大部分原因是加工食品中的食品添加剂。还记得磷元素那章中的三聚磷酸钠吗？除此之外，常用的食品添加剂还有苯甲酸钠等钠盐。

大家在购买加工食品的时候可以仔细查看一下包装上列出的食品添加剂，是不是都是钠盐？有法律严格规定加工食品必须列出其中所有的食品添加剂成分，我们不要忘了行使自己的权利。

为了防止钠元素摄入过多，市面上已经出现这种低钠盐，用氯化钾和硫酸镁代替一部分氯化钠。

随着食品行业从业人员对人体内钾、钠离子平衡认知水平的不断提高，化学工作者们又制造出了磷酸二氢钾、焦磷酸钾等含钾的食品添加剂，大家购买加工食品的时候可以注意一下。

总结一下，预防高血压，要多吃蔬菜、水果和海产品，少吃钠盐和加工食品。

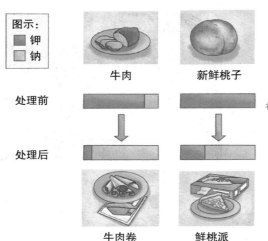

图示：
钾
钠

牛肉　　　　新鲜桃子

处理前

处理后

牛肉卷　　　鲜桃派

加工后的牛肉和桃子，钠含量都超级高。

小测试

1. 本文提到的高血压的成因是

　A. 压力太大　　　　　　　　B. 摄入过多的钠盐

　C. 摄入过多的脂肪　　　　　D. 摄入过多的糖

2. 在伤口上撒盐那么疼的原因是

　A. 盐吸水　　　　　　　　　B. 钠离子促进肌肉收缩

　C. 钠离子引起电解质紊乱　　D. 钠离子引起高血压

3. （多选）通过本文可知，下列做法可以降低高血压风险的是

　A. 少吃加工食品　　　　　　B. 少吃肉食

　C. 少吃钠盐　　　　　　　　D. 多吃蔬菜、水果和海产品

【参考答案】1. B　2. B　3. ACD

第二十章

钙

元素特写

平凡而伟大的元素，存在于冰冷坚硬的石头里、朝气蓬勃的生命中。今天，你"补钙"了吗？

元素档案

姓名：钙（Ca）。

排行：第20位。

性格：活泼的碱土金属，"骨架"型元素——大理石支撑起建筑，有机钙支撑起生命。

形象：银白色稍软的金属，人体必需营养元素。

居所：蕴含在大理石、钟乳石等物质中，也作为骨骼的主要成分而存在。

第二十章 钙（Ca）

钙（Ca）：位于元素周期表第 20 位，常温下为银白色晶体。碳酸钙是自然界最常见的钙的化合物，动物的骨骼、贝壳、蛋壳等组织中都含有它。人体中的钙元素主要以骨盐的形式存在于骨骼和牙齿中。钙除了是骨骼发育的基本原料，直接影响身高外，还参与各种生理功能和代谢过程，影响各个器官组织的活动。

1. 带你去看奇迹

世界七大奇迹：埃及吉萨金字塔、巴比伦空中花园、阿尔忒弥斯神庙、奥林匹亚宙斯神像、摩索拉斯陵墓、罗德岛太阳神巨像、亚历山大灯塔。（从左到右、从上到下）

公元前 2 世纪拜占庭旅行家斐罗（另一说法是公元前 3 世纪的旅行家昂蒂帕克）游览了地中海周围的名胜，总结了沿途所见 7 处最伟大的人造景观，称它们为"世界七大奇迹"，分别是埃及吉萨金字塔、巴比伦空中花园、亚历山大灯塔、罗德岛太阳神巨像、奥林匹亚宙斯神像、阿尔忒弥斯神庙、摩索拉斯陵墓。它们使用的材料主要是大理石。

首先让我们来到文化圣地——希腊的奥林匹亚，在这里坐落着宙斯神庙的遗迹，这里曾经供奉着古希腊神话里的主神——宙斯。传说神庙中央的宙斯神像高 13 m，由著名雕刻家菲迪亚斯建造，据说宙斯的身体和衣服分别由象牙和黄金制成。

现如今，象牙、黄金已成过眼云烟，只留

下断壁残垣。据分析，这座神庙的主体结构是当地的石灰石，主要化学成分就是我们熟知的碳酸钙。和精致的大理石相比，石灰石不美观，耐候性也差，因此工匠们给神庙的表面涂上了一层薄薄的灰泥，使外观看起来像大理石。神庙的天花板则全是由大理石制成，这些石材被工匠们切割得足够薄，以至于看起来接近于半透明，夏天的阳光甚至能穿透天花板，让室内一片祥和，宛如天堂。

让我们从奥林匹亚来到希腊首都雅典，欣赏坐落在卫城最高处的帕特农神庙，它是雅典的象征，帕特农是雅典娜的别称，是希腊人祭祀雅典娜的神庙。整个神庙由 46 根大理石柱撑起，柱间 92 堵殿墙也都由大理石砌成，墙上雕刻着栩栩如生的各种神像和珍禽异兽，所有的雕像都用来自帕罗斯岛的上好大理石制成。1687 年，这座神庙毁于威尼斯人的炮火。

在古希腊神话中，雅典娜代表着智慧、勇气、灵气、文明、法律、正义、数学、力量、战略和艺术，几乎所有美好的词语都被雅典人赠予了他们城市的守护神。雅典人没有选择最大的神祇，而是选择了雅典娜，体现了他们鲜明的文化倾向：任你牛气冲天，我只追寻真理。

尽管帕特农神庙如此精美华丽，却无法列入"七大奇迹"，这是因为有"阿尔忒弥斯神庙"的存在。阿尔忒弥斯是宙斯的女儿、雅典娜的姐姐，是一位狩猎女神，又被称为月亮女神，所以神庙也被称为"月神庙"。

"月神庙"位于土耳其的以弗所，以弗所是地中海区域最繁华的地方，所有的旅行者都来这里观光，所有的商人都到这里交易。据说最强盛的时候，以弗所的人口达到了30 万人。在那个年代，不管富裕还是贫穷，所有人都有着共同的精神追求，那就是对神的信仰与敬畏。从国王到民众，都参与修建神庙，他们花费了 100 多年，终于将这座神庙修建好。庙基长 125 m，宽 60 m，由 137 根高约 20 m 的大理石柱撑起，整个建筑俨然一个廊柱之林，给人一种庄严、恬静、和谐的感觉。大理石圆柱的柱身下部均有形态各异的大理石浮雕，造型优美，形态逼真，栩栩如生。

月神庙后来历经摧毁、重建、再次被摧毁，

帕特农神庙遗迹

最终被拜占庭帝国视为异教徒的集会场地，彻底被摧毁。如今，神庙遗址只剩下一根大理石柱，孤独地向人们诉说着历史。

阿尔忒弥斯神庙复原图

阿尔忒弥斯神庙的遗迹，只剩下一根大理石柱。

公元前 4 世纪，小亚细亚（现土耳其）地区有一个埃卡多米尼迪王国，他们的国王、民众不可谓不努力，但却碰到了当时最强大的文明——波斯。几番博弈之后，埃卡多米尼迪王国成了波斯的属国。

在这样的背景下，年轻的国王摩索拉斯即位了，他从小胸怀大志，将自己视为太阳神之子，希望重现王国昔日的荣光，却受制太多，无能为力。当他终于明白自己无法在军事上有太多建树之后，选择了另一条路——大兴土木。他迁都到新建的哈利卡纳苏斯，并在正对着城市中心的小山坡上建立自己的陵墓，希望通过这些来向周围的小国们展示自己的权力。

陵墓的用材是来自帕罗斯岛上的白色大理石，整座建筑分成三部分。底部是高大、近似于方形的台基，高 19 m。台基之上竖立着一个由 36 根柱子构成的爱奥尼亚式的珍奇华丽的连拱廊，高 11 m。最上层是拱廊支撑着的金字塔形屋顶，由规则的 24 级台阶构成。陵墓的顶饰是摩索拉斯国王和王后阿尔特米西娅二世的乘车塑像。

这种建筑风格对后世影响深远，直到现在，在澳大利亚墨尔本的战争纪念馆、美国华盛顿的共济会圣殿等建筑中都可以看到摩索拉斯陵墓的影子。

整个陵墓高约 50 m，相当于十几层楼的高度，这在当时简直是个奇迹。有人说，摩索拉斯这位"太阳神之子"要效仿高贵的埃及法老，去触摸太阳。陵墓内部有非常精美的装饰，这也为这座宏伟的建筑增添了不少光彩。这些精美的雕像均出自当时著名的艺术家之手，摩索拉斯聘请了当时最有名的四位雕刻家，每人负责方形一条边的大理石雕塑。这座陵墓中的大理石雕像是大理石艺术的登峰造极之作。

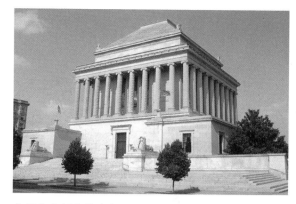
美国华盛顿的共济会圣殿，模仿摩索拉斯陵墓的设计。

摩索拉斯在有生之年没有看到自己的陵墓落成，他的妹妹兼妻子继承了他的遗志和王位，又花费了两年时间，才将这座艺术品建造完成。有人说，这座巨大的坟墓是摩索拉斯与王后阿尔特米西娅二世爱情的见证。也有人嘲弄道，摩索拉斯死后，深爱他的王后将他的骨头碾磨成粉末，溶解在葡萄酒里供自己饮用。不管怎样，摩索拉斯的目的已经达到，他的大兴土木不仅在当时显赫一时，而且影响深远，直到现在，英语里的"陵墓"（mausoleum）一词用的仍是他的名字。

摩索拉斯陵墓矗立了一千多年，12世纪的一场地震让它受损。可是人祸甚于天灾，1402年，野蛮的汪达尔人征服了哈利卡纳苏斯，征服者根本没有仰慕艺术品，而是看上了这些上好的大理石石材，陵墓被拆卸，又重新组装在不远处的要塞上，极少数的雕像得以幸免，一件大理石的亚马孙族女战士的浮雕，现保存在英国博物馆内供人们观瞻。

摩索拉斯陵墓复原图

由于世界七大奇迹中除金字塔外，其余均已毁坏，后人又提出了"世界中古七大奇迹"：罗马大斗兽场、中国万里长城、亚历山大地下陵墓、英国巨石阵、中国大报恩寺琉璃宝塔、意大利比萨斜塔、土耳其圣索菲亚大教堂。最后两个奇迹的主材也是大理石。

比萨斜塔在科学史上更加有名的原因，莫过于伽利略在这儿做了双球实验，其实它在艺术史和建筑史上也同样有名。比萨斜塔从1173年开始建造，其圆形的

万里长城被纳入世界中古七大奇迹，但它不是用大理石造的，一方面因为大理石造价高，另一方面因为中国大理石产量有限，更重要的是因为大理石不够坚固，负担不了抵御外侮的责任。

设计非常别致，外墙墙面用大理石建造，砌成深浅、明暗的条纹。原本塔高设计为 100 m 左右，但在建了 3 层之后就发现塔开始倾斜，最终这座塔只造了 55 m。

比萨中古史学家皮洛迪教授研究后认为，建造塔身的每一块儿石砖都是一块儿石雕佳品，石砖与石砖间的黏合极为巧妙，有效地防止了塔身倾斜引起断裂，成为比萨斜塔斜而不倒的主要原因。

洁白的比萨斜塔

圣索菲亚大教堂是拜占庭式建筑现存的最佳范例，它的马赛克、大理石柱子及装饰等内景布置都极具艺术价值。

公元 532 年，当时的拜占庭帝国首都君士坦丁堡发生了一场暴乱，城市中心的教堂被毁。拜占庭皇帝查士丁尼一世下令重新建造一座教堂，皇帝为了这座教堂倾尽全国财力，甚至拆了阿尔忒弥斯神庙的大理石，还招聘了两位当时顶级的数学家，只用了 5 年时间，就建成了这座圆顶大教堂。在这之前，圆顶的建筑是不可想象的，一直到 16 世纪之前，

圣索菲亚大教堂

它都是世界上最大的教堂。

在教堂内部，随处可见洁白的、漆黑的大理石装饰的砖墙和地板，尤其是一扇完全由大理石建造的门，位于上层楼座的南部，供教会会议的参与者使用。查士丁尼一世看到新落成的教堂后惊叹道："所罗门王！我已经超越了你！"君士坦丁堡曾是一座宏伟的都市，也是一座悲情的城市，1204年，它遭到十字军洗劫，1453年，它被奥斯曼土耳其征服，圣索菲亚大教堂被改名为阿亚索菲亚清真寺。1935年，土耳其共和国的国父凯末尔下令将大教堂改成博物馆，这座奇迹终于有了一个善终。

为何这些奇迹般的建筑都如此热衷大理石？我们下节再说。

小 测 试

1. 下列不属于上古七大奇迹的是
　　A. 摩索拉斯陵墓　　　　　B. 阿尔忒弥斯神庙
　　C. 帕特农神庙　　　　　　D. 宙斯神像
2. （多选）中古七大奇迹中，用大理石建造的两个是
　　A. 万里长城　　　　　　　B. 圣索菲亚大教堂
　　C. 比萨斜塔　　　　　　　D. 大报恩寺琉璃宝塔

2. 文明的骨架——大理石

看了这么多奇迹之后，深深地感受到用大理石建造的奇迹带给我们的灵魂的震撼，大理石堪称"文明的骨架"。

泰姬陵，是印度莫卧儿皇帝沙贾汗为他最爱的妻子建造的陵墓，全部用纯白色大理石建造，用玻璃、玛瑙镶嵌。泰戈尔说，泰姬陵是"永恒面颊上的一滴眼泪"。

还有一些美丽的建筑虽未被列为奇迹，却也美轮美奂，值得品味。

　　冬宫，位于圣彼得堡，最早是叶卡捷琳娜二世女皇的私人宫邸，这位女皇喜爱收藏艺术品，包括从世界各地搜罗来的众多大理石雕塑，据说，要看完这么多藏品，要花费 27 年的时间。圣彼得堡是二战中唯一没有被德军占领的大城市，因此这些艺术品才得以保存。

　　除了建筑，还有很多著名的雕塑，艺术价值不亚于前面提到的那些"奇迹"，可以说是大理石赋予了它们生命。

《萨莫色雷斯的胜利女神》

　　《萨莫色雷斯的胜利女神》，据说是为了纪念一次古代希腊海战的胜利而造。这座雕像极具表现力，胜利女神犹如从天而降，上身略向前倾，那健壮丰腴、姿态优美的身躯，高高飞扬的雄健而硕大的羽翼，都充分体现出了胜利者的雄姿和凯旋的激情。虽然现在她失去了头颅和手臂，却依然能让人们感受到她的热情奔放。

　　从 1928 年阿姆斯特丹奥运会到 2016 年里约热内卢奥运会，历时 88 年，共 23 届奥运会的奖牌正面都以"胜利女神"像为主要图案。世界最豪华的名牌汽车之一的"劳斯莱斯"也一直以"胜利女神"像为车标。

　　最有名的大理石雕塑就是《断臂的维纳

斯》。对于这座雕像，有无数的爱好者在幻想女神双臂的姿态；有无数的艺术家从头到脚点评女神的美；有无数的历史爱好者在评论女神背后的故事和传说；还有无数的数学家在研究雕像的黄金分割。

我就不在这里班门弄斧了，若想看到真迹，请去罗浮宫，《萨莫色雷斯的胜利女神》《断臂的维纳斯》和《蒙娜丽莎》是罗浮宫的镇馆三宝。

世间的石头千万种，为何建筑师和雕刻家都对大理石情有独钟呢？

大理石主要是由方解石和白云石组成的，主要化学成分就是碳酸钙（混杂了一些镁）。相对于其他矿物，大理石不含硅等硬质元素，非常软，易于切割加工，触摸上去，如皮肤般光滑。它的晶体结构特别均匀，具有各向同性，不管你从哪个方向切割，都不会破坏其晶体结构，宏观上不易破碎。另外，大理石的折光率很低，当有光线照射时，能渗透几毫米的厚度，在视觉上形成一种柔美的"蜡感"。所以，大理石是最理想的石材。

在我国，云南大理出产的大理石最为有名，大理石也因此而得名。但其实，西方的"marble"是大理石中的一种，十分洁白，在中国叫"汉白玉"。"玉砌朱栏"中的"玉"就是汉白玉，天安门前的华表、金水桥、故宫内的宫殿基座、石阶、护栏都是用汉白玉制成的。

在人民英雄纪念碑、人民大会堂、毛主席纪念堂等当代国家工程中，汉白玉也有广泛应用。尤其是人民英雄纪念碑上，10块汉白玉的大浮雕，镶嵌在大碑座的四周。这些大浮雕高 2 m，合在一起共长 40.68 m。每幅浮雕里有 20 多个英雄人物，每个人物大小都和真人相似，栩栩如生。

还有更多的现代建筑也尝试用大理石来增添它们的光泽，可是大理石作为建材也有它的缺点，碳酸钙怕酸，前面讲酸雨的时候就提及哈佛大学将"中国石像"包裹起来的事。另外大理石的硬度和强度跟钢铁、铝合金这些结构材料相比还是太弱了，所以它只能作为装饰材料。

大理石在室内装修领域，可发挥的空间更大些，地面、墙壁、屋顶、桌面都可以用它来装饰，自己在家里就能找到宫廷或者神庙的感觉。不要妄信大理石有辐射的谣言，我可以负责任地告诉你，一块大理石桌面的辐射量比一根香蕉小多了。

大理石是碳酸钙的大块儿结晶，也被称为"云石"，它碎裂之后就变成块状或者粉末，粉状的碳酸钙也叫"白垩"，小块儿松软的碳酸钙就是石灰石，人们是怎样从中发现钙元素和钙元素的妙用的呢？我们下节再说。

智利的天然大理石

天安门前的华表，用汉白玉制作。

人民英雄纪念碑上的五四运动浮雕

巴西首都巴西利亚的总统办公楼，穿着大理石的外衣。

◀美国芝加哥的怡安中心，曾以大理石作为外衣，是用大理石建造的最高的建筑。但很快人们发现大理石易碎裂，潜在的风险很大，不得不又花了一大笔钱，用花岗岩替代了大理石。

▲大理石的色调偏冷，用来装饰卫浴是最好的。

1.（多选）罗浮宫的镇馆三宝是

    A.《断臂的维纳斯》   B. 金字塔入口

    C.《萨莫色雷斯的胜利女神》   D.《蒙娜丽莎》

2. 大理石的主要化学成分是

    A. 硅酸铝   B. 碳酸钙   C. 硫酸钙   D. 硅酸镁

3. 粉身碎骨浑不怕，要留清白在人间

公元 1449 年，明英宗朱祁镇率兵亲征瓦剌，在土木堡遭遇惨败，不仅 20 多万大军死伤过半，大批文武官员战死，皇帝本人也被俘虏，史称"土木堡之变"。瓦剌首领乘胜追击，杀到了北京城下，此时，北京城里只剩下不到 10 万老弱病残的士兵，大明王朝到了最危险的时候。

就在满朝文武乱成一团、不知所措的时候，兵部侍郎于谦挺身而出，拥立新帝，调兵遣将，组织防御。北京军民在于谦的率领下众志成城，大战七天七夜，终于将瓦剌大军击败，于谦因为此战被称为民族英雄。

后明英宗复辟，于谦因为政治斗争而被陷害，当抄家的人来到他家的时候，却发现自己无事可干，因为于谦的家里没有一丁点儿财富。据说，于谦在年轻的时候路过一座石灰窑，深有感触，写下一首《石灰吟》：

      千锤万凿出深山，烈火焚烧若等闲。

      粉身碎骨浑不怕，要留清白在人间。

这首《石灰吟》可以说是于谦生平和人格的真实写照。

《石灰吟》不仅出现在语文课本上，还更多地出现在化学试卷上，因为短短四句诗里，就涉及一个物理变化与三个化学反应：

千锤万凿出深山——将含碳酸钙的石灰石开采出来；

烈火焚烧若等闲——碳酸钙（石灰石）高温下分解成氧化钙（生石灰），越烧越白；

粉身碎骨浑不怕——氧化钙（生石灰）遇水变成氢氧化钙（熟石灰）；

要留清白在人间——氢氧化钙（熟石灰）遇到空气里的二氧化碳，又变成碳酸钙（石灰石）。

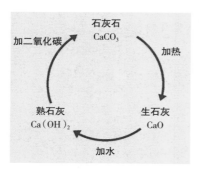

三种石灰（石灰石、生石灰、熟石灰）的循环

确实，含碳酸钙的矿物在地壳里很常见，除了我们花费两节聊的大理石，还有霰石、方解石、白垩、石灰岩、石灰华等岩石，实在是物美价廉的材料。你可以这样理解，大理石是精美的大晶体，其他岩石就是档次较低的多晶或者无定型的碳酸钙，大理石这种"高富帅"用来建造奇迹、制造雕塑，石灰石这种"经适男"也有它发挥才能的地方，由于石灰石的保水性、可塑性好，添加在水泥里，正好和硅酸盐水泥优势互补。

我们的老祖先就明白这个道理，宋朝的释绍昙写过一首《石灰》：

炉韛亲从锻炼来，十分确硬亦心灰。

盖空王殿承渠力，合水和泥做一回。

从诗中可以看出，石灰是建造宫殿的材料。

石灰砂浆是最常见的建筑浆料，洁白的乳胶漆里也有碳酸钙的身影。

我们的化妆品里也填充了碳酸钙（化妆品级），美女们将大理石的同类涂在脸上，让自己也变成"女神"。此外，碳酸钙还能加入牙膏中，增加摩擦力，我们的目标是："没有蛀牙。"

还记得年少时老师手里的粉笔吗？老师的健康犹如那洁白的粉笔，越来越短……

我们也希望自己快快长高，因为个子矮就会坐在第一排吃粉笔灰。是的，最早的粉笔是用天然的白垩做的，灰尘比较大。现在为了保护教师和学生的健康，在白垩中掺入石膏，研制出了无尘粉笔，它也是一种钙盐——硫酸钙。

在纸张的涂层里也填充了碳酸钙，它能使纸张洁白、结实。

据说拉瓦锡将生石灰纳入他第一张元素表中，戴维在电解了苛性钠、苛性钾以后，将目光对准了生石灰。在当时，生石灰和苦土（氧化镁）、重晶石（硫酸钡）、碳酸锶合称碱土，因为它们都体现出碱的特性，它们的溶液可以让石蕊试纸变蓝。戴维想，既然苛性碱能被电解，只要用同样的方法去电解碱土就可以了。

可是一切并不像戴维想的那么顺利，电流通过导体时似乎出现了金属的薄膜，但瞬间就变暗了。他建造了更大的电池组，可是事倍功半，只得到几小粒新的金属，还是跟铁的合金。

在戴维一筹莫展的时候，贝采里乌斯出马了，他写信给戴维，劝戴维不要用铁丝，而是用一个水银柱来通电。戴维一看就明白了，新的金属电解出来以后，溶解在水银里，形成汞齐，之后再将水银蒸发掉，剩下的当然就是纯的新金属。

戴维使用这种方法，一下子将钙、镁、钡、锶四种碱土元素都提取了出来，因为钙是从白垩中提取出来的，所以用拉丁文中的"白垩"来命名这种新元素为"Calcium"。

戴维没有花多少时间去研究这些新发现的碱土元素，因为它们正是如自己预言的那样出现了："之所以会认为钾有问题（轻、在水面上跳舞等），是因为我们看惯了旧金属，我们一定会再发现几种新金属，将钾和铁之间的空隙完全填满。"

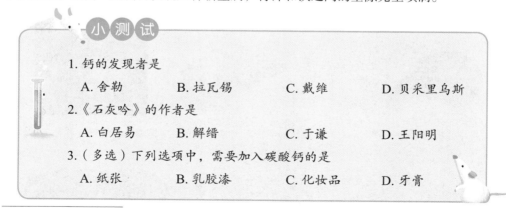

小测试

1. 钙的发现者是

   A. 舍勒　　　　　B. 拉瓦锡　　　　　C. 戴维　　　　　D. 贝采里乌斯

2.《石灰吟》的作者是

   A. 白居易　　　　B. 解缙　　　　　　C. 于谦　　　　　D. 王阳明

3.（多选）下列选项中，需要加入碳酸钙的是

   A. 纸张　　　　　B. 乳胶漆　　　　　C. 化妆品　　　　D. 牙膏

【参考答案】1. C　2. C　3. ABCD

🧪 4. 生命的骨架——钙

人体骨骼

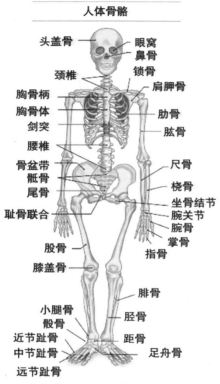

头盖骨
眼窝
鼻骨
颈椎
锁骨
肩胛骨
胸骨柄
胸骨体
剑突
肋骨
肱骨
腰椎
尺骨
骨盆带
桡骨
骶骨
尾骨
坐骨结节
耻骨联合
腕关节
腕骨
掌骨
股骨
指骨
膝盖骨
腓骨
小腿骨
胫骨
骰骨
近节趾骨
距骨
中节趾骨
足舟骨
远节趾骨

成年人有 206 块骨头。

钙不仅存在于毫无生气的石头中，更藏身于生机勃勃的生命里，如果说碳酸钙晶体（大理石）是文明的脊梁，那么有机磷酸钙等化合物就是生命的骨架。

人体由骨骼撑起，类似的，所有脊椎动物都有"内骨骼"，很难想象没有骨骼的"软体人"会是什么模样。

牙齿是人类身体中最坚硬的部分，它的主要成分是羟基磷酸钙。二氧化碳溶于水之后形成的碳酸会溶解羟基磷酸钙，所以要少喝碳酸型饮料哦！

那些没有骨骼的无脊椎动物，它们虽然没有和我们一样的"内骨骼"，却有着各种各样的"外骨骼"。

在利用钙元素的能力上，最牛的莫过于珊瑚虫了。

早在 5.4 亿年前，"寒武纪大爆发"时期，

蜗牛的壳是它的小房子。

海螺的壳多用来被人观赏，有类似功能的还有各种贝类的壳。

螃蟹壳主要由甲壳质和碳酸钙组成，第一个吃螃蟹的人真的很伟大，全副武装的螃蟹死也不会想到人的智慧可以穿透它的盔甲。

珊瑚虫就出现在海洋里。珊瑚虫是一种只有几毫米大小的腔肠动物，它们经常是一大群聚集在一起生活，虽有很多张嘴（同时也是排泄口），却共用一个胃。它们以捕食海洋里细小的浮游生物为生，一边生长，一边吸收海水中的钙离子和二氧化碳，分泌出碳酸钙，变成自己的外壳。

脊椎动物也利用钙质的外壳来保护自己，比如喜爱"赛跑"的乌龟。

　　珊瑚虫死后，留下以碳酸钙为主的遗骸，这就是海里争奇斗艳的珊瑚。从外观上看，珊瑚犹如海底的树枝，有白色、红色、绿色、蓝色等，把热带海滨点缀得五彩缤纷，成为游客们心驰神往的地方。

　　艳丽的珊瑚除了具有观赏和收藏价值外，还可以入药，现在也有医生用珊瑚来制作人造骨骼，然而珊瑚更重要的价值在于它的生态意义。

　　无数的鱼儿在珊瑚丛中穿行，这里是它们栖息的地方，许多鱼类为了保证刚出生幼鱼的安全，就把它们产在珊瑚附近。如果你仔细观看，这里还有各种各样的蠕虫、软体动物、海绵、棘皮动物、甲壳动物和很多的海藻，它们相互依存，这里简直就是一个小生物圈。

珍珠产自各种贝类动物的体内，可以算作一种有机宝石，它的主要成分也是碳酸钙。

浅海处五光十色的珊瑚

　　随着亿万年的日积月累，在海岛附近，出现了一群又一群珊瑚礁，有一些长期露出海面，就已经是珊瑚岛，最有名的珊瑚岛莫过于马尔代夫、澳大利亚大堡礁、中国的南沙群岛等。这些珊瑚礁已经是地球表面的一部分，它们就像自然的防波堤一般，约有 70%~90% 的海浪冲击力会被珊瑚礁缓冲掉。死掉的珊瑚会被海浪分解成细沙，这些细沙丰富了海滩，取代了已被海潮冲走的沙粒。珊瑚礁们就这样默默影响着地球表面的地形地貌，如果没有它们，地球表面可能是另一番景象。

这些珊瑚虫的杰作对整个生物圈都有十分重要的影响，珊瑚算是海洋里的绿叶，它们的生长，会吸收大量二氧化碳，极大地减轻了温室效应。

需要警惕的是，进入工业社会之后，二氧化碳等温室气体排放过多，使得海洋酸化，大量珊瑚礁被溶解，极大地影响珊瑚生长；一些渔民为了捕鱼方便对珊瑚礁进行爆破，这使得珊瑚礁大量消失。有研究显示：全球珊瑚礁破坏率已超过10%，另有30%~70%也正被破坏或受到威胁。保护这些瑰丽的珊瑚礁，刻不容缓。

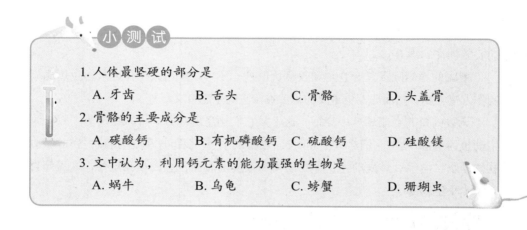

小 测 试

1. 人体最坚硬的部分是
   A. 牙齿　　　　B. 舌头　　　　C. 骨骼　　　　D. 头盖骨
2. 骨骼的主要成分是
   A. 碳酸钙　　　B. 有机磷酸钙　C. 硫酸钙　　　D. 硅酸镁
3. 文中认为，利用钙元素的能力最强的生物是
   A. 蜗牛　　　　B. 乌龟　　　　C. 螃蟹　　　　D. 珊瑚虫

5. 健康补钙

上一节我们提到钙是人体的骨架，确实，人体99%的钙分布在骨骼和牙齿里，剩下的那1%以钙离子的形式分布在体液里，让我们来看看钙离子对人体有多重要。

钙离子在血液里和磷脂一起促进血液凝结，是重要的凝血因子。

早在1780年，意大利科学家伽伐尼用一只死青蛙做实验，发现电击可以让肌肉收缩。这是历史上第一次生物电学的实验。

很多年后，科学家才发现，正是钙离子帮助肌肉在电刺激的作用下收缩。

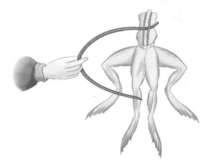

伽伐尼的实验，到现在终于有了解释。

【参考答案】1. A　2. B　3. D

在人体内，有一种非常重要的肌肉，那就是心肌，它非常结实，特别耐用，即使我们在睡觉，它也仍然在不停地工作。正是钙离子穿行于心肌细胞内外，让心肌能够不停息地跳动。

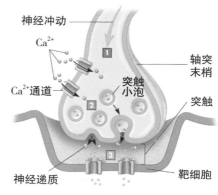

钙离子促使神经信号传递。

钙离子还跟神经信号传递密切相关，当第一个神经细胞兴奋时，产生一个神经冲动，细胞外的钙离子流入该细胞内，促使细胞分泌神经递质。神经递质与相邻的下一级神经细胞膜上的蛋白分子结合，促使这一级神经细胞产生新的神经冲动。神经信号就这样一级一级地传递下去，从而构成复杂的网状信号体系。我们人类自诩高等生物，我们的大脑拥有学习、记忆等高级功能，而这些功能都要基于钙离子引发的神经递质释放。

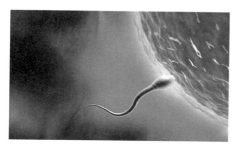

是钙帮助精子敲开了卵细胞的大门，又一个小生命要诞生了！

在人体面对外来侵略时，钙离子向免疫系统发出预警信号，免疫系统根据钙离子提供的信号组织相应的免疫细胞捕获和吞噬敌人。

男性更要注意补钙，精子携带的 DNA 的最前端是一个由钙组成的小头盔，正是这个小头盔使精子在到达卵细胞边缘时，破坏和穿透卵细胞的内层膜，受精卵就在这一瞬间产生了。

人体中消化食物的各种酶，例如蛋白酶、脂肪酶、淀粉酶、ATP 酶，也要靠钙离子去激活，否则食物根本不能被人体吸收。因此营养学有"补钙，是补充一切营养的根源"的说法。

看了这么多，我们能感受到钙元素对人体的重要性，如果人体缺钙，很多功能都会受到影响，不光会骨质疏松，还会营养不良、免疫系统功能下降、大脑发育受阻等。因此补钙成为大众普遍接受的概念，尤其很多儿童、孕妇、老人，身体有点儿毛病总能跟缺钙联系在一起，这是一种"补钙情结"。

问题是很多人天天在补钙，却忽略了一个重要的问题——补进去的钙能被吸收吗？

1928 年诺贝尔化学奖得主——阿道夫·温道斯

原来，钙能不能被吸收和维生素 D 紧密相关。

早在 1824 年，人们就发现服用深海鱼油可以有效治愈佝偻病。1913 年，科学家在鱼肝油里提取出一种物质，命名为维生素 A，并推想就是维生素 A 起到了治愈佝偻病的作用。然而，科学不仅需要猜想，更加需要验证猜想，1921 年，科学家将脱除维生素 A 的鱼肝油掺进食物中，用狗做实验，发现仍然可以治愈佝偻病。这个实验说明鱼肝油中还有其他物质，是真正治愈佝偻病的功臣。尽管当时还没有提取出纯的这种物质，但科学家已经给它命名"维生素 D"了。

1923 年，科学家发现这种维生素实际上是一种类固醇，它是由一种胆固醇经过紫外线照射而生成的。1928 年，德国化学家阿道夫·温道斯——费希尔（氨基酸的篇章里提过，也是诺贝尔奖得主）的学生——因研究固醇与维生素关系的工作而获得当年的诺贝尔化学奖。阿道夫·温道斯再接再厉，几年以后，成功地研究出维生素 D 的化学结构。

维生素 D 本身没有活性，它会在肝脏代谢生成骨化二醇，这才是血液循环中维生素 D 的代言人，它会储存在脂肪组织和骨骼肌中，当机体需要的时

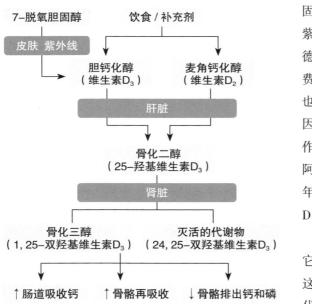

维生素 D 在体内的工作原理

候，骨化二醇就会释放出来。因此，我们说一个人缺乏维生素 D，指的就是他血液中骨化二醇的浓度过低。

骨化二醇在肾脏代谢成骨化三醇，它才是钙的好哥们儿。骨化三醇可以帮助提升血钙和血磷，从而有利于骨质形成，它还会帮助肠道吸收钙。但要注意的是，钙和磷是同时吸收的，缺一不可，如果只补钙而不补磷，几乎没有效果。

那么，为了补钙，干脆多吃维生素D好了。让我告诉你要吃多少吧，一个三岁的小男孩，每天须要喝三斤牛奶，才能补充足够的维生素D。傻子都知道，你就是把他当填鸭，他也不可能喝下这么多牛奶。

食品里的维生素D也来自太阳，与其吃二手货，不如自己健康生活！

其实，用不着补充，人体自身就可以合成维生素D。前面不是提到了吗？维生素D是由一种胆固醇遇紫外线照射而生成的，只要我们沐浴阳光，就能得到足够的紫外线。一般来说，每天照射两个小时太阳，就足够合成成年人的身体需要的维生素D了。如果你经常从事户外劳动，那么你根本不需要补充维生素D。

你可以这么理解，吃富含维生素D的食物，实际上吃的是二手的维生素D，是动植物接受太阳照射后生成的。二手的东西显然不如一手的好，吃二手维生素D还需要身体来代谢它，加重身体负担。多晒太阳，让自己体内生成维生素D，才是最健康的。因此美国物理学家赫斯说过："阳光就是维生素D！"

当然也要注意，晒太阳同样不能过度，紫外线也能引起癌变，本来嘛，一切都要讲究平衡，极端地为了一个目的做过量的事是有害的。

小 测 试

1.（多选）钙元素在人体内的重要作用有
　A.促进肌肉收缩　　　　　　B.神经递质释放
　C.激活各种消化酶　　　　　D.免疫系统预警
2.和补钙尤其相关的维生素是
　A.维生素A　　B.维生素B　　C.维生素C　　D.维生素D
3.最好的补钙方法是
　A.喝牛奶　　　B.啃骨头　　　C.晒太阳　　　D.吃维生素D

【参考答案】1. ABCD　2. D　3. C

钪 钛

元 素 特 写

钪：曾经无用的银白色金属，现已成光明的"使者"、合金材料中的"神奇调料"。

元 素 特 写

钛：我可以"高大上"，航海航天，修复骨骼；我也可以"小清新"，珠宝美妆，运动家居。人如其名，作用巨大……

第二十一章 钪（Sc）

钪（Sc）：元素周期表中第一个过渡金属元素，位于第 21 位。单质柔软，呈银白色，在空气中很容易变暗。这种在过去曾长期被认为没用的物质基本只有一个民用用途，即制造钪钠灯用于照明，其原理如下：在灯泡中充入碘化钠和碘化钪，加入钪和钠箔，高压放电时整体发出的是白光。

19 世纪下半叶是有机化学的黄金时期，无数的新发现在等待着有机化学家们，一样又一样的新型有机物被合成出来。相较之下，无机化学家们似乎没什么活儿干，戴维一鼓作气发现了那么多新元素，哪还有那么多的新发现呢？

不过无机化学家们还是找到了一些新的研究方向，他们发现有一大类氧化物的化学性质相似而常共存于矿物中，且比较稀少，所以把这些氧化物称为"稀土"，当时对稀土元素的研究成为一股热潮。

1																	18
1 H	2											13	14	15	16	17	He
Li	Be											B	C	N	O	F	Ne
Na	Mg	3	4	5	6	7	8	9	10	11	12	Al	Si	P	S	Cl	Ar
K	Ca	Sc	Ti	V	Cr	Mn	Fe	Co	Ni	Cu	Zn	Ga	Ge	As	Se	Br	Kr
Rb	Sr	Y	Zr	Nb	Mo	Tc	Ru	Rh	Pd	Ag	Cd	In	Sn	Sb	Te	I	Xe
Cs	Ba	镧系	Hf	Ta	W	Re	Os	Ir	Pt	Au	Hg	Tl	Pb	Bi	Po	At	Rn
Fr	Ra	锕系															

镧系	La	Ce	Pr	Nd	Pm	Sm	Eu	Gd	Tb	Dy	Ho	Er	Tm	Yb	Lu

稀土元素在元素周期表中的位置，这伙兄弟们经常聚在一起，很难分开。一般来说，除了镧系元素，钪和钇也被认为属于稀土元素家族。

1878 年，瑞士的马利纳克在研究玫瑰红色的铒土时，通过分解硝酸盐的方式，得到了一种不同于铒土的白色氧化物，他将这种氧化物命名为镱土，又一种新元素"镱"被发现了！瑞典化学家尼尔森对马利纳克的新发现非常感兴趣，他重复了马利纳克的实验，测得镱的相对原子质量为 167.46，跟马利纳克测得的 172.5 有差距。

尼尔森敏锐地意识到这里面有可能混有轻质的元素，他继续提纯，发现得到的镱土越纯，相对原子质量越低，同时光谱中还发现了一些新的吸收线，这就很明显了，其中还有一种轻质的新元素。他用祖国瑞典的所在地——斯堪的纳维亚半岛的名字来命名它为"钪"（Scandium）。

钪的发现者——尼尔森

1879 年，尼尔森正式公布了自己的研究结果，在论文中，他还提到了钪盐和氧化钪的很多化学性质。虽然他没能给出钪的精确的相对原子质量，也还不确定钪在元素周期表中的位置，但这不妨碍尼尔森被视为钪的发现者。

尼尔森的同事克利夫提纯了钪土，并进一步研究了钪的物理和化学性质。这时他们猛然发现，钪就是 1871 年门捷列夫预言的"类硼"！

门捷列夫的神奇我们后面的章节再详细说，这里简单介绍一下，他在创造了元素周期表以后，还留下很多空格，他预言空格处就是新元素，

一代大师门捷列夫终于闪亮登场！谈元素怎么会没有元素周期律发明者的身影？

在二价的钙和四价的钛之间，显然应该存在一种未知的三价元素，他把它命名为"类硼"，并预言"类硼"的相对原子质量是 44。

多年以后，"类硼"终于现身，尼尔森和克利夫的发现证明了元素周期律的正确和门捷列夫的远见卓识。

钪被发现之后，很长一段时间都没什么用处。一方面，它在地壳中的含量约为 0.000 5%，且分布很分散；另一方面，它的左邻右里钙和钛用途非常广泛，而且它们的含量很丰富；最重要的是，将钪和一帮稀土元素兄弟们分离实在是非常困难的事情。所以，化学家们都懒得去将它提取出来，只是面对着钪的氧化物下了一个结论：

这里面有一种新元素。

Reihen	Gruppe I. — R²O	Gruppe II. — RO	Gruppe III. — R²O³	Gruppe IV. RH⁴ RO²	Gruppe V. RH³ R²O⁵	Gruppe VI. RH² R²O³	Gruppe VII. RH R²O⁷	Gruppe VIII. — RO⁴
1	H=1							
2	Li=7	Be=9.4	B=11	C=12	N=14	O=16	F=19	
3	Na=23	Mg=24	Al=27.3	Si=28	P=31	S=32	Cl=35.5	
4	K=39	Ca=40	—=44	Ti=48	V=51	Cr=52	Mn=55	Fe=56, Co=59, Ni=59, Cu=63.
5	(Cu=63)	Zn=65	—=68	—=72	As=75	Se=78	Br=80	
6	Rb=85	Sr=87	?Yt=88	Zr=90	Nb=94	Mo=96	—=100	Ru=104, Rh=104, Pd=106, Ag=108.
7	(Ag=108)	Cd=112	In=113	Sn=118	Sb=122	Te=125	J=127	
8	Cs=133	Ba=137	?Di=138	?Ce=140	—	—		— — —
9	(—)							
10			?Er=178	?La=180	Ta=182	W=184		Os=195, Ir=197, Pt=198, Au=199.
11	(Au=199)	Hg=200	Tl=204	Pb=207	Bi=208			
12				Th=231		U=240		— — —

门捷列夫给出的元素周期表，红圈处是"类硼"，门捷列夫足不出户，就预言了一大堆元素。

两块升华后结晶成树枝状的钪金属，及一块加工后的钪金属。

一直到 1937 年，钪才初露金属本色，科学家通过电解钪、钾和锂的氯化物混合熔盐，首次制得纯度 95% 的金属钪。1973 年，99.9% 的高纯钪被制得。钪是一种柔软的银白色金属，在空气中很容易被氧化而变暗，略带浅黄色或粉红色。

钪铝合金可以提高铝合金的高温强度、结构稳定性、焊接性能和抗腐蚀性，最突出的优点是可使合金的再结晶温度提高 150～200 ℃，可避免长期高温工作时易产生的脆化现象。由于钪十分昂贵，一般只有战斗机、航天飞机和火箭等高端制造业才会使用。

在苏联米格系列飞机中，钪铝

米格 –29，用钪铝合金制造。

合金发挥过重要作用，米格 –21 和米格 –29 中都有这种合金的身影。

在 20 世纪 80 年代美国的"星球大战计划"中，也出现过钪的身影，一种钆钪

1984 年，历史上最伟大的演员——里根正在宣读"星球大战计划"。

镓石榴石晶体被用于战略防御系统。

然而最终，科学家还是为这种稀有金属找到了一个好的民用用途——钪钠灯。

在灯泡中充入碘化钠和碘化钪，加入钪和钠箔，高压放电时，钪离子和钠离子分别发出它们的特征发射波长的光。钠的特征谱线是著名的双黄线，而钪的谱线为一系列的蓝紫色光，正好跟钠互补，整体发出的是白光。这种灯在我国被称为第三代光源，非常适用于户外照明，而在一些发达国家，这种灯早在 20世纪 80 年代初就被广泛使用了。

钪钠灯

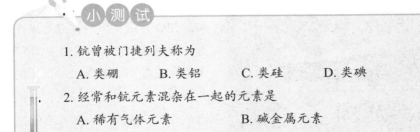

小 测 试

1. 钪曾被门捷列夫称为

　A. 类硼　　　B. 类铝　　　C. 类硅　　　D. 类碘

2. 经常和钪元素混杂在一起的元素是

　A. 稀有气体元素　　　　　B. 碱金属元素

　C. 稀土元素　　　　　　　D. 放射性元素

【参考答案】1. A　2. C

第二十二章　钛（Ti）

钛（Ti）：被称为太空元素的第 22 号元素，钛的比强度（强度和表现密度的比值）高、熔点高、耐腐蚀性强，是用来制造大型航空、航天、潜水装备（飞机、火箭、潜艇等）的优质原料。在生活中，常见的使用到钛元素的产品有钛金戒指、金属制运动器材等，钛还可以用于修复骨骼损伤。

1. 21 世纪的金属——钛

钛的发现者格雷戈尔

1791 年，英国的一位热爱地质学的牧师格雷戈尔在英格兰西部康沃尔发现了一种黑砂矿（现在我们知道是钛铁矿），一开始他以为这是磁铁矿，因为这种矿石可以被磁铁吸引。他仔细分析了这种矿石以后，发现其中有相当多的氧化铁，但还剩下 45.25% 的成分是一种白色氧化物，他无法确定这是什么物质，因为这种白色氧化物和当时已经发现的任何物质的性质都无法匹配。他猜想这其中可能有一种跟铁类似的新金属元素，他提交了关于这一发现的报告。

克拉普罗特，在历史上名气不大，但他是众多元素的发现者，后面还会继续出现他的身影。

1795 年，德国化学家克拉普罗特研究了金红石（较纯净的二氧化钛），认为其中有一种新元素。因为这种新元素是从土里提炼出来的，所以他用古希腊神话里泰坦巨人的名字来命名它为 "Titanium"，翻译成中文就是"钛"。他听到格雷戈尔的发现后,确认了他们发现的是同一种元素。他发扬了大将风度,并没有跟格雷戈尔去争夺钛的发现者的名号,而他给钛元素的命名则被广泛接受。

跟钪一样,钛被确认为元素以后,仍然隐身了很长时间。因为提取出来的二氧化钛的性质稳定,很难分解,即使在高温下用电将钛分解出来,它也会马上和周围的氧、氮等剧烈化合,所以单质钛太难制取了。

一直到1910年,伦斯勒理工学院的亨特在700~800 ℃高温下用钠还原四氯化钛,终于得到了纯度99.9%的金属钛。这种方法被称为"亨特法"。

亨特法使用的还原剂是昂贵的钠,仍然不能满足大规模生产。1932年,来自卢森堡的美国科学家克罗尔用相对便宜的钙在高温下还原四氯化钛获得成功。1940年,他又在氩气保护下用更加易于保存的镁代替钙还原四氯化钛来制备纯钛,这种方法一直沿用至今,被称为"克罗尔法"。

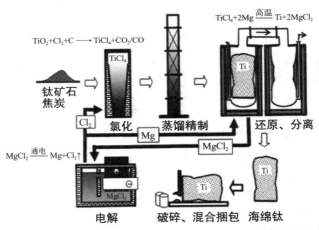

成熟的克罗尔法工艺流程图

千万不要以为克罗尔法生产出来的就是闪闪发亮的钛金属了,事实上,从反应釜里出来的是一种多孔的、看起来像海绵的灰色物质,被称为"海绵钛"。还必须把它们放在电炉中熔化成液体,才能铸成钛锭。

钛是一种银白色的金属,密度是

海绵钛

4.5 g/cm³，它的密度虽然比铝大一点，却比铜、铁小很多；它的强度虽然不如钢，但如果考虑到它的密度，钛的比强度位于金属之首，远远超过优质钢铁；它的熔点高达 1 668 ℃，比铁、铜都要高，镁、铝就更不用提了。常温下，钛与氧气化合生成一层致密的氧化薄膜，不管是硫酸、盐酸、硝酸还是烧碱，只要是稀溶液，都不能伤它分毫，甚至王水也奈何不了它，这说明钛具有极强的耐腐蚀性。有好事者做过实验，将一块纯钛沉入海底，五年后发现上面附着了很多海藻和浮游生物，把表面擦拭干净以后，钛仍然是银光闪闪，一点儿都没有被腐蚀。

钛的这些特性立刻被美苏两大军事集团盯上。20 世纪 50 年代，苏联尝试用钛来建造潜艇，在阿尔法级和麦克级潜艇里都能看到钛的身影，这正是看重了钛不仅不会被腐蚀，而且还没有磁性，不会受到磁性水雷的攻击的特性。

苏联阿尔法级潜艇，用钛合金制造。

苏联和现在的俄罗斯都很重视钛工业。据 2006 年的统计，俄罗斯的 VSMPO-AVISMA 公司是世界上最大的钛金属制造商，全世界 30% 的钛金属都是他们生产的。

而美国则在二战后立刻使用钛来建造飞机，比较著名的机型有 F100、Lockheed A-12 和 SR-71 等。美国一直将钛金属作为国家战略物资储备品，直到苏联解体以后，正逢钛已经大规模商业化，美国才开始减少自己的钛金属储备。即便这样，一直到 2000 年，冷战时期的钛金属储备都没用完。

美国 SR-71 战机，别称"黑鸟"。

紧随军用，民用飞机也迅速用上了 21 世纪的金属元素。据统计，每年三分之二的钛都被用于民用飞机，仅仅波音 777 这一种机型每架就要用掉 59 吨钛，每架空客 380 更要用掉 77 吨钛。

钛更被人类带入太空，在探索木星的 Juno 号探测器上就使用了钛。相信在未来的太空时代，钛这种太空元素将会发挥更大的作用。

◀ 波音 777

▶ Juno 号探测器，2016 年进入木星轨道。

小测试

1. 钛的发现者是
   A. 格雷戈尔　　B. 克拉普罗特　　C. 克罗尔　　D. 亨特
2. 钛被称为
   A. 航空元素　　B. 航天元素　　C. 太空元素　　D. 稀土元素

2. 太空元素在我们身边

　　上一节我们领略了太空元素钛在高精尖领域的应用。其实，它早已来到我们身边，让我们看看它的身影都在哪里出现。

　　钛合金具有特有的银灰色调，不论是高抛光、丝光、亚光都有很好的光泽，因而被珠宝商用来制造戒指、项链等。在一些西方国家，钛金已经和黄金、铂金并列，也许你可以考虑送给爱人一颗钛金戒指，更加别致。

钛金戒指

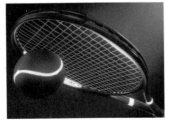

钛的比强度很高，是做运动器械的最好材料。钛合金的网球拍非常高档，高尔夫球杆也不例外。

【参考答案】1. A　2. C

若肢体出了问题，也可以请钛来修补。钛及钛合金的密度与人体骨骼接近，与体内各种有机物不起化学反应，且亲和力强，易为人体所容纳，对任何消毒方式都能适用，是一种理想的医用材料。钛不易腐蚀的优点还让它成了建筑、雕像里的亮点。青铜雕像很容易发绿，钢铁也容易被腐蚀，钛合金的雕塑却可以一直保持原来的面貌。

治疗前　　　　治疗后

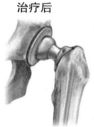

◀用钛合金来修复骨骼。

▶第一个太空人加加林的雕像，高 40 m，用钛铸造而成。

▲用钛合金作为结构的建筑，很难被腐蚀。

▲钛用作 3D 打印材料。随着 3D 打印技术的发展，轻而强、耐腐蚀的钛能成为理想材料吗？

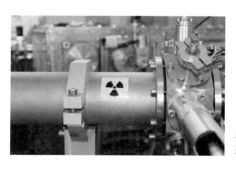

◀核电虽相对清洁，却也有风险，尤其是核废料，只能存放起来用时间来处理它们。其包覆材料用钛是最好的了，因为钛实在不易被腐蚀。

　　钛的化合物用途就更广了。钛的氧化物二氧化钛，俗称"钛白粉"，是世界上"最白"的物质，1 g 钛白粉可以把 450 cm^2 的面积涂得雪白。每年世界上有几十万吨二氧化钛被用作白色颜料。

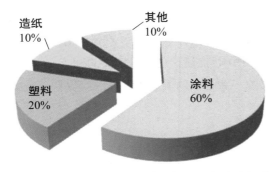

造纸
10%

其他
10%

塑料
20%

涂料
60%

钛白粉的应用领域。钛白粉——比碳酸钙更高档的填料，涂料、纸张、塑料里都有。

四氯化钛的"怪脾气"

还可以将钛白粉当作像碳酸钙一样的填料，掺入塑料、纸张、牙膏、化妆品里面。能用碳酸钙的地方，它几乎都能用。跟碳酸钙不同的是它更白，更耐高温，更适合海洋环境。但更让人惊讶的是，钛白粉的折光率竟然比钻石还高，这就让它更耐日晒，因此将它掺在防晒霜里面，防晒效果倍增。

钛的氯化物四氯化钛是一种具有刺激性臭味的无色液体，在潮湿空气中因挥发、水解而冒白烟。在军事上，人们利用四氯化钛的这股"怪脾气"制造人造烟雾剂。尤其是在海洋上，水汽多，四氯化钛生成的浓烟就像一道白色的长城，能够挡住敌人的视线。四氯化钛还用于生产齐格勒－纳塔催化剂，这是一种重要的催化剂，可以使烯烃转化为聚烯烃，每年那么多聚乙烯塑料都是这么制造出来的。

21 世纪已经掀开新篇章，希望化学工作者们继续发挥他们的智慧，让 21 世纪的金属元素发挥更大的作用。

1.（多选）钛出现在
   A. 钛金戒指　　B. 骨骼修复　　C. 建筑雕塑　　D. 运动器材
2.（多选）钛白粉出现在
   A. 纸张　　　　B. 化妆品　　　C. 牙膏　　　　D. 涂料

【参考答案】1. ABCD　2. ABCD

钒铬

钒：长久地活在多彩化合物的背后，直到你用黑色的眼眸，看到我"钢"的本真。

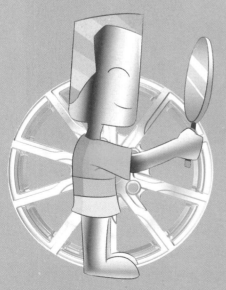

铬：可以比钒更多彩，可以创造"不锈钢"的神奇，我是最闪亮的魔法师！

第二十三章 钒（V）

钒（V）：位于元素周期表第 23 位，是一种熔点很高的银灰色金属。以女神凡娜迪丝命名，也称"女神元素"。钒在地球上的含量很丰富，在 65 种矿物中都能找得到，最常见的如绿硫钒矿、钒铅矿、钒钾铀矿等。由于钒元素有四种常见的正化合价（+2、+3、+4、+5），因而它的溶液具有多种颜色。钒元素的不同价态之间容易相互转化，利用这一特性制造钒电池是一条新型、环保的发展路径。

1801 年，墨西哥矿物学家德·里奥正在研究当地的一种"棕铅矿"（现在叫钒铅矿），他从这种矿石里提取出来各种不同颜色的盐，这些颜色都是他之前没有见过的，而在酸溶液中加热后，这些盐都变成了红色，他认为这其中有一种新元素。但在当时，墨西哥仍是科学的蛮荒之地，他的发现被传递到法国科学家迪科蒂斯手里，骄傲的法国人宣称这不过是一种不纯的铬盐，德·里奥接受了迪科蒂斯的建议，撤回了自己发现新元素的报告。

钒的发现者——不自信的德·里奥

到了 1830 年，瑞典化学家塞夫斯特瑞姆在研究当地的铁矿石的时候，重新发现了这种新元素。由于这种新元素的化合物是五颜六色的，所以他用北欧神话里的一位美丽女神凡娜迪丝的名字来命名它为"Vanadium"，翻译成中文就是"钒"。同年，维勒发现，塞夫斯特瑞姆发现的钒就是之前德·里奥发现的新元素。有人提出，应该由德·里奥来命名新元素，不过没有被采纳。但德·里奥依旧被公认为钒的发现者，而钒仍然采用塞夫斯特瑞姆建议的命名。

和其他过渡元素一样，单质钒也很难被分离出来。在发现钒元素后，塞夫斯特瑞姆、维勒、贝采里乌斯等对钒盐开展了大量的研究工作，但他们的工作只限于钒的化合物的化学特性研究，始终没有分离出单质钒，直到1867年，英国化学家罗斯科用氢气还原氯化钒才第一次制得了单质钒。

北欧神话里的女神凡娜迪丝，其实她另一个名字更加广为人知——弗蕾娅，是美貌和生育之神。

钒是一种中等硬度、可延展的银灰色金属，但跟铁熔合在一起变成合金之后，就非常坚硬，被称作钒钢。这种钒钢特别适用于做一些金属工具，例如扳手等。

由于钒铁矿分布很广泛，直接冶炼不用分离就可以得到钒钢。每年世界上生产出的钒有85%用于生产钒钢。

▲钒钢做的扳手

▶福特 T 型车，底盘用了钒钢，在减轻自重的情况下，还增加了强度。

钒在地球上的含量其实并不少，排在金属元素的第12位。在已发现的65种矿物中都能找得到钒，最常见的如绿硫钒矿（VS_4）、钒铅矿［$Pb_5(VO_4)_3Cl$］、钒钾铀矿［$K_2(UO_2)_2(VO_4)_2 \cdot 3H_2O$］等，这些五颜六色的矿物经常和铝土矿、磁铁矿伴生。甚至在石油里，也发现有含钒的矿物。据报道，有一次竟然在石油中发现有少量的钒元素。这些

鲜艳的钒铅矿，不要当成红宝石哦。

在石油中的钒元素对人类的生产是有害的，当燃烧这些石油之后，痕量的钒附着到其他金属表面，我们知道钒相对于铁、铝等常用金属更不易被腐蚀，由于电化学效应，会加速这些常用金属的腐蚀。据统计，每年有 11 万吨的钒元素被排放到大气里，人们还没有太好的办法去处理。

前面我们提到钒的化合物是五颜六色的，这是因为钒元素常见的化合价有四种，分别为 +2、+3、+4、+5 价，而且较易发生不同价态之间的相互转化。在水溶液中，各种价态的钒离子具有不同的颜色：$[V(H_2O)_6]^{2+}$、$[V(H_2O)_6]^{3+}$、$[VO(H_2O)_5]^{2+}$、VO_2^+，分别是淡紫色、绿色、蓝色和浅黄色。果然是女神元素，多姿多彩。

钒的四种价态的离子在水溶液中表现出四种不同的颜色。

钒易于在各种价态之间相互转化的特性让它成为很多重要化学反应的催化剂，例如接触法制硫酸，催化剂就是五氧化二钒。类似地，五氧化二钒还出现在马来酸酐、邻苯二甲酸酐的生产中。

钒元素在各种价态之间相互转化，其实质是电子的转移。好吧，既然钒这么容易发生电子转移，那当然是电池的好材料。没错，钒电池是一种优秀的绿色环保蓄电池，目前发展势头强劲。它的生产成本与铅酸电池相近，但电解液可循环使用，使用过程中不产生有害物质。工程师们已经

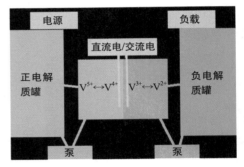

钒电池的原理

开始考虑将钒元素引入锂电池，阳极用氧化钒锂，阴极用钴酸锂，或者阴极用磷酸钒，这又是一种新型的思路。让我们期待他们的成功，让女神元素为我们的未来服务！

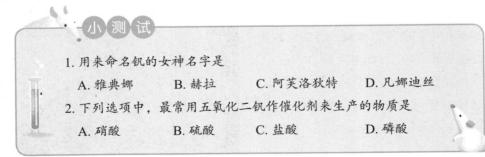

小 测 试

1. 用来命名钒的女神名字是

　　A. 雅典娜　　　　B. 赫拉　　　　C. 阿芙洛狄特　　　D. 凡娜迪丝

2. 下列选项中，最常用五氧化二钒作催化剂来生产的物质是

　　A. 硝酸　　　　　B. 硫酸　　　　C. 盐酸　　　　　　D. 磷酸

【参考答案】1. D　2. B

第二十四章　铬（Cr）

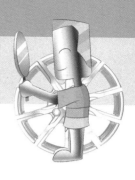

铬（Cr）：位于元素周期表第 24 位，具有银白色金属光泽，延展性好。在化合物中，铬元素几乎可以展现出从 +1 到 +6 所有的价态，各种价态颜色不同，同种价态也可以显现不同的颜色，因而得名"色彩元素"。+3 价是其中最常见的，它主要是绿色或紫色的（又细分为很多种绿色和紫色）。

1. 色彩元素——铬

1766 年，普鲁士地质学家莱曼接受沙俄的邀请，来到了圣彼得堡，担任帝国学院的化学教授和博物院院长。他来到乌拉尔的一座矿山考察，在这里发现了一种鲜红色的矿物，他检测出其中含有铅元素，所以将其称为"红铅矿"（现在我们叫它赤铅矿或者铬铅矿）。

莱曼的发现立刻传播到了西欧，人们发现这种红色的矿物经过简单处理，就可以加在油漆里作颜料，表现出明亮的黄色，这种方法现在还在用，它就是大名鼎鼎的"铬黄"。

德国地质学家莱曼

1797 年，拉瓦锡的好朋友沃克林先用碳酸钾分解这种矿石，分离出铅后，再将其与盐酸反应，得到了一种暗红色晶体（三氧化铬），随后将暗红色晶体跟木炭一起共热，得到了一种金属，这种金属比铜、铁等当时了解的金属都要亮很多，沃克林就这样成了这种新元素的发现者。

后来沃克林又在红宝石和绿宝石里发现了这种元素，并证明正是这种元素的存在，才让这些宝石拥有了鲜艳的色彩。他又仔细研究了这种元素的各种化合物，发现它们确实是多姿多彩的，因此他用古希腊语中的"颜色"来命名它为"Chromium"，翻译成中文就是"铬"。

上一章我们介绍过五颜六色的女神元素钒，但在铬这种真正的色彩元素面前，钒不禁黯然失色。在化合物中，铬元素几乎可以展现出从 +1 到 +6 所有的价态，+3 价是最常见的，将铬金属溶于硫酸或者盐酸，就得到了 +3 价的铬盐，Cr（Ⅲ）化合物大都是绿色或紫色的。

硫酸铬，灰绿色，带一些紫色。

无水氯化铬，鲜艳的紫色。

六水合氯化铬，深绿色。

◀三氧化二铬，浅绿色，又被称为"铬绿"，经常用作颜料。自然界中能找到这种成分的矿物：绿铬矿。

▶硫酸铬钾，又称"铬明矾"，深紫色。

+6 价铬的化合物也很常见，通常是红色的，莱曼发现的"红铅矿"就是 +6 价的铬酸铅。

鲜红色的铬铅矿

三氧化铬，暗红色。

氧氯化铬，也称『铬酰氯』。

在水溶液中，重铬酸根离子与铬酸根离子之间存在化学平衡：$Cr_2O_7^{2-}$（橙红色）$+H_2O \rightleftharpoons 2CrO_4^{2-}$（黄色）$+2H^+$。在碱性溶液中主要以 CrO_4^{2-} 形式存在，在酸性溶液中主要以 CrO_7^{2-} 形式存在。重铬酸钾等重铬酸盐是应用广泛的强氧化剂，重铬酸根离子很容易接受电子，+6 价铬一般被还原成 +3 价铬。

值得玩味的是，+6 价铬的化合物还能继续被双氧水"氧化"，比如三氧化铬会被"氧化"成过氧化铬（五氧化铬），这时候，铬元素又变成了深蓝色。+3 价铬还可以被还原成 +2 价铬，比如用氢气、氢化铝锂，甚至用锌粉还原氯化铬，得到亮蓝色的二氯化铬。铬还能表现出 +4 价，例如四氟化铬。但 +5 价铬不常见，我们知道的有四过铬酸钾。

▲橙红色的重铬酸钾

▲深蓝色的过氧化铬水溶液

▲棕色的四过铬酸钾

▲醋酸亚铬，红色晶体。

▲校车一般被涂饰成鲜艳的黄色，比较醒目，用的就是掺了铬黄的涂料。

在一些有机物中，铬甚至能表现出 +1 价，在这种化合物中，存在着非常奇特的"铬铬五键"，在成键的可能性方面，铬真是比碳还神奇！

更神奇的是，还有 0 价的铬！

你也许要说，这不就是铬金属吗？如果只是铬金属的话，怎么能谈得上神奇？在一些有机物中，铬确实是 0 价的，不信你看！

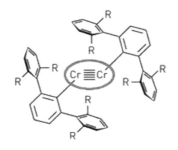
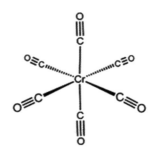

有机铬化合物中的铬铬五键，
已经被 X 射线衍射证实。

六羰基铬，是不是 0 价？

看了这么多，你是否被铬的千姿百态折服？英雄所见一般略同，谷歌公司在命名他们的浏览器的时候也是跟铬用了同样的词根"Chrome"，意为用谷歌浏览器感受网络的多姿多彩。

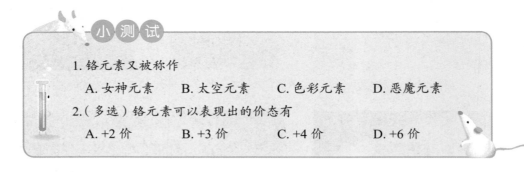

小 测 试

1. 铬元素又被称作

　　A. 女神元素　　　B. 太空元素　　　C. 色彩元素　　　D. 恶魔元素

2.（多选）铬元素可以表现出的价态有

　　A. +2 价　　　　B. +3 价　　　　C. +4 价　　　　D. +6 价

🧪 2. 铬——闪亮！坚硬！耐用！

20 世纪初正是第一次世界大战前夕，欧洲列强们嗅到了战火的硝烟味，各自埋头备战，大批军事人才都在实验室里研究新技术、新材料。

1908 年，英国谢菲尔德的两大钢铁生产商布朗公司和菲斯公司联合成立了一家实验室——布朗菲斯实验室，他们聘请布雷尔利开发新型钢铁合金，以应付庞大的军火需求。1912 年，布雷尔利接到一个棘手的任务。在战场上，士兵们最头疼的问题是枪管、炮管总是容易磨损，使用一段时间就要运回后方整修。他在实验室里让小伙子们按照各种比例将不同元素掺入钢铁里熔炼，然后测试它们的耐磨损性能，

【参考答案】1. C　2. ABCD

好的留作开发，坏的堆放在角落里，时间一长，废弃样品在房间里已经放不下了，就只好堆放在户外。

几个月后，已经进入1913年，耐磨项目还未完成，布雷尔利正在实验室里焦头烂额地布置实验任务，一个小伙子从门外冲进来，拿着一块光亮的样品叫了起来："快看！快看！"

"有什么好看的？"布雷尔利没好气地说，"从垃圾堆里翻出金子了？"

"你看！这块样品在外面放了几个月，即使日晒雨淋，却仍然如此光亮！"

布雷尔利不禁睁大了眼睛，这真是意外收获！要知道，钢铁很容易被腐蚀，几个月的日晒雨淋后还不生锈，在当时是不可想象的。对于当时的冶金学家们来说，耐磨只是一个眼下的应用性难题，而解决腐蚀则是一个革命性的课题！

布雷尔利翻出实验记录本，根据编号记录找到了这个样品的成分，这是一种含铬12.8%和含碳0.24%的合金。他带领团队继续研究，轮流用酸、碱、盐等"酷刑"去考验这种新的合金，但这块合金任它风吹雨打，我自岿然不动。

布朗菲斯实验室遗址，布雷尔利和他的发现声明。

几天以后，实验员们终于被它折服了，准备用他们常用的溶液——硝酸的乙醇溶液——给它蚀刻上标识，这时才发现蚀刻根本不起作用，大家不禁相视而笑，他们面对的真是价值千金的大发明！

布雷尔利很快找到了商机，他的老同学斯图亚特正在当时英国最有名的莫斯利刀具公司任总经理，布雷尔利请求他帮忙看看自己的新发明能不能用来做刀具。几个星期以后，斯图亚特就传来了好消息，他们已经成功地解决了刀具的硬化工艺，新发明的商业化应用到来了。科学家布雷尔利给他的新发明起名"rustless steel"（不生锈的钢），商人斯图亚特对此很不满意："搞科研的'土包子'，真是不懂市场营销啊！"于是他拍板将这种产品改名为"stainless steel"（不被玷污的钢），

传说这是布雷尔利用不锈钢做成的第一件小刀，现在陈列在博物馆。

这一称呼一直沿用至今。但中文的翻译还是很接地气——不锈钢，让人一看就懂。

不锈钢之所以能如此耐腐蚀，是因为当它暴露在空气中的时候，它表面的铬就形成了一层致密的三氧化二铬，这层氧化膜是如此之薄，所以不会影响金属表面的光滑度和光泽。这层氧化膜很难被介质击穿，从而有效地保护金属基体不被腐蚀，当表层被刮伤后，新的氧化膜又迅速生成。铝合金虽比钢轻，也耐腐蚀，但表层的氧化膜却是灰色的，不如不锈钢光亮。另一方面，铝较软，而铬是硬度最大的金属，摩氏硬度高达 9，所以不易磨损。虽然不锈钢成本较高，却仍然用途广泛。

不锈钢最早用于餐具。由于铝离子会导致老年痴呆，所以光亮大气的不锈钢显然是餐具的较好选择，唯一的缺点是比较重。

厨房里的水槽也用结实耐用、耐热、易清洗的不锈钢制作。

在建筑业，不锈钢较重的弱点限制了它的应用，但如果在不计较重量的情况下，不锈钢还是很经济实用的。

◀美国纽约克莱斯勒大厦顶上的装饰，就是用不锈钢材料做的。

▲美国圣路易斯的拱门，高 192 m，世界上最高的拱形建筑，用不锈钢材料做的。

▲用不锈钢材料 3D 打印制成的小魔鬼。

不锈钢的潜力还远未被发掘出来呢！现在它已经成为 3D 打印的候选材料之一，只是需要高温熔铸。

镀"克罗米"的手表

不锈钢只是铬元素魅力的一方面，由于铬特别光亮，又是硬度最大的金属，因此将它镀在其他材料表面，形成一层光亮无比而又坚固耐磨的表面，既美观又实用。我们的手表看起来如此光亮，就是因为镀了一层铬，再比如自行车、汽车的轮毂表面也都镀了铬。工人们会经常说他们在镀"克罗米"，其实就是铬的英文"Chromium"的音译。

镀"克罗米"的摩托车轮毂

1994 年，在秦始皇陵兵马俑二号坑内发现了一批青铜剑，它们在黄土下沉睡了 2 200 多年，出土时依然光亮如新，锋利无比。科研人员检测后发现，这是因为剑的表面有一层 10 μm 厚的铬盐化合物。

这一发现被报道之后，立刻有专家学者指出，这正是西方 20 世纪才发明的"铬盐氧化"表面处理技术。其实，这一层氧化膜确实是 10 μm，但其中只含有 2% 的铬，以氧化铬的形式存在，跟现代的镀铬技术无关。已经有专家通过数据指出，这些铬元素分布毫无规律，可能是使用、埋藏过程中偶然渗入的。

秦剑的青铜造诣登峰造极，这一点到"铜"的篇章我们再细说，但是跟铬元素没有太大关系。我们没有必要为了民族自豪感而不问科学事实。

小 测 试

1.（多选）根据本节叙述，最早的不锈钢里含有的三种元素是

　　A.铁　　　　　　B.铬　　　　　　C.碳　　　　　　D.镍

2.下面不是铬金属特点的是

　　A.闪亮　　　　　B.易锈　　　　　C.耐用　　　　　D.坚硬

【参考答案】1. ABC　2. B

第二十五 二十六章

锰铁

元 素 特 写

锰：近在身边的元素，电池与消毒药水都离不开它。但毒性如名字般不可小觑，与之长时间接触的人们请小心哦。

元 素 特 写

铁：划时代的元素，开创了铁器时代，并拥有变身为磁铁的"神奇魔法"。即使被氧化生锈，也仍想为你的生活增添一抹红色。

第二十五章　锰（Mn）

锰（Mn）：位于元素周期表第 25 位，粉末状的锰是灰色的，潮湿时易氧化。单质锰属于较活泼金属，加热时能和氧气化合，易溶于稀酸生成二价锰盐，常用铝热法进行制备。生活中比较常用的锰化合物是高锰酸钾，一种强氧化剂，其稀溶液可用来消毒杀菌。在海底存在大量的"锰结核"，但目前的技术条件还很难开采。

1. 锰结核：海底宝藏还是冷战诡计

今天我们的故事要从一位美国富豪——霍华德·休斯讲起。年轻时他混迹好莱坞，掌控 100 多家电影院，拍摄了很多知名影片；他投资房地产，赚了一大笔；他又对飞行器感兴趣，成立了休斯飞行器公司，不仅研究开发新式飞机，自己也亲自试飞，是自己公司的王牌飞行员。二战以后，分子生物学方兴未艾，他成立了一家医药研究所，专注于研究细胞生物学。

这是休斯大富翁年轻的时候，背后是他的爱机。

1974 年，早已隐退多年的休斯大亨东山再起，他订造了一艘特殊的勘探打捞船，来到夏威夷西北部的海床，从海底打捞一种叫"锰结核"的矿物。

"锰结核"？这究竟是何方神圣？

原来，在大海的底部，存在着各种古生海洋动物的化石，比如放射虫、有孔虫等，它们和玄武岩、磷化的动物骨骼聚集在一起，形成了良好的晶核，海里的一些金属盐类就在这里沉积、结晶。从外观上看，就好像一个又一个黑色或深褐色的马铃薯。由于其中含锰和铁最多，而铁元素在陆地上很常见，因此称它们为"锰结核"。

1981年，英国地质博物馆统计数据表明全球海底总共有约5 000亿吨的锰结核，这一数据一直在更新，以每年1 000万吨的速度不断增加。最吸引人的是这种黑乎乎的物质不仅在深海里有，在浅海里也有，甚至存在于一些湖泊里。

根据目前已勘探的结果，夏威夷西北部海域的锰结核蕴藏量最多，据国际海底管理局估计，该区域的锰结核中，含有59.5亿吨锰、2.7亿吨镍、2.3亿吨铜和4 600万吨钴。这简直是一个超级宝库。

1974年，休斯大富翁的那艘号称开采锰结核的勘探打捞船。

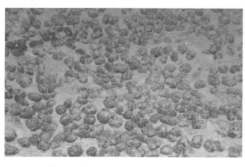

我国"蛟龙号"拍摄的锰结核

正因为锰结核这一概念举世瞩目，所以当休斯花费巨资，带领他的勘探打捞船来到夏威夷附近海域的时候，没有任何人怀疑他们的举动。在休斯的行动之后，加拿大和英国还效仿他们，准备去打捞这些海底宝藏。德国、意大利、比利时、荷兰、日本的科研机构以及法国、日本的两家公司还聚在一起成立了一家联合组织，专门研究如何开采和加工锰结核。苏联、印度和中国也对这些黑乎乎的"马铃薯"很感兴趣，都有科研机构将眼球聚焦到了海底。

2011年7月30日，我国"蛟龙号"载人潜水器第四次"入水"，在这次下潜试验中，它完成了锰结核的采样，我国5 000 m深的大洋海底的锰结核画面首度曝光。

采集锰结核的样品和利用锰结核资源还是两回事。要知道，虽然锰结核总体蕴藏量很大，分布却极为广泛。根据目前的技术，还只能依赖于打捞。学习过普通物理的同学们可以计算一下，要将一吨锰结核从6 000 m深的海底打捞到海面，需要多少能量，按照15%的机械效率，我们需要准备多少石油，这种投入产出比值不值得我们去做这件事。

其实，很早以前，美国犹他肯尼科特铜业公司就做过锰结核开发的可能性分析，结论是：锰结核是大忽悠！根本不值得干这件事。他们出具的报告里还提到，除了要考虑能耗成本，还需要考虑对环境的影响。

一种开采锰结核的设想图

事实上，20 世纪 80 年代以后，海底勘探技术得到了进一步提升，我们有了更先进的水下运载工具，有了超高密度聚乙烯做的绳索。但就目前技术而言，20 年内，要开采锰结核达到经济上的收益也完全不现实。

那么问题来了，难道大富豪休斯是人类开发海底的"活雷锋"吗？其实，事情远没有那么简单。

20 多年后，一段视频被披露出来，原来整个事件完全是一个骗局。那段时期正值美苏冷战，表面上没有大规模的战争，间谍活动和战略威慑却一直惊心动魄。1968 年，苏联一艘弹道导弹潜艇 K-129 在夏威夷附近海域失事。1974 年，休斯被美国中央情报局（CIA）雇用，勘探打捞船的真实目的是要打捞这艘沉没的潜艇，这在美国情报系统内部被称为"亚速尔人计划"。这是冷战期间最复杂、最神秘、最昂贵的计划，没有之一，它的总耗费达到了 8 亿美元。所以，打捞锰结核完全是一种掩饰。

最终，休斯大富翁的打捞船只得到了一些鱼雷和 6 具苏联士兵的尸体，并没有得到他们想要的战利品，潜艇艇身在打捞的过程中折断，其内部的结构无从得知，CIA 一心向往的苏联密码本早已葬身大海，8 亿美金的闹剧就这样沉没在大海的波涛中。

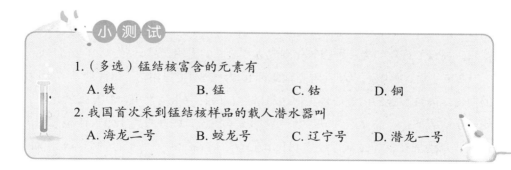

小 测 试

1.（多选）锰结核富含的元素有

    A. 铁　　　　　B. 锰　　　　　C. 钴　　　　　D. 铜

2. 我国首次采到锰结核样品的载人潜水器叫

    A. 海龙二号　　B. 蛟龙号　　　C. 辽宁号　　　D. 潜龙一号

【参考答案】1. ABCD　2. B

🔺 2. 野外生存必备良药

看了上一节的读者会问，既然海里的锰那么难提取，我们用的锰都来自陆地吗？确实，锰可能是最早一批被人类利用的金属，这实在没有什么奇怪的，因为锰在地壳里的元素丰度排名第 12 位。

人类利用含锰的物质可以追溯到石器时代。当人类还是穴居人的时候，他们就找到了一种黑色松软的矿物，用它在洞壁上作画。这种黑色的矿物就是我们现在的软锰矿

三万年前，法国穴居人留下的岩画

（二氧化锰），分布非常广泛，是陆地上锰元素最主要的存在形式。

希腊的马格尼西亚（Magnesia）是一个神奇的地方，这里除了产出很多的苦土（氧化镁）矿物以外，还产出两种黑色矿物。古希腊人还将这两种矿物划分了性别：男性的有磁性，可以吸引铁质物品；女性的没有磁性，但是添加到玻璃里，可以使绿色的玻璃变得透明。现在我们知道，男性黑矿就是磁铁矿（四氧化三铁），女性矿物就是软锰矿（二氧化锰）。所以到现在，英语里磁铁矿还叫作"magnetite"，磁铁"magnet"也是从这里来的，而软锰矿曾经还被称为马格尼西亚，一个相当女性化的名字。

软锰矿如此易得，因而成了炼金术士们的青睐之物。1659 年，一位炼金术士格劳贝尔将软锰矿和碳酸钾（当时叫草木灰）溶液混合，得到了绿色的溶液（锰酸钾），放置一段时间以后，绿色溶液缓慢变成鲜艳的粉色了，这就是高锰酸钾的诞生过程。很快，高锰酸钾就作为一种强氧化剂成为实验室的常用药品。

200 年后，英国人康迪发现高锰酸钾有很好的消毒作用，于是注册了"康迪液"的商标。高锰酸钾的消毒原理类似次氯酸盐，易释放出活性氧，具有强氧化性。但相较于次氯酸盐，高锰酸钾放出活性氧的速率稍慢，因此可用于与人体相关的消毒杀菌。直到现在，高锰酸钾还出现在我们身边的各种消毒剂中，例如口腔消毒剂、妇女洗液、食物中毒的洗胃液等。

高锰酸钾是一种普遍使用的氧化剂。我们中学都学过用高锰酸钾不仅可以制氧

气，还可以氧化浓盐酸来制取氯气。高锰酸钾遇到很多种有机物，都会发挥它强氧化性的特性，同时伴随大量热量的放出，从而使一些易燃物燃烧。例如，户外探险时人们可以随身携带一些高锰酸钾，需要生火的时候就将一些白糖和它混合，夹在干木片中，摩擦三十秒就可以生火。

户外探险必备良药——高锰酸钾

在户外，如果携带的饮用水喝光了，可以在野外取水，加入少许高锰酸钾消毒，放置半小时后就可以饮用了。如果去雪山或者南北极挑战极限，在迷路的时候，可以向雪地撒上高锰酸钾，它那明亮的紫红色会让救援人员更容易找到迷途的旅行者。

我们还能想到，舍勒就是用软锰矿氧化浓盐酸得到了氯气，在基于电解的氯碱工业发展起来之前，这一直是最常用的制取氯气的方法。

舍勒当时已经很敏锐地意识到，软锰矿中含有一种金属元素，但是他有更重要的工作——火焰空气——要做，所以未能百尺竿头更进一步。当时，瑞典化学界最权威的化学家一位是舍勒，另一位是伯格曼，舍勒将这个想法告诉了伯格曼，但伯格曼也没有时间去做，而是将这个课题丢给了他的助手加恩。加恩用碳粉在高温下还原软锰矿，得到了不纯的锰金属，这个在化学史上默默无闻的人成了"锰"的发现者。

在那个年代，软锰矿的美丽名字早已经从马格尼西亚演变成德文中阳刚之气十足的"mangan"。若干年后，镁被戴维发现了，人们为了防止与镁（Magnesium）混淆，就将锰命名为"Manganese"，翻译成中文就是"锰"。

早在古希腊时代，斯巴达的铁匠们就发现将软锰矿和磁铁矿混合，炼出的铁特别坚硬，非常适合做兵器。锰元素被发现之后，人们发现在炼钢过程中加入少许锰，所制得的低锰钢简直脆得像玻璃一样，一敲就碎。但如果加入的锰比较多，至少达到8%，制成的高锰钢既有韧性又很坚硬。日本武士刀就是用这种高锰钢做出来的，坚实耐用。

1882年，英国人哈特菲尔德制成了一种含锰量12%的高锰钢，它被用于做英军的钢盔，后来被美军学习过去。直到现在，这种高锰钢还被称为"哈特菲尔德钢"。每年有80%~90%的锰被提炼出来，做成各种各样的高锰钢。前面我们提到不锈钢中是掺入了铬元素和镍元素，现在也有用锰取代镍的，这种200系列的不锈钢耐腐蚀性能较差，是廉价的替代品，消费者在购买时需要注意。

进入电气时代，二氧化锰也找到了很好的用途：填充在锌锰干电池中，作为阴极的去极化剂。随着锌锰干电池逐渐被镍－镉电池和锂电池取代，二氧化锰在电池里也用得越来越少了。

锰和铬是跟铁关系最紧密的元素，锰钢和不锈钢是最常见的合金钢，所以经常会把这三种元素——铁、铬、锰合称为"黑色金属"，而把其他金属元素另称为"有色金属"。当然，黑色金属都不是黑色的，有色金属除了金、铜、铯等有限的几种元素不是银白色的，其他都是银白色的。这里的"黑色"和"有色"只是工业上的习惯称谓。

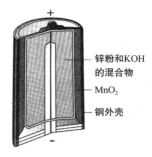

锌粉和KOH的混合物

MnO$_2$

钢外壳

碱性锌锰电池

随着生物学的发展，人们发现锰是一种人体必需微量元素，正常成年人每天的需求量是 2~5 mg。锰在人体内主要存在于一些酶中，比如精氨酸酶、超氧化物歧化酶（SOD）等。缺乏锰的人会发育不良，新陈代谢紊乱。但如果一个成年人每天摄入超过 11 mg 的锰，则有可能发生锰中毒，过多的锰会造成神经系统紊乱，多巴胺神经元死亡，临床症状和帕金森综合征几乎完全一样。1837 年，科学家发现开采锰矿的工人得帕金森综合征的概率要比正常人大很多。

电解出的粗锰和一块纯锰晶体。

精氨酸酶结构，黄色的是锰原子。

小测试

1. 下列金属中不属于黑色金属的是

　　A. 铁　　　　　B. 钴　　　　　C. 铬　　　　　D. 锰

2. 如果去户外探险，看了本文，我们应该准备

　　A. 锰结核　　　B. 二氧化锰　　C. 高锰酸钾　　D. 金属锰

【参考答案】1. B　2. C

第二十六章　铁（Fe）

铁（Fe）：具有磁性的第 26 号元素，生活中极为常用的金属之一，活泼性较强，在地壳中只以化合物的形式存在。钢铁在潮湿空气中很容易发生电化学腐蚀而生锈。铁元素属于人体必需微量元素之一，主要参与血红蛋白的形成。

1. 铁——恒星熔炉的终点

我们的故事似乎回到地球上太久，在氧、氖之后，就几乎没怎么提到元素如何在太空中形成，现在我们将目光重新投向深不可测的太空。

其实，之所以这么多章节没提，无外乎是因为在恒星内部还是继续那样的核聚变反应，原子核结合氢核或者氦核，变成更大的核。需要注意的是，在宇宙尺度下，奇数原子序数的元素丰度比偶数的要小，对此的解释是，偶数原子序数的原子核中质子的自旋是成双成对的，稳定性较高，因此元素丰度较大。

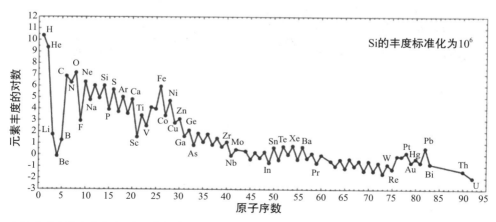

太阳系元素的丰度曲线,除了奇偶性差异,还能看出,铁之前的元素丰度很明显地大于"超铁元素"。

各种各样的恒星内部就好比元素的熔炉，无时无刻不在发生着千奇百怪的核反应，所不同的是它们的速度和终点。

那些比太阳质量的一半还小的恒星的终点是氦，内部无法聚合形成原子质量数更大的元素了。最终，它们在寂寥的宇宙中留下一个以氦为主的核，慢慢冷却挥发掉。而它们的核反应速度极慢，有些小恒星甚至比宇宙的年龄还长，这是恒星界的"亿年龟"。

距离太阳系最近的恒星——比邻星，就是这样一颗"亿年龟"，只有 0.13 个太阳质量，寿命超级长。

跟太阳质量差不多的恒星，终点极可能是碳和氧。太阳老年的时候，它的外层对外膨胀，变成一颗红巨星，我们的地球也会被它吞噬掉。最终，它会将外层气体喷射出去，生成行星状星云，中间剩下一颗由碳和氧组成的白矮星，前面我们提过的"钻石星球"就是这样来的。钻石只不过是噱头，这种白矮星中的物质形态和我们常见的气、液、固态都不一样，由于压力太大，原子和原子之间被挤压得密不透风，电子云都被挤压变形，原子核与原子核靠在一起，密度非常大，我们把这种物质形态称为"超固态"。

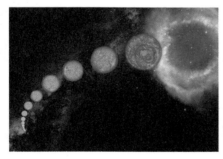

太阳的成长史，太阳最终会形成行星状星云，留下一颗白矮星。届时我们可以去开采"钻石"，只不过是超固态的。

天狼星的伴星就是一颗白矮星，不是中间亮的那一大块儿，而是箭头所指的小亮点。

而当一颗恒星的质量达到太阳的 7~10 倍，它就可以位列恒星世界里的"高富帅"了，它可以继续核聚变，先是"碳燃烧"，将氖和镁"烤出炉"，外围膨胀得更大，成为一颗"超巨星"！而内部形成一个由氧、氖、镁（少量硅）组成的内核，当这个内核质量超过 1.44 个太阳质量（钱德拉塞卡极限）的时候，"超固态"的压力也"爆表"了，电子再也无路可逃，被压入了原子核，跟质子结合生成中子。

这时候，内核的物质变得更加奇怪了。没有电子，也没有质子，而只剩下中子，中子和中子之间靠强相互作用紧密连接在一起，这就是中子态，密度比超固态还大很多倍，1 cm³ 的中子态物质质量竟然有 1 亿吨。《三体》中三体文明的"水滴"就是这种物质。

中子态的"水滴"

在变成中子态的这一瞬间，恒星发生强烈的引力坍缩，释放出的能量会将外层物质强烈喷射出去，这就是"超新星爆炸"。

而当一颗恒星质量超过太阳的 10 倍，那就是"高富帅"中的"霸主"。它的质量足够大，内部压力和温度足够高，可以启动"氖燃烧"和"氧燃烧"，生成镁、硅、磷、硫等元素。在这之后，其内核温度达到 30 亿摄氏度，足够继续发生"硅燃烧"反应，逐步生成硫、氩、钙、钛、铬、铁等元素，但这首伟岸的舞曲在铁这里终于画上了一个休止符，无法再进行下去了。

原子核由质子、中子这些核子结合而成，其中那么多带正电的质子挤在一起，相互之间的电磁力竟然没让它们分离，是因为核子之间存在强相互作用，将它们牢牢地拉在一起。如果要把核子们分开，那当然需要很大的能量，我们把分开核子需要的能量叫作结合能。结合能与核子数的比值叫作"比结合能"，比结合能越大，原子核中核子结合得越牢固，原子核越稳定。正巧，比结合能最大的原子核就是铁 56。也就是说，100 多种元素，理论上可以存在的同位素原子核有上千种，而在所有的原子核里，最稳定的就是铁 56。

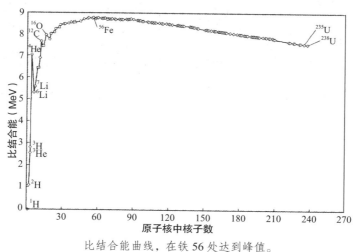

比结合能曲线，在铁 56 处达到峰值。

在大恒星内部，轻的元素不断聚变，一直到聚合成铁原子核，其间都在释放能量。而如果要再往铁原子核里"塞"核子，由于塞进去以后，新的原子核就不如铁原子核稳定了，需要吸收能量，根据能量最低原理，这种核反应发生的可能性太小了。

当然，现在也有科学家提出，在二代、三代超级大恒星的内部，由于质量足够大，温度足够高，加上已有一些重元素，因此也可能会发生一些生成"超铁元素"的核反应，这被称为"S过程"（慢过程）。从名字就知道这种核反应是极其缓慢的，而且最高也只能生成到82号元素——铅。

因此，"霸主恒星"的终极结局是一个"洋葱"似的内核，而最中央就是一个铁核！在这个内核质量超过3个太阳质量的时候，其内部超级巨大的压力会让中子态也支撑不住，最强大的超新星爆炸将外围气体喷射到宇宙空间之中，而内部则变成一种目前人们无法理解的物质形态，其强大的引力会让光线都无法逃逸，这就是"黑洞"！

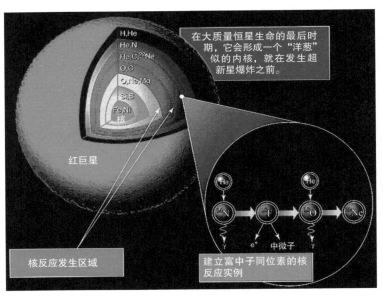

左上角，红巨星内部的圈层结构，其最中心是一个铁镍核。

总结一下，在超级大恒星的内部，发生这样的变化：轻元素——铁——中子星或黑洞。恒星这座超大的元素熔炉，在铁这里到达了终点，铁之后的中子星或黑洞已经超越化学元素的范畴了。

那么问题来了，既然铁是终点，那么我们地球上常见的"超铁元素"是怎么来的呢？比如我们穿金戴银，手上戴的白金戒指等都是从哪里来的呢？更不用说原子弹的原料铀（92号）和钚（94号）了。

一方面来自我们提到的"S过程"，更多的则来自超新星爆炸或双中子星合并，这些宇宙中的超级爆炸产生了不可计数的中子，轻的原子核吸收这些中子流以后，很少的质子配上几十个甚至一百多个中子结合成不稳定的富中子原子核，很快就发生β衰变，中子蜕变成质子，变成一个较稳定的超铁元素原子核，释放出中微子，这被称为"R过程"（快过程）。这一点已经被中微子探测器证实，大多数"超铁元素"都是这样诞生的，因此，家藏金砖的富豪和抢购黄金的大妈们都得感谢超新星爆炸或双中子星合并。

从今天开始，我们要讲的故事主角都来自超新星爆炸或双中子星合并，爆炸之后，更加精彩！

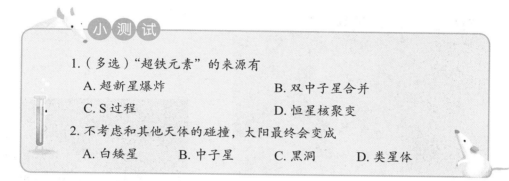

小 测 试

1.（多选）"超铁元素"的来源有

A. 超新星爆炸 　　　　　　　B. 双中子星合并

C. S 过程 　　　　　　　　　D. 恒星核聚变

2. 不考虑和其他天体的碰撞，太阳最终会变成

A. 白矮星 　　　B. 中子星 　　　C. 黑洞 　　　D. 类星体

2. 铁器时代（一）——血与火之歌

让我们再次将目光从太空拉回地球，你知道地球上最多的元素是什么吗？也许你会不假思索地说："之前不是说过了吗？氧啊！"

要仔细哦！氧是地壳和地幔里最多的元素，而将视野放到整个地球上的时候，它就不再是最多了。要知道，虽然在地壳里，铁只排名第四，还没有铝多，但地核几乎全部以铁和少量的镍组

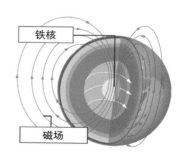

地球的铁核意义重大，地磁场将宇宙射线偏转到两极，帮助我们减少辐射困扰。

【参考答案】1. ABC　2. A

成，加上这一部分，铁排在整个地球的元素榜首，当之无愧。

铁的化学性质较活泼，很容易被氧化，因此地球表面很少发现游离态的铁，铁元素大多数以氧化物和盐类的形态存在。火星表面之所以是美丽的红色，就是因为其上覆盖了一层氧化铁。因此，尽管地球上的铁元素如此丰富，人类对它的初体验却仍然来自太空，这就是天外来客——铁陨石（陨铁）。

我们的祖先惊叹于这种天降的金属，它坚硬而有磁性，加热以后又变得柔软有延展性。因此在当时，陨铁是神秘而又珍贵的东西，甚至比黄金还要珍贵。最早的铁制品——一串陨铁制成的珠子来自 5 500 年前的古埃及，在埃及法老图坦卡蒙的墓穴里，出土过一把匕首，化学成分和陨铁一模一样。20 世纪 70 年代，中国河北省出土了一把商代的铁刃青铜钺，刃部由陨铁冷加工而成，锻接在青铜兵器上，说明早在距今 3 000 多年的商朝，工匠就会利用陨铁。

▲陨铁收藏品

▶用陨铁做的匕首

由于铁的熔点（1 538 ℃）比铜（1 085 ℃）还高很多，且自然界中能找到单质铜，所以人们最早掌握冶炼技术的金属是铜而非铁。直到人们发明了窑炉，产生更高的温度，才将铁从铁矿石中冶炼出来。

最早掌握冶铁技术的是西亚的赫梯人，早在 3 000 多年前，他们就学会将铁从矿石中提炼出来做成铁器。跟陨石的成分完全不同，这是最早用铁和碳组成的"生铁"。

赫梯人并没有依靠铁器兴起，而是依靠他们的兵车技术来扩张。其全盛时期，赫梯战车大军跟拉美西斯二世的古埃及大军在叙利亚卡叠什打了人类历史上第一次跨洲大战，这也是第

伊斯坦布尔博物馆中《银板和约》的副本

一次大规模的车兵大战。结果赫梯人示弱求和，和拉美西斯二世签署历史上的第一个和约《银板和约》，开创了解决国际争端的全新方式。银板早已消亡，拓下的副本，一份躺在伊斯坦布尔博物馆中，另一份则挂在了联合国总部的大楼里。

德里铁柱，至今是一个谜团。

几乎与赫梯人同时，古印度人也掌握了炼铁技术。有一根铁柱矗立在新德里的一个清真寺门口，据分析它产自公元300年左右，是纯度99.72%的铁。古印度人真是一个神秘的民族，今天的我们实在是无法了解，当时的他们如何生产出纯度如此之高的铁柱。

公元前12世纪，在亚述人和迈锡尼人的左右夹击之下，赫梯王朝的霸主之梦走到了尽头，这是人类历史上翻天覆地的大事。

赫梯帝国的历任君主都将冶铁技术牢牢攥在手中，严防这一独门秘籍外泄。他们将铁匠严格管制，从来不进行大规模的铁器生产。铁在赫梯唯一的意义，就是制成首饰，供贵族们炫耀，满足他们的虚荣心。赫梯帝国的灭亡解放了这些铁匠，从此，西方世界的青铜时代开始摇摇欲坠，铁器四散开来，人类逐渐进入铁器时代。

从青铜时代到铁器时代，为何是人类文明的一大里程碑？

前面我们提过，炼铁比冶炼青铜要难得多，但铁最大的优点是便宜、多见。在青铜时代，掌握铜和锡资源的文明对外扩张迅速，对内青铜器则牢牢掌握在贵族手里，慑服奴隶。当几大文明古国划分格局之后，整个世界相对太平，文明城市的守护者可以用昂贵的青铜武器保卫文明，贫穷的游牧民族对此无能为力。在这个世界上，铁矿几乎随处可见，而铁器技术传播开，相当于青铜时代的"核扩散"，当锻造铁器轻而易举之后，文明地区的优势荡然无存。

铁器时代一降临，等待人类文明的就是血与火的考验，传统青铜时代里的四大文明古国——中国、古埃及、古印度、古巴比伦面临大洗牌。每一个故事背后都有无数生灵涂炭，我实在不愿想象那些银灰色的铁器怎样插入一个个鲜活的肉体，又带着血泪被拔出来。就让我们用一段年表来看看这串多米诺骨牌是怎样席卷亚欧非大陆的吧，效果肯定足够震撼！

公元前1200年左右：赫梯帝国灭亡。

公元前12世纪："第一次世界大战"——特洛伊战争爆发。从此，迈锡尼文明走向衰落，古希腊进入黑暗时代。

公元前 11 世纪：内部动荡，外部受到海上民族、利比亚人的侵扰，古埃及新王国分裂，从此古埃及文明衰落，再也没有成为区域性的霸主。

公元前 11 世纪：以色列犹太王国建立，面临掌握铁制武器的腓力斯丁人的侵扰。

公元前 1046 年：牧野之战，周取代商成为中原的主人，礼乐制度确立。

公元前 911 年：新亚述帝国建立，这是人类历史上最魔鬼的帝国。墨索里尼和希特勒在他们面前都要甘拜下风。

公元前 900 年：非洲的班图人掌握了冶铁技术，提升了农业生产效率，迅速占领了撒哈拉以南的非洲大陆。

公元前 9 世纪：胡里安人建立乌拉尔图王国，与亚述长期争战。

公元前 814 年：腓尼基人在北非建立基地，迦太基文明创立。

公元前 771 年：犬戎大举进攻西周王朝，周幽王烽火戏诸侯，西周灭亡，东周王朝定都洛邑，进入纷争不断的春秋战国时期。

公元前 753 年：特洛伊英雄埃涅阿斯的后代罗慕路斯建立罗马城，几个世纪后的布匿战争将在罗马人和迦太基人之间展开。

公元前 689 年：亚述血洗巴比伦，世界第一名城化为废墟。

公元前 671 年：亚述血洗埃及首都孟菲斯，搬运埃及财富回中东重建巴比伦城。

公元前 597 年：犹太王国的耶路撒冷首次被新巴比伦国王尼布甲尼撒攻破，公元前 586 年再度沦陷，犹太人沦为"巴比伦之囚"。

公元前 594 年：梭伦出任雅典城邦的第一任执政官，雅典的民主政治成为战争年代的文明之光。

公元前 550 年：居鲁士二世合并米堤亚建波斯帝国，他的后代将和希腊人上演希波战争。

……

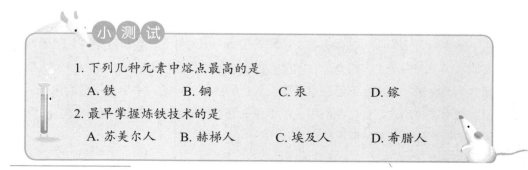

小测试

1. 下列几种元素中熔点最高的是
    A. 铁   B. 铜   C. 汞   D. 镓

2. 最早掌握炼铁技术的是
    A. 苏美尔人   B. 赫梯人   C. 埃及人   D. 希腊人

【参考答案】1. A　2. B

📓 3. 铁器时代（二）——铁匠的艺术

上一节我们提到地球上铁资源非常丰富，几乎随处可见。地壳里的铁元素含量在金属大家庭中仅次于铝。由于铁的反应活性较强，所以地球表面看不到天然纯铁，它都以氧化物或盐类的形式存在。下面我们来看看它们的分类吧！

磁铁矿，四氧化三铁，黑褐色。纯净的磁铁矿具有正八面体晶型，有金属光泽，在所有矿石中是磁性最强的，中国古代称它为"磁石"，并利用这一特性发明了司南，也就是最早的指南针。

赤铁矿，三氧化二铁，规则的结晶体呈钢灰色，称为"镜铁矿"；而不规则的氧化铁是松软的土状，大多呈红褐色，称为"赭石"。用它们在石头上划刻，会出现鲜红色。远古人类在战斗之前用这种矿石在自己面部、身体上擦拭，后来它又被作为颜料，即"铁红"。

针铁矿，水合氧化铁，呈红褐、暗褐至黑褐，晶体为柱状或针状，是富铁矿物风化之后的产物。针铁矿也能够作为颜料，即"铁黄"。英文名"goethite"，取自德国大文豪歌德的名字，因为他除了写作还酷爱在户外收集各种矿石。

褐铁矿，铁的含水氧化物矿物。实际上它不是一种单矿物，而是针铁矿、纤铁矿和硅质等的混合物，所以成分变化很大。它常呈黄褐色至深褐色，硬度也因成分而异。

菱铁矿，碳酸亚铁，一般呈黄色、浅褐色（风化后为深褐色），带玻璃光泽。

黄铁矿，二硫化亚铁，类似黄金的颜色，所以经常被骗子用来冒充黄金，故有"愚人金"之称。辨别方法很简单，黄铁矿的密度只有 4.9 g/cm^3，远远低于黄金的 19.3 g/cm^3，用手掂量掂量就知道了。由于其中含硫量比较高，一般的炼铁工艺较难处理产生的二氧化硫气体，所以在工业上，很少用黄铁矿来冶铁，而是用它来生产硫酸。

◀磁铁矿晶体，可以看出很明显的正八面体结构。

▶赤铁矿

针铁矿

褐铁矿

菱铁矿

用黄铁矿冒充的假金锭

　　铁矿石往往跟其他矿物伴生，比如重晶石、方解石、萤石，更不用说那些无处不在的长石、石英等硅矿物了。因此将铁元素从这些矿石中提炼出来，是一门艺术，也是一个漫长的故事。

　　最早炼出的铁是生铁，西方叫"猪铁"，是的，你没有看错，不是铸铁，就是猪铁（pig iron）。在用耐火砖制造的窑炉里，将木炭和铁矿石混合加热，尽管温度还没有达到铁的熔点，但已经足够还原铁矿石了，最终得到的生铁含碳量较高，大于3.5%，里面还夹杂着很多从铁矿石带来的硅酸盐类，质脆，而且容易锈蚀，因此不能被直接使用，需要继续冶炼。

　　钢最早出现在公元前6世纪的印度。泰米尔人以磁铁矿为原料，用特殊的方法鼓风，得到的产物比生铁要坚硬得多，特别适合做武器。亚历山大大帝远征到印度后，将这种炼钢方法带到中东、埃及和欧洲，这种钢被称为"乌兹钢"。

　　在当时，由于位于地理要冲，叙利亚首都大马士革是重要的兵器生产地和交易地。这些古兵器大多用这种初级钢材制造，所以它又被称为"大马士革钢"，这种"大马士革钢"制成的兵器几乎占据了中古时期西方世界的武器市场。

　　乌兹钢也好，大马士革钢也好，这种工艺早已失传，可惜可叹！现代科学技术研究了古印度的"乌兹钢"，发现它的含碳量在2%左右。用扫描电镜观察以后，发现其中竟然有很多的碳化铁的颗粒，还有一些碳纳米管和纳米级的碳化铁结构。神奇的印度人，总是给人们带来意想不到的惊喜！

中国最早炼出生铁的考古证据是出自江苏省南京市六合区出土的一个用生铁球做的艺术品，它来自公元前5世纪，当时这里属于吴国。这种生铁的碳含量大于2%，同样很脆，不能用来做兵器的刀刃，主要用来做铁犁和铁制容器。中华农耕文明如此发达，铁犁功不可没。

南方的吴越文明在学会铁器技术后迅速发达起来，吴、越先后成为霸主，轮番挑战中原各国，也将先进的冶铁技术带到中原。

并没有足够的证据表明吴越文明已经将铁器用于武器，当时最有名的铸剑师是来自吴越的欧冶子以及他的徒弟干将、莫邪（yé），他们铸造的绝世名剑只在传说之中，现已无从考证。有人指出一些史料记载欧冶子已经开始铸造铁剑，并给越、楚等国的士兵大规模供给装备，但现在出土的春秋战国时期的兵器仍然以青铜器为主。

到了汉朝，出现了最早的炼铁高炉，铁匠们用黏土砌成很高很厚的墙壁，形成一个密闭空间，这样的设计使炉内温度接近铁的熔点，再加入一些含磷矿石提高铁的流动性，有助于熔融状态的铁和炉渣分离。这种高炉可以连续生产，跟窑炉相比无疑提高了效率，因而可以用于大规模生产。

铁匠们发现，过高的温度会让生产的铁更脆，缺乏韧性，现在我们知道这是因为炉内温度超过铁的熔点，碳也溶解到铁水中，就只能得到生铁。铁匠们通过精密的设计和控制比例、通风，可以让温度恰好在铁熔点之下，这样就可以得到更纯的铁，碳含量在0.05%以下，这就是熟铁。相比于硬而脆的生铁，熟铁很软，不能用来做兵器，但延展性很好，可以被打造成铁丝、铁板，还可以用来跟生铁一起炼钢。

这种高炉炼铁方法一直到15世纪才传播到西方，英国人改进了这种方法，用焦炭取代木炭，产出的铁杂质更少，品质更高。

法国人雷奥米尔，第一个将铁、钢进行科学区分的人。

1722年，法国人雷奥米尔仔细研究了各种钢铁，指出之所以生铁、熟铁和钢的性质完全不同，是由于其中的含碳量不同。含碳量超过2%的是生铁，含碳量低于0.05%的是熟铁，介于两者之间的是钢。

从此以后，钢铁的生产成为一门科学。经过多年的发展，冶金学、金相学、金属加工、热处理、金属表面处理等分支学科纷纷兴起，钢铁完全深入到我们生活的方方面面，我们真正进入了钢铁的时代，被钢铁帝国统治！

1. 曾被用来冒充黄金的铁矿是

    A. 赤铁矿   B. 磁铁矿   C. 菱铁矿   D. 黄铁矿

2. 下列物质的铁含量最高的是

    A. 钢   B. 生铁   C. 熟铁   D. 高碳钢

4. 铁器时代（三）——钢铁帝国

西汉中叶，经历了文景之治之后，汉武帝倾举国之力北击匈奴，却使经济凋敝。为了重振国库，汉武帝下令实行盐铁官营，这既增加了财政收入，也让中央集权的政府消除了内乱隐患。但是，这一政策却给百姓生活带来了不便，尤其是剥夺了地方诸侯、豪强的既得利益，势必引起他们的不满和反抗。公元前 81 年，汉昭帝从全国各地召集 60 多位贤良文人到京城长安，与政府官员共同讨论民生疾苦问题。这次会议上，他们最主要讨论的就是盐铁官营，后人把这次会议称为盐铁会议。大臣桓宽记录下了当时的讨论，这就是著名的《盐铁论》。

可以想象，如果说盐只属于经济范畴，那么铁则涉及了军事和政治范畴。在当时，铁最主要的用途就是制造农具和武器。管得太严，老百姓没有足够的铁制造农具；管得太松，则会有内乱的危险。

对比一下当时世界上最强大的两个国家——汉朝和罗马，汉朝每年钢铁的产量只有 5 000 吨，从未进行"国营化"的罗马却高达 85 000 吨。这一国策对比直接影响了东西文明的发展路线，东方的中华民族合久必分、分久必合，出现了好几个延绵几百年的王朝，而罗马帝国则是其兴也勃焉，其亡也忽焉，进入中世纪之后欧洲更是纷乱不断。

历史上，军事总是科学技术的排头兵，带动民用技术的发展。钢铁不能仅作为武器，也得为社会发展多做贡献，我们仅举几例。

铁板牛排、铁板鱿鱼、铁板饭，用铁板做的餐具甚是流行，除此之外，还有西

【参考答案】1. D   2. C

用钢铁武装起来的罗马士兵

餐里的刀叉也是用不锈钢做的。不锈钢锅曾经风靡一时，后来人们认识到需要补充人体必需的铁，铁制餐具重新成为人们的宠儿。

埃菲尔铁塔——巴黎地标，为纪念法国摆脱普法战争失败的屈辱而建。塔高 300 m，除 4 个脚是用低碳钢水泥建造之外，全身都用钢铁构成，塔身总质量 7 000 吨。

1814 年，英国人史蒂文森发明的第一列火车在铁轨上缓缓驶来，跟老年人步行的速度差不多。到如今，火车的速度日新月异，中国的高铁更是印证了中国的高速发展，火车车身也因此需要选择铝合金、炭纤维等新型复合材料，不变的只有那铁轨，躺在地上静静地诉说着人类的故事。

第一列火车，时速 5 km。新技术出现伊始，常常还不如旧技术。

我们的征途是星辰大海，自古以来，大海的另一边就是人类心驰神往的地方，尤其对于海洋文明。在历史上，最早的船用木头制成，木船时代最伟大的莫过于郑和的楼船。木头比水轻，是天然的船舶材料，但木头也有它的缺陷，一是不结实，二是易燃烧。在冷兵器时代面对弓弩还能摆摆威风，到了火枪大炮的热兵器时代，木船就变成了水上的活靶子。

1859 年，英法两国先后建成了用钢铁作为装甲的铁甲舰。两年后，美国发生内战，南北双方的铁甲舰在海上交火，这是人类历史上首次使用铁甲舰的战斗，一下子吸引了整个西方世界的眼球，美、英、法等海上强国争先恐后发展新式铁甲舰。

在占地球总面积71%的海洋上，沿亚洲大陆的东侧，有一条1.8万千米的海岸线。100多年前，在这条海岸线上，曾出现过一支亚洲第1位、世界第9位的铁甲舰队，这就是北洋水师。

曾经我们也有过希望，那就是"师夷长技以制夷"的那几十年。那个时代的精英也曾努力过、拼搏过，他们乘坐在西方人的铁船上，梦想着冲出绿海，走向蓝洋。只是，那个梦破灭得那么快，大东沟一战，《马关条约》签订，整个中华民族坠入历史低谷，而大海另一面的日本却抓住了最好的机遇，迅速走上高速通道，只是，他们忘了踩刹车。

新中国成立以后，我们终于从100多年的屈辱史里走出来，钢铁工业成为所有中国人的焦点。我们需要钢铁保护我们的安全，我们需要它生产更多的工具，建造更多的工厂，我们还需要把它从矿石里提炼出来，用到我们生活的方方面面。当然，我们走过弯路，好在我们终于度过了那一阶段，现如今，我国每年进口大量的铁矿石，将它们冶炼成钢铁，用于我们的生产和生活。2013年，我国的钢铁产量已经达到8亿吨，超过全球总量的50%。然而无序的发展导致产能过剩，从而形成恶性竞争，后果就是钢铁价格已经跌破"白菜价"。我们破坏的水土、污染的环境尚未对我们收税，钢铁行业就已经自身难保，这难道是科学的责任吗？（经过最近几年的供给侧改革，钢铁行业产能过剩状况已经得到缓解，行业盈利水平也已得到改观。）

"白菜价"的钢铁，可笑乎？可叹乎？

1. 通体用钢铁制造而成的伟大建筑是
   A. 狮身人面像　B. 自由女神像　C. 埃菲尔铁塔　D. 帕特农神庙
2. 2013年，世界最大的钢铁产业集中在
   A. 中国　　　　B. 日本　　　　C. 印度　　　　D. 美国

【参考答案】1. C　2. A

5. 指南针的前世今生

话说大约 5 000 年前，轩辕黄帝击败了神农炎帝，迎来了另一个对手——九黎蚩尤。传说蚩尤有 81 个兄弟，以沙子为食，个个铜头铁臂，掌握法术，本领非凡。这场战争激烈无比，双方激战大小 72 仗，蚩尤方面作大雾，三日不散，黄帝九战不胜，只好造出一辆"指南车"，指引士兵冲出迷雾。长久以来，

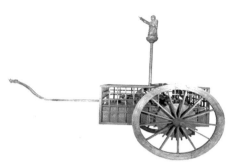

指南车的复原图，跟指南针是两种原理。

很多人认为，这证明了中国人 5 000 年前就已经开始利用磁铁。但现在的研究表明，"指南车"用的不是磁性原理，而是机械原理。

"指南车"的故事算是传说了，但最早的指南针——司南却是实物。关于司南最早的记载来自《鬼谷子》："故郑人取玉也，载司南之车，为其不惑也。夫度材量能揣情者，亦事之司南也。"但学术界多数认为《鬼谷子》是西晋时期的伪作，所以参考价值不大。

《吕氏春秋》里有一句这样写："慈石招铁，或引之也。"这里的"慈"就是"磁"，古人把磁石吸引铁器比作慈母对子女的爱。这说明中国人对磁现象的认识可以追溯到战国时期。这是中国历史上第一部确切记载磁现象的著作。

到了汉武帝时期，一个叫栾大的术士，将两块磁石做成棋子，调整两个棋子极性的相互位置，有时两个棋子相互吸引，有时相互排斥。他将这新奇的玩意儿献给汉武帝，汉武帝龙心大悦，竟封栾大为"五利将军"。这件荒唐的事情最起码说明了，汉代已经有人认识到磁石有两极了。

东汉的王充算是最早的唯物主义者，他写了一部《论衡》，其

现代复原的司南，这是最早的指南针。

中提到："司南之杓，投之于地，其柢指南。"这是真正的第一个有关指南针的记录。古人将磁石经过琢磨制成长勺，放在青铜制成的光滑如镜的"地盘"上并保持平衡，且可以自由旋转，这就是司南。这个磁勺在"地盘"上停止转动时，勺柄指的方向就是正南。

司南较大，难以随身携带，到了宋代，出现了磁针。沈括的《梦溪笔谈》中这样记载："方家以磁石磨针锋，则能指南。"水浮或悬挂的磁针和司南相比摩擦力小，自然更加精确。正是这个原因，沈括又记录下"常微偏东，不全南也"，这是人类第一次发现磁偏角。《梦溪笔谈》中还提到磁针偶尔会指向北方，这有可能是最早的地磁场反转的记录。

南宋时期，磁针被做成罗盘，用起来更加方便，也不容易损坏。随着中国商人开始进军东南亚市场，罗盘也被用于航海。作为一名水手，要把握航向，白天看太阳，晚上看北极星，如果遇到下雨、大雾天气则会比较头疼。有了罗盘，就再也不怕找不到方向了。可以想象，如果没有罗盘，郑和也很难完成七下西洋的壮举。

可惜的是，在科技领先的情况下，中国却因为政治原因终止了航海，中国从此闭关锁国，逐步迈向深渊。

中国停止了远航探索，罗盘却传到了西方。哥伦布靠它发现了美洲大陆，达·伽马穿越好望角联系东西方，麦哲伦更是环球航行，这些地理大发现让西方一下子完成原始积累，整个世界格局翻天覆地。中西差距从此拉开，西方列强在200多年后对中国发动侵略战争，中华文明积累五千年的财富被一艘又一艘航船运载到西方世界。

哥伦布在游说西班牙女王。

每次回顾，都令人不禁感慨万千。无数部历史穿越剧、科幻小说都以郑和远航为题材，设想如果郑和首先穿越好望角会是一番什么结局。以史为鉴，我们现在不是应该做点什么吗？

更为可惜的是，我们的祖先不用罗盘来航海也就罢了，闭关锁国之余，他们将五行八卦之类的东西附会上去，用罗盘来勘测风水。从现代科学的角度来说，罗盘的指针总是指向南面，在遇到大型磁铁矿时会发生异常，所以用来找矿倒是挺好的工具。

磁之所以会被用于迷信活动，不过是因为它看起来很神秘玄妙。这种看起来超越距离的相互作用，确实会让人一时半会儿难以理解。在历史上，有记载医生用磁铁给患者治病。就是在科学发达的现代，还有人相信磁枕头、磁化水这些"超自然"能力；形容两性之间的爱慕，往往也用"磁性的嗓音"这种甜言蜜语；还有很多时候，遇到无法理解的现象，很多人往往会想到用神秘的磁场来解释。

其实，磁真的没有那么神秘，下一节，我们就来好好看看，磁究竟是怎样产生的。

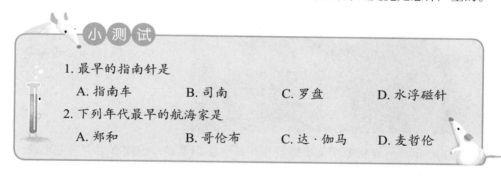

小 测 试

1. 最早的指南针是
   A. 指南车　　　　　B. 司南　　　　　C. 罗盘　　　　　D. 水浮磁针
2. 下列年代最早的航海家是
   A. 郑和　　　　　　B. 哥伦布　　　　C. 达·伽马　　　D. 麦哲伦

6. 揭开磁神秘的面纱——从吉尔伯特到麦克斯韦

相对于中国，西方在很长一段时间内对磁的研究都较落后。虽然希腊的马格尼西亚生产磁铁矿，古希腊的哲学家泰勒斯第一个记录了磁石现象，但他相信磁石中有灵魂的存在。之后，一直到中国的罗盘传播到欧洲，帮助西方世界完成地理大发现，西方科学界才开始对磁现象认真研究起来。

1600 年，英国著名的医生、物理学家吉尔伯特（1601 年担任伊丽莎白女王的御医）写成一部《论磁》，其中提到了很多磁现象，而且书中的所有结论都建立在观察与实验的基础上。除了比较基本的磁石吸引与排斥、磁针指向南北，还提到了

【参考答案】1. B　2. A

磁铁烧热以后磁性消失、铁片遮住的磁石磁性会减弱等等。尤其让人印象深刻的是他制造了一个球形的磁体，发现磁针在球形磁体上的指向和磁针在地面上不同位置的指向相仿，因此他假设地球就是一个大磁体，还在球形磁铁上画出了"磁轴""磁子午线"。

除此之外，吉尔伯特对电现象也有所涉足，他发现琥珀、玛瑙等被摩擦之后，会带电，吸引轻小的物体，因此他用希腊文"琥珀"来命名电（electricity）。电在这一点上虽和磁很相似，但他很明确地指出，电现象和磁现象在本质上是完全不一样的。

科学史上，吉尔伯特堪称磁学和静电学的奠基人，之后的发现追随着他的著作《论磁》而来。

吉尔伯特向伊丽莎白女王演示磁现象。

1820年，丹麦物理学家奥斯特正在给学生们上课，他摆弄着复杂的电路，不时地按下开关，断开和闭合电路。恰好电路不远处放了一个上次实验未来得及拿走的小磁针，他惊奇地发现，每当电路闭合，小磁针就像受了刺激一样偏转一下，等到电路断开的时候，小磁针又回到原位。等到奥斯特回到实验室，他立刻开展了实验，终于得到结论：电流周围有磁场。由于电流就是运动的电荷，也就是说运动的电荷产生磁场，电和磁终于走到了一起。

奥斯特的发现很快传到了戴维耳朵里，他想到，既然电流可以让小磁针偏转，那就可以用电流来驱动其他物体。戴维做了几次尝试都失败了，这时的戴维已老，没太多心思用在新发现上了，他的徒弟法拉第拿起接力棒，继续研究下去。

法拉第在一个装了水银的槽子中心放了一

法拉第发明的第一台"电动机"，却导致师徒反目。

根磁铁，这样就产生了一个环形的磁场，然后将一个导线插入槽中，通电以后，导线就稳定地绕着正中的磁铁旋转。电动机的雏形诞生了！

年轻的法拉第过于兴奋，没有告知戴维，就独自发表了论文。戴维"爵士"大发雷霆，动用他在皇家学院的权力，把法拉第调到其他岗位上，不让他从事电磁学方面的研究。曾经的亲密师徒反目成仇，戴维也因此在科学史上留下了不光彩的一页。法拉第只能利用闲暇时间继续关注电磁学、光学研究，一直到戴维死后（1829 年），法拉第才正式回归电磁学。

几乎同时，英吉利海峡对岸的安培听闻了奥斯特的发现，验证了奥斯特的实验，并设法用数学公式将磁和电的关系表示出来，这就是著名的"安培定律"，电和磁的关系可以量化了。

安培还受到启发，用磁铁中存在"分子电流"来解释磁现象。也就是说，在磁铁内部存在着很多的环形的"分子电流"，每一个"分子电流"都好像一个小磁铁。在通常情况下，这些"分子电流"的取向是杂乱无章的，磁性互相抵消了，所以宏观上表现出没有磁性；而受到外界磁场作用后磁铁内部"分子电流"的方向变得

安培设计验证"安培定律"的实验

几乎一致，所以能表现出磁性。以现在的眼光来看，"分子电流"虽然有欠科学性，但可见安培大师的洞察力，他这一理论对随后的发现有一定的启发。

按照这个理论，如果我们人为地在普通的铁管上加上环形电流，是不是也可以产生磁场呢？1823 年，英国科学家斯特金真的尝试了。他找来一个普通的 U 型铁管，将表面涂漆以做好绝缘，再用一根铜裸线在铁管上缠了 18 圈，然后通电，这个普通的 U 型铁管果真具有了磁性，可以将周围的铁器吸引过来。斯特金发现这个电磁铁比正常磁铁的磁性强很多，自重只有 200 g，却可以将 4 kg 的铁器提起来，这还只是用了当时一个普通的单节电池。后来，有人改进了电磁铁，将铜线用绝缘层包覆起来，增加电池的电压和线圈的

斯特金做出的第一个电磁铁

数目，可以使电磁铁的磁场更加强大，甚至可以吊起1吨的铁。

　　1831年，法拉第东山再起。在"被改行"的那些日子里，他一直在想，电能产生磁，那么，磁能不能产生电呢？回到电磁学实验室后，他设计了一个实验，用一个小的电磁铁线圈接上电池，产生磁场，将其插入另一个大的线圈，大线圈所连着的电流计果真检测到了电流。这个发现太神奇了，大线圈连着的回路里产生的电流似乎是被隔空感应出来的，所以这种现象被叫作"电磁感应"。

　　奥斯特发现小磁针偏转说明了运动的电荷产生磁，法拉第的"电磁感应"则说明运动的磁可以产生电。电和磁好比同一件事物的两面，在一定条件下就可以互相转化。

　　法拉第之前发明的电动机是将电能转化成机械能，而电磁感应直接导致后来的发电机的诞生，其实质就是将机械能转化成电能。法拉第凭借这两大发现足以成为电磁学一代宗师！

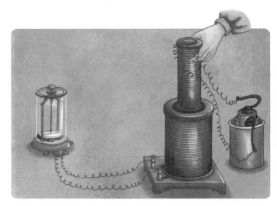

法拉第发现电磁感应用的装置

　　法拉第的数学一般，因此他的发现大多是陈述现象，而非用数学公式描述。麦克斯韦则是一个数学物理方面的天才，他敏锐地发现，所有关于电和磁现象的数学公式都具有共通的地方。他把库仑定律、高斯定律、毕奥－萨伐尔定律、法拉第电磁感应定律、安培定律等并在一起，总结成四个方程，这就是大名鼎鼎的"麦克斯韦方程组"。

　　麦克斯韦方程组堪比运动学和动力学里的牛顿三定律，一个方程组将所有电现象和磁现象一网打尽。更加惊人的是，这个方程组体现了电和磁高度的对称性，简直让人惊叹："这个世界上怎么会有这么完美的方程？"

　　1900年恰似一道"华丽的分割线"，一个时代结束了。我们的宇宙似乎已经被研究得非常清

实验中常用铁屑在磁场中被磁化的性质，来模拟磁感线的形状。为什么只有铁、钴、镍等少数几种金属会表现出铁磁性？请看下节。

楚，运动不决问牛顿，电磁不决问麦圣。开尔文勋爵在这种情形下说出一番跨世纪的话："物理帝国已经基本建成，它的结构框架已经尽善尽美，后辈们只要做一些装潢修补工作就可以了。"这代表了当时学术界大部分人的心声。

谁能想到，一个崭新的时代才刚刚开始。对于磁现象我们好像已经很清楚了，其实还有更多的问题等待着我们呢！比如最简单的：为什么是铁？而其他大多数金属为什么都没有磁性呢？19世纪末的科学距离解释这些问题还早得很呢！

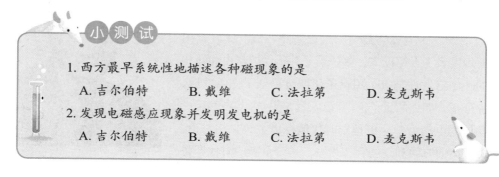

小 测 试

1. 西方最早系统性地描述各种磁现象的是
   A. 吉尔伯特　　　B. 戴维　　　C. 法拉第　　　D. 麦克斯韦
2. 发现电磁感应现象并发明发电机的是
   A. 吉尔伯特　　　B. 戴维　　　C. 法拉第　　　D. 麦克斯韦

7. 为什么是铁

麦克斯韦时代，人们对于电和磁的认知似乎已经很明确了，从太空到实验室，一切的一切都可以在麦克斯韦方程组里找到答案。可是当人们回到常见的磁铁身边，却发现里面还是有很多闷葫芦。

安培提出"分子电流"理论，确实有一定的道理，可是磁铁里的"分子电流"究竟在哪儿呢？铁是金属晶体，不存在分子。卢瑟福 α 粒子散射实验告诉我们原子里有一个很小的原子核，核外电子绕核旋转，

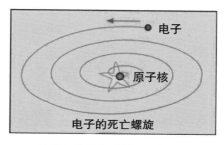

按照经典的电磁原理，电子会不断降低轨道，撞到原子核，导致原子坍塌。

就好比地球绕着太阳转。这似乎已经让人找到了答案，安培说的"分子电流"不就是每一个原子里的电子绕核旋转吗？

更大的麻烦来了，如果电子绕核旋转，这是一种加速运动，就会产生电磁辐射。电子失去能量，轨道半径逐渐变小，最终会撞到原子核上，原子核"坍塌"了……

经过计算，只要 10 纳秒，一个原子就会"坍塌"，这显然和常识相违背。如果真的是这样，原子根本不可能稳定存在，不可能结合成各种各样的稳定晶体，更不用提我们看到的千奇百怪的化学反应了。

1879 年，电磁学大师麦克斯韦英年早逝，同年，一个叫爱因斯坦的婴儿在德国乌尔姆诞生。前者画上了前一个时代的休止符，后者将演奏新时代的序曲。

1905 年堪称物理学的奇迹之年，这一年，爱因斯坦发表了五篇论文，第一篇《关于光的产生和转化的一个启发性观点》用量子化假设论证了光电效应，佐证了普朗克的量子论，开启了量子力学。第三篇《论动体的电动力学》更是划时代地提出了狭义相对论，将分离的时间和空间合二为一。一个全新的时代即将来临，各种颠覆即将打开人们的脑洞。

1904 年的爱因斯坦

1913 年，量子力学大师玻尔接连在《哲学杂志》上发表了三篇论文，提出了玻尔原子模型：电子只在一些分立的能级上绕核旋转，在不同能级之间跃迁的时候才辐射出光子。

你如果说用我们的常识理解不了，玻尔会告诉你这就是量子力学，你不能用宏观的事情去理解微观，只要我提出的理论假设符合观测就可以了。不服？你来破？确实，玻尔的模型不仅符合众多观测事实，而且提出的很多预言也都被一一印证了。物理学界又开始乐观起来，但回到磁铁面前，还是一头雾水，很明显，如果磁铁中铁原子里的电子旋转可以取向一样，为什么其他元素不可以？

长久以来，碱金属的发射光谱一直困扰着物理学家们，还记得钠的特征双黄线吗？为什么是双黄线呢？

1925 年，美国物理学家克罗尼格为了解释这一点，提出了一个新奇的想法：电子除了绕核旋转也在自转，就如同地球在绕太阳公转的同时也在自转。泡利听到这个说法的时候产生了质疑："你知道你在说什么吗？超光速了！"原来，泡利经过计算，发现如果电子真的在自转，那电子表面的速度就要超过光速才能产生那么大的角动量，这显然违背了相对论的基本原理。克罗尼格没有自信，放弃了自己的想法。

同年，两位荷兰物理学家乌伦贝克和高施密特也产生了同样的想法，他们没有被泡利的权威左右，而是将电子自旋的假设发表了出来，引起了科学界高度的重视。

大家发现，用这个假设不仅能解释碱金属的发射光谱，还可以解释之前的斯特恩 – 盖拉赫实验和反常塞曼效应。

知错能改善莫大焉，1927 年，泡利重新审视起电子自旋的假设，并学习了薛定谔的波动力学和海森堡的矩阵力学，创造性地提出了一个泡利矩阵作为电子自旋的算符，将电子自旋假设形式化，升级成自旋理论。这不是自己打脸吗？说好的超光速呢？

还是那句话：这就是量子力学。永远不能用宏观的事物去理解微观事物，用地球自转类比电子自旋仅仅是帮助理解而已，没有人能把自己缩小变成小妖精，去看看电子长什么样，又是怎么旋转的。所以我们只能把电子自旋当作电子的"内禀"属性，是电子与生俱来的，量子化的。本来嘛，微观是基础，用微观搭建宏观才是正途，用宏观理解微观则是空中楼阁了。至于这个理论是否成立，自有观测事实来验证它，未来还有很多预言要考验它，这就是科学。

1940 年，移居到美国的泡利继续发展他的自旋理论，提出了自旋统计定理。根据该定理，所有的基本粒子可以分为两大类：玻色子和费米子。玻色子是传递物质之间相互作用的信使粒子，在相互作用中不守恒；而费米子包括夸克、轻子等，遵守泡利不相容原理，它们构成了我们宇宙的物质。

电子旋转方向相反，激发的磁场方向也相反。

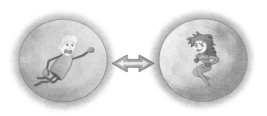

玻色子　　　　　　　费米子

玻色子和费米子构成了我们整个世界。

玻色子的自旋都是整数，比如希格斯子的自旋是 0，就是说从各种方向去看它都是一样的；还比如光子的自旋是 1，你可以想象它自转一圈以后和原来一样；再比如引力子的自旋是 2，你可以想象它是一个轴对称的东西，转半圈就和原来一样。这些还好理解，而费米子的自旋都是半奇数的整数倍，如 1/2、–3/2 等，就比较难套用我们的宏观常识。比如电子的自旋是 ±1/2，也就是它要转两圈才和原来一样，是不是颠覆了你的常识？量子力学里面，到处都有这样颠覆常识的地方，如果你暂时不懂，没事，先记着。

你要说自旋理论太深奥，跟我们没啥关系吧，可是科学家如果不知道自旋，就发明不出核磁共振技术。

2007 年 10 月 9 日，瑞典皇家科学院宣布，法国科学家阿尔贝·费尔和德国科学家彼得·格林贝格尔共同获得 2007 年诺贝尔物理学奖，以表彰他们先后独立发现了"巨磁电阻"效应。这个效应的基础就是电子在磁场中由于自旋为 ±1/2 而发生散射。如今我们的硬盘越来越小，而储存量越来越大，我们除了要感谢科学家们，还得感谢自旋。

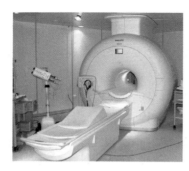
医学上用核磁共振检测肿瘤。

小型大存储量硬盘用到了"巨磁电阻"效应。

回到我们最初的问题：磁铁的磁性来源于什么？

首先，"分子电流"是 19 世纪的说法，我们已经知道金属晶体或者离子晶体（磁铁矿四氧化三铁晶体）中不存在分子。

然后，我们都知道触摸磁铁的时候是不会触电的，所以磁铁里也不可能有定向流动的电流。

电子绕原子核旋转为什么不会产生磁性呢？原来，在晶体内部，原子的电子云方向是朝向四面八方的，且是固定下来的，如果能被外界磁场影响的话，晶体结构就要垮了。剩下就只有一个可能了：铁的磁性来自电子的自旋。

但是还回到那个最基本的问题：为什么是铁？

铁原子的价层电子排布是 $3d^6 4s^2$，而 3d 轨道有 5 个原子轨道，最多排 10 个电子，所以铁原子中有 4 个电子是未成对的。当

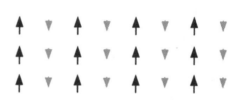
当铁原子里的电子自旋同向排列的时候，铁就具有了磁性。

来自其他原子的电子填补了这 4 个空位，而且充填的电子自旋同向排列起来，铁就有了磁性。类似地，钴的 3d 轨道有 3 个未成对电子，镍的 3d 轨道有 2 个未成对电子，所以钴和镍也有磁性。但是仍然有问题，锰原子的价层电子排布是 $3d^54s^2$，有 5 个未成对电子，那么锰的磁性应该更大啊，但实际上锰和它的任何化合物都没有磁性。

原来，原子相互接近成键的时候，电子云要相互重叠。对于过渡金属，3d 轨道与 4s 轨道能量相差不大，因此它们的电子云也将重叠，引起 3d 轨道与 4s 轨道发生杂化，电子再分配，在这个再分配过程中有可能使相邻原子内 3d 轨道的电子磁矩同向排列起来。就拿铁来说，也不是所有的化合物都有磁性的，比如三氧化二铁就没有磁性，而四氧化三铁才有磁性。

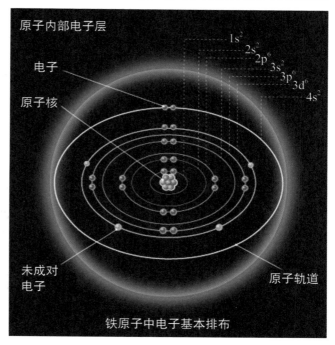

铁的电子壳层分布，最外面有四个未成对电子（红色），铁的磁性就来自这里。

总结一下铁磁性的根本原理：①最外层电子轨道有未成对电子，越多越好；②要有一定的晶体结构，有利于电子磁矩同向排列。

磁铁的磁性来源于

A. 分子电流
B. 铁金属的自由电子定向流动
C. 铁原子中的电子自旋
D. 铁原子中的电子绕铁原子核旋转

【参考答案】C

🧪 8. 补血就是补铁

血液，鲜红色！自古以来，人类对于这种红色液体的感觉可谓两个极端：一方面是生命的依靠，有血缘的亲近与血脉的延续，身体里流淌着亲人的血，那是一种心心相连的温暖；另一方面则是恐惧，恐怖片里常常用鲜血淋淋给人凄惨的景象，使人毛骨悚然。

血的味道尝上去既不好也不坏，有人会认为血液有一些金属的味道，这是对的。18 世纪，意大利医学家 Menghini 研究血液的残渣，发现这些血渣竟然可以被磁铁吸引，也就是说血液里面竟然有铁。

在氧元素那一章里，我们已经提到拉瓦锡发现静脉血和动脉血颜色不同，实际是因为其中的含氧量不同，也就是说血液里有能够输送氧气的物质。

Menghini 就是用这样的磁铁去吸引血渣，发现血液里有铁。

血红素　　　　**血红蛋白**　　　　**红细胞**

红细胞中含有血红蛋白，血红蛋白由珠蛋白和亚铁血红素组成。

佩鲁兹和妻子在诺贝尔奖舞会上。

1825 年，恩格哈尔德研究了血液中的蛋白质，正是这些蛋白质让血液呈现出红色，因此它们被称为"血红蛋白"。他发现各种血红蛋白中都含有铁元素，每一种蛋白质中的铁含量都是恒定的，他还估算出一个血红蛋白的相对分子质量是 16 000 的 n 倍。这个发现太超前了，要知道，整整 100 年后，施陶丁格的高分子化学才诞生。在当时，没有一个人能想到会有这么大的分子，这让他受尽嘲弄。一直到 100 年后，英国科学家阿代尔才用渗透压的方法确认了恩格哈尔德的发现，并且明确了 $n = 4$。

1958 年，英国生物学家佩鲁兹用 X 射线衍射的方法分析出了肌红蛋白（很类似血红蛋白）的结构，这一发现让他获得了 1962 年诺贝尔化学奖。

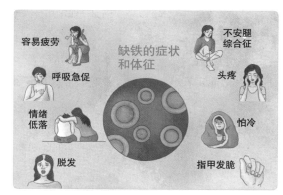

亚铁血红素的分子结构，二价铁离子在分子的正中心。

每一个血红蛋白分子由4个珠蛋白和4个亚铁血红素分子组成，每个血红素又由4个吡咯环组成，这4个吡咯环的中央有一个铁原子。氧气就是结合在铁原子上被血液运输。当铁原子在二价状态时，可以和氧气结合成氧合血红蛋白；如果铁被氧化为三价状态，成为高铁血红蛋白，就失去了载氧能力。

说到血红蛋白和氧气的结合，也是一个很神奇的过程。

首先，一个氧分子与血红蛋白四个亚铁血红素中的一个结合，铁原子与氧结合之后，会拖动珠蛋白中的组氨酸，从而引起其他珠蛋白结构的变化，这种变化使得第二个氧分子更容易寻找另一个亚铁血红素结合。第三个、第四个也是一样的道理，反之亦然，一个氧分子的离去会刺激另一个的离去，直到完全释放所有的氧分子。这种有趣的现象被称为协同效应。

可以想象，是亿万年的演化，才让动物进化出血红蛋白这种神器。地球诞生20亿年以后，大气的气体就是以氮气、氧气为主的，所以血红蛋白不用多考虑与其他气体的结合。但到了现代某些场合，就出问题了。

我们发现，血红蛋白还可以与二氧化碳、一氧化碳、氰离子结合，结合的方式也与氧完全一样，所不同的只是结合的牢固程度。其中，一氧化碳、氰离子与血红蛋白的结合力比氧气还强得多。这就是煤气中毒、氰化物中毒的机理，要想解毒，只能找比血红蛋白结合力更强的解药，例如亚甲基蓝。

通过上面的介绍，我们应该能体会到铁元素对人类有多么重要。确实，一个成年人体内铁元素的含量为3~5 g，其中三分之二都分布在血红蛋白中。如果缺乏铁元素，就会影响到血红蛋白的合成，导致缺铁性贫血。

既然铁对人类这么重要，那么维持体内铁平衡就尤为重要，尤

缺铁性贫血的症状：脱发、呼吸急促、情绪低落、容易疲劳、不安腿综合征、头疼、指甲发脆、怕冷等。

其是孕妇、病人和老人，一方面需要补铁，另一方面要防止铁的流失。

铝那一章里提过，以前家家有一个铝做的"钢精锅"，现在似乎都已经换回铁锅了。这不仅因为铝对人体有害，更因为用铁锅烧的菜肴会给人体补充一定的铁元素。众多食物中，最好的补铁神器是猪肝，100 g 中竟然含有 22.6 mg 的铁。

这些都是补铁的好东西。

大力水手出现于 1929 年的美国连环漫画，当时正是经济危机大萧条的时期，这个不怕困难、力大无穷的形象对于美国国民犹如一针强心剂。现在我们知道补铁可不能真的靠菠菜。

曾有传言菠菜的含铁量最高，以至于美国知名动画片《大力水手》中菠菜都被作为主人公放大招之前的必备良药。但这可能源自一个"小数点的笑话"，据说德国化学家 Wolf 发表了一篇论文，指出菠菜中铁的含量极高，甚至可与红肉相当。后来一位德国科学家突然发现，自己检测的菠菜铁含量远远低于以往的数据，查阅原始数据之后才发现是当初 Wolf 把小数点点错了位置，数值足足夸大了 10 倍。

其实论铁含量菠菜在植物中确实算佼佼者，甚至和鸡蛋、猪肉差不多，但菠菜中含有大量的草酸，跟铁元素结合成草酸亚铁，很难被人体吸收。有人估算过，你要吃几千克菠菜，才能抵得上别人吃 50 g 猪肝。如果真是这样，估计你的脸早就绿了。所以，补铁的王道还是吃鱼、肉和动物内脏。

说完补铁，再说铁流失，铁的天敌是茶和咖啡中的多酚类物质，这类物质会和铁结合成难溶的盐类，抑制铁吸收。因此，饮茶和咖啡要有度，每天 1～2 杯即可。

小 测 试

下列物质中，最适合补铁的是

A. 菠菜　　　　B. 鸡蛋　　　　C. 猪肝　　　　D. 猪肉

【参考答案】C

钴镍

钴：天青色等烟雨而我在等你，有没有感受到我身上磁铁的吸引力？

元 素 特 写

镍：在用镍币购买黄油时，可知我也能生产黄油吗？（请脑补我故作深沉背后那得意的笑）

第二十七章　钴（Co）

钴（Co）：具有磁性的第 27 号元素，其自然存在的化合物多呈蓝色，常用于制造陶器釉料、有色玻璃（蓝色的钴玻璃），中国唐朝彩色瓷器上的蓝色也是由于有钴的化合物存在。钴是中等活泼的金属，也是两性金属，既能与酸反应，也能与碱缓慢反应。

1. 青花瓷的秘密

青花瓷的蓝色正是来源于钴元素。

青花瓷是中华陶瓷烧制工艺的珍品，滥觞于盛唐时期，成熟于元代，并在明清达到鼎盛。青花对白地的选择，感官上特别适宜，这种色彩的搭配与现代美学中"蓝白两色相配是永恒色"也不谋而合。

在硅的章节里，我们提到过瓷器用以铝硅酸盐为主的黏土制成，但青花瓷上美丽的蓝色来自哪里？工匠们用一种"青料"在陶瓷的坯体上描绘图案，再罩上一层透明釉，

麒麟形景泰蓝香薰炉

高温烧制之后，就呈现出鲜艳的蓝色。现在我们已经知道这种"青料"之所以神奇是因为其中含有一种特殊的元素——钴，因此现在又把"青料"称为"钴料"。

中国的另一种著名工艺品——景泰蓝，又名"铜胎掐丝珐琅"，是一种瓷铜结合的独特工艺品，因其在明朝景泰年间达到鼎盛而

得名，其中所用的蓝色釉料也是从含钴的矿物中提取出来的。据说现在还有不少国外的情报人员千方百计想得到景泰蓝的配方和烧制工艺。

在硅元素那章，我们已经提到中西历史走上了不同的发展道路，东方喜爱陶瓷，而西方倾向于玻璃，陶瓷上可以出现钴的蓝色，玻璃为什么不可以？

在硅元素一章第 3 节中，我们提到为了遮住玻璃中铁的绿色，加入了二氧化锰。其实，从古埃及人和古波斯人开始，人们就学会将含钴的矿物掺到玻璃里，制作深蓝色的玻璃。这一技术在中世纪被威尼斯人垄断，威尼斯的富商们将玻璃工匠们聚集在穆拉诺岛上，严守深蓝玻璃的配方。有一个学徒忍受不了寂寞逃出小岛，去德国开了个工厂，结果没多久就被威尼斯的情报网络发现，工厂被烧毁，人也被"做掉"了。可见，深蓝玻璃的配方在当时简直是价值千金。

钴元素堪称蓝色艺术品的灵魂，但在历史上，将钴元素从矿石中提取出来可不是一件容易的事情。因为含钴的矿石往往也含有剧毒的砷元素，在冶炼的过程中，会释放出可挥发的三氧化二砷（砒霜），长期劳作的矿工健康堪忧。因此，矿工们非常不喜欢这些含钴的矿石，他们称它为小妖精（goblin），钴元素的英文名 "Cobalt"由此而来。

含钴的深蓝色玻璃

尽管人们很早就会使用钴的化合物去修饰陶瓷，制造玻璃，但将金属钴分离出来，却是很晚的事情。1735 年，瑞典化学家布兰特从辉钴矿（硫砷化钴）中分离出一种玫瑰红色的金属，这种金属的性质和铋（略带粉红色的金属）等传统金属完全不一样，布兰特称它为"半金属"。

在发现钴之前人们发现的那些金属，诸如金、银、铜、铁、锡、汞、铅，都可以称得上"史前金属"，历史上没有记录相关的发现者，钴是第一个在历史上记录有发现者的金属。

虽然钴拥有一个小妖精的名字，但在人体中还起着十分重要的作用。维生素B12，也称钴胺素，是唯一一种含有金属元素的维生素。各种杂环围绕着一个三价钴离子，这就是维生素 B12 的结构。

不要小看这种维生素，它在人体内参与制造骨髓红细胞，如果缺乏维生素B12，则非常有可能会导致恶性贫血；此外它还可以保护大脑的神经。人体真是神奇，每一个局部都发挥应有的作用，且必不可少。

有一谣言称，青花瓷中的"钴料"具有放射性，所以收藏者会受辐射伤害。之所以会有这种谣言，是因为钴的一种同位素钴60是常用的放射源。其实，钴60是一种人工制造的放射性同位素，它的辐射性确实很强。

军事狂人们甚至根据钴60的强放射性设计出一种传说中的"钴弹"，这种钴弹并非爆炸凶猛，而是一种"贱贱"的脏

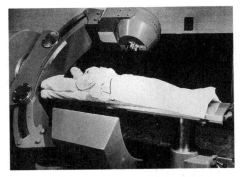

钴60放射源曾被用来治疗癌症。

弹。他们将普通的钴59包覆在氢弹外面，当氢弹爆炸以后，辐射出的中子撞击钴59原子核，将它变成钴60，这些钴60随风飘荡，飘到哪里就将强烈的辐射带到哪里。如果这种"钴弹"在平流层高空引爆，爆炸产生的钴60会顺着平流层跑遍整个地球大气层，全世界的生命会在短时间内毁灭殆尽。

好在自然界的钴主要是钴59，青花瓷用的"钴料"也不例外，所以收藏者尽可放心。

所幸钴60并非一无是处，接下来的两节我们将说说钴60在谁的妙手调教下，将人类对宇宙的认识推进了一大步！

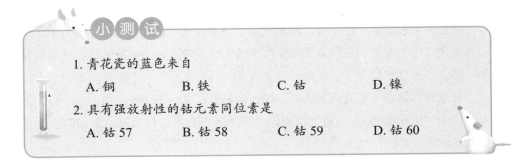

小测试

1. 青花瓷的蓝色来自
   A. 铜　　　　B. 铁　　　　C. 钴　　　　D. 镍
2. 具有强放射性的钴元素同位素是
   A. 钴57　　　B. 钴58　　　C. 钴59　　　D. 钴60

【参考答案】1. C　2. D

🧪 2. "中国的居里夫人"

1932 年查德威克发现了中子，加上之前发现的质子和电子，似乎世界的实质已经很清楚了，元素周期表中 100 多种元素都是由这三种基本粒子组成的。世界的物理图景竟然如此简洁，理论物理学家们似乎可以去阿尔卑斯山度假了。

没想到从 20 世纪 30 年代开始，反质子、μ 子、π 介子等各种奇异粒子接连在加速器、宇宙射线和核反应堆中被捕捉到。物理学界从起初的兴奋逐渐转为迷茫，看起来，这些粒子仍然不是世界的本源，理论物理学家们终于又可以撸起袖子加油干了。

和门捷列夫整理元素周期表类似，理论物理学家们首先观察各种粒子的性质，希望从中找出规律性的东西。θ－τ 之谜是 1954 年和 1955 年物理学界关注的焦点。物理学家发现 θ 介子和 τ 介子的自旋、质量、寿命、电荷等性质完全相同，让人不得不怀疑这两种粒子实际上是同一种。但另一方面，θ 介子会衰变成两个 π 介子，而 τ 介子会衰变成三个 π 介子，这又如何解释？

年轻的李政道（左）和杨振宁（右）

这种情况下，两个在美国的中国小伙子杨振宁和李政道对此展开研究，1956 年他们提出：这两种粒子实际就是同一种，之所以衰变方式不一样，是因为衰变的时候发生了弱相互作用，在微观世界，弱相互作用的宇称不守恒。

那么，何为宇称？

物理学家魏格纳在 1927 年最早提出这个概念，英文叫"parity"，有对等之意，魏格纳用这个物理量表示空间反演的运算。翻译到中文里，因为"宇"本身就有空间的意思，宇称就是空间对称。

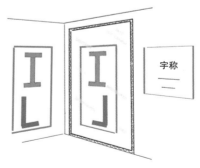

宇称可简单理解为照镜子。

在描述物体的数学公式里，如果一个点的坐标为 r，则经过空间反演变换之后，它的坐标变成 $-r$。你可以这样想象，宇称这种空间反演变换就好像一面镜子，变换之后得到的是自己的镜像。我们都知道，镜子里的镜像跟物体不是完全一样的，左右互换了。但镜子里的镜像也必须遵守同样的物理定律，这就是宇称守恒！

在杨振宁和李政道之前，包括魏格纳在内，都认为宇称守恒是不言自明的。是啊，谁也没有一块爱丽丝的镜子，会在里面看到一个完全不一样的世界。"大嘴巴"泡利听到杨和李的"宇称不守恒"之后嗤之以鼻："我就不相信上帝竟然会是一个左撇子。"但杨和李反问："你凭什么认为这不是对的？"这就是伟大的科学精神，敢于挑战权威，具有创新意识。

年轻的吴健雄

再完美的理论，最终都需要实验来检验，何况杨和李提出的是"不完美"的理论？有能力检验这种超越时代命题的，唯有"中国的居里夫人"——吴健雄！

吴健雄，出生于江苏太仓，父亲非常开明，希望她巾帼不让须眉，积健为雄，因而给她取了这个非常男性化的名字。她从小资慧聪颖，学习游刃有余，进入中央大学攻读数学专业没多久，被爱因斯坦、居里夫人等物理大牛折服，改学物理。1936 年，她来到美国伯克利大学，前后师从劳伦斯、奥本海默，并在二战时期参与了曼哈顿计划，铀离心浓缩的方法就是她的团队研发出来的。

在杨和李找到她的时候，吴健雄已经是研究弱相互作用 β 衰变的权威，她立马意识到这是一个非常有价值的问题，值得研究。思来想去，她的目光落到了当时已经用于肿瘤治疗的钴 60。

钴 60 在自然界不存在，却非常容易制取，用中子照射常见的钴，就可以将钴 59 变成钴 60。钴 60 的半衰期是 5 年多，不长也不短，容易在实验室里计量。

钴 60 的衰变有一些特别，它会衰变成镍 60，同时释放出电子、反中微子和光子，当时还没有探测中微子的手段，只能观测另两种粒子。释放电子的过程是弱相互作用，而释放光子的过程是电磁相互作用，当时已知电磁相互作用是遵守宇称守恒的，所以释放出来的电子可以提供很好的参考作用。通过实验去对比不同自旋的电子的分布，如果在同样自旋方向上的比例都一样，则可得到弱相互作用宇称守恒的结论，但如果有反例出现，杨振宁和李政道的假设就是对的。

想法是美好的，但是做起来又是多么的艰难。原子核的磁矩只有电子的几千分之一，将不同自旋的钴 60 原子核极化需要非常强的磁场，因此吴健雄团队先用液

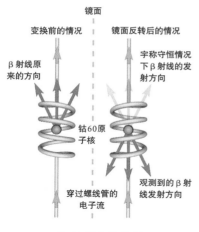

镜面

变换前的情况 | 镜面反转后的情况

β射线原来的方向

宇称守恒情况下β射线的发射方向

钴60原子核

穿过螺线管的电子流

观测到的β射线发射方向

钴60实验的原理

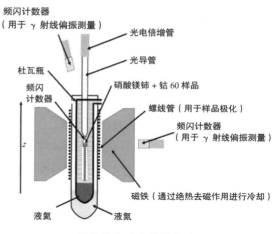

频闪计数器（用于γ射线偏振测量）

光电倍增管

光导管

杜瓦瓶

频闪计数器

硝酸镁铈＋钴60样品

螺线管（用于样品极化）

频闪计数器（用于γ射线偏振测量）

z

磁铁（通过绝热去磁作用进行冷却）

液氮　　液氮

吴健雄实验的具体方法

氮将体系温度冷却到 1.2 K 以下，将钴 60 沉积在一块顺磁性的硝酸镁铈晶体上，再用泵将液氮抽低压，这样，体系温度进一步冷却到 0.003 K。钴 60 在低压下受到磁场的作用，被向上或向下引导出来。这时候再分别用计数器去检测上下两部分的电子数。

左右手竟然不是对称的。

吴健雄发现绝大多数电子的出射方向都和钴 60 原子核的自旋方向相反，在弱相互作用中，宇称是不守恒的，上帝果然是一个"左撇子"。

吴健雄论文发表后仅仅一个月，《纽约时报》就以头版报道了吴健雄实验的结果。杨振宁、李政道、吴健雄这三个美籍华人的发现震惊了整个物理学界，使全人类对于宇宙的认识上升了一个新台阶。

小 测 试

1. 被誉为中国居里夫人的是

    A. 宋美龄　　　B. 屠呦呦　　　C. 吴健雄　　　D. 林巧稚

2. （多选）最早提出宇称不守恒的两位华裔科学家是

    A. 杨振宁　　　B. 李政道　　　C. 丁肇中　　　D. 吴健雄

【参考答案】1. C　2. AB

🔬 3. 上帝真的是个左撇子

无数物理学家穷极一生所追求的，莫过于那几个守恒律。守恒的物理量代表的是物理学的最高境界：简单就是美。用中国古话说，叫大道至简。物理学家的工作，无非是去理解和发现这些自然法则。

1918年，德国女数学家诺特发表了一篇论文，提到每一条守恒律都可以和一种对称性对应起来，比如：

动量守恒代表的是空间平移的对称性，空间的性质在哪里都是一样的，并不因为你在南京而不在上海，你就会胖一点或者跑得快一点。

德国女数学家诺特，她提出的"诺特定理"影响深远。

角动量守恒代表的是空间的各向同性，不管转多大角度，物理定律都是一样的，如果你要说你转多了头晕，不是由于空间出错了，而是由于你的生理特征，这也由更深层次的物理学定律支配。

能量守恒代表的是时间平移的对称性，时间总是均匀地流逝着，时钟不可能一会儿快一会儿慢。

这就是伟大的"诺特定理"，它体现了守恒律的美。

而现在吴健雄的实验告诉大家，原来我们的宇宙竟然有一个不守恒的地方，而且是我们之前最意想不到的地方——镜像不对称。大多数人首先都表示不能接受，泡利"左撇子"的论调正是代表了大家的心声。但随即，智慧者也开始思索，实验是不会说谎的，必须相信实验，那是不是代表这背后还有更深层次的奥秘呢？

一直以来，电荷对称性也被视为宇宙真理，每一种粒子都有其对应的一种反粒子，除了电荷以外，其他性质几乎完全一样。但奇怪的是，为什么我们身处一个正物质的世界，这个宇宙中的反物质竟然如此之少？只能假设在宇宙创世之初，由于某种原因，多产生了一点正物质，但这样的话，电荷对称性就受到挑战了。

1957年吴健雄的钴60实验之后，苏联物理学家郎道提出，电荷可能不对称，宇称也被证明不守恒，但可能电荷（C）和宇称（P）合在一起就守恒了。他称之为 CP 对称性，也就是说电子和镜子里面的正电子遵循同样的物理定律。

然而这种新的理论假设仅仅过了 7 年就被打破了，1964 年，美国物理学家克罗宁和菲奇研究了一种中性 K 介子，在它衰变成两个带电 π 介子的过程中，CP 不守恒。这一发现使两位科学家获得了 1980 年诺贝尔物理学奖。

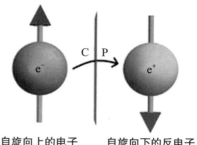

自旋向上的电子　　自旋向下的反电子

CP 对称性：将电子变成正电子，自旋方向改变。

物理学家们没有放弃最后的努力，他们相信我们的宇宙一定会用最精巧的方式去衍变和进化，他们还有最后一根"救命稻草"——1954 年泡利和吕德斯一起提出的 CPT 守恒，T 是时间反演。当电荷、宇称、时间同时反演的时候，物理定律又一样了，举个例子，电子和镜子里时光倒流的正电子遵循同样的物理定律。

问题是，现在已经证明了 CP 不守恒，如果 CPT 守恒，那就意味着 T 不守恒，可是谁看到录影带倒放的时候出现过什么"幺蛾子"呢？

根据 CPT 守恒，氢原子和镜子里时光倒流的反氢原子遵守同样的物理定律。

其实，从著名的热力学第二定律开始，物理学家就认识到，时间和其他的物理量不一样，我们从来看不到时间反转，却总是看到系统变得更加混乱，代表混乱度的"熵"总是越来越大。所以看起来，时间反演的对称性也不可靠，近年来，实验物理学家也在积极寻找微观世界里某些粒子作用中 T 不守恒的证据，但还没有完全被证实。

在杨振宁、李政道和吴健雄之后，物理世界看起来似乎更加混乱了，原本被认为合乎规矩的守恒定律——被打破，难道我们的世界真的是没有规律的吗？ 2008 年 10 月 7 日，瑞典皇家科学院宣布，美籍科学家南部阳一郎和日本科学家小林诚、益川敏英获得当年诺贝尔物理学奖，以表彰他们提出"自发对称性破缺机制"并揭示其起源。

"对称性破缺"又是什么？

原来，早在 1960 年，南部阳一郎就将铁磁系统和超导体中对称性破缺的概念引入到微观粒子系统，给出了第三种夸克的预言并被证实。当时他的思想过于超前，其他物理学家只能慢慢理解消化，一直到 40 多年之后才被认可，并因此获得了诺贝尔奖。

原来，我们的宇宙真的不是严格对称的。因为如果它严格对称，那么在宇宙大爆炸之后，就什么都不存在了。正是由于不严格对称，宇宙大爆炸之初生成的正物质比反物质略多，才有了我们现在以正物质为主要存在的丰富多彩的世界。我们的宇宙之所以如此精彩，乃是因为它就不是严格对称的。

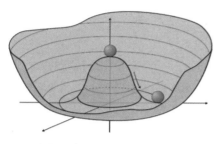

对称性破缺的一种比喻：中央的顶点是小球的一个随遇平衡点，当受到微扰，它就会落下来，产生运动，并发出各种丁零当啷的声音。稳定的、对称的、孤芳自赏的小球甚是无趣，丁零当啷才是我们宇宙的精彩。

现在我们可以理解，杨振宁、李政道和吴健雄关于宇称不守恒的发现意义有多么的深远，他们和钴 60 一起给我们打开了一扇通往宇宙奥秘的门。

1957 年，在钴 60 实验之后不到一年，当年的诺贝尔物理学奖颁发给了杨振宁和李政道，未提及吴健雄。吴健雄后来在给朋友的信件中写道："尽管我从来没有为了得奖而去做研究工作，但是，当我的工作因为某种原因而被人忽视，依然是深深地伤害了我。"这也算是人之常情吧，我想大家都可以理解。

不管怎样，吴健雄已经被冠上了"世界物理女王""核物理女王""物理第一夫人"等称号，她是女性的骄傲，甚至是全人类的骄傲，让我们永远记住这位伟大的"中国的居里夫人"吧！

1. 将守恒律和对称性联系到一起的女科学家是

　　A. 吴健雄　　　B. 居里夫人　　　C. 诺特　　　　D. 屠呦呦

2. 文中提到，我们的宇宙如此精彩的原因是

　　A. 人择原理　　　　　　　　B. 不确定性原理

　　C. 能量守恒定律　　　　　　D. 自发对称性破缺机制

【参考答案】1. C　2. D

第二十八章　镍（Ni）

镍（Ni）：第 28 号元素，在空气中难被氧化（原理与铝一致），常用于铸币。地质学家相信，整个地球中镍含量丰富，大部分位于地核中，地球中心是一个超大的铁镍核。正是这个铁镍核的转动，让地球产生了磁场。

1. 镍：钱币元素还是恶魔元素

话说道君皇帝宋徽宗不仅擅长绘画，书法过硬，还有一个不为人知的爱好，那就是铸钱，他绝对称得上是中国历史上三大铸钱高手之一（另两个是王莽和朱元璋）。他先后改年号崇宁、政和、宣和等，每次更改年号，不可避免的就是铸印新钱。右图的"宣和通宝"如今仍然清晰可见，洁白如银，难道徽宗皇帝年间，宋朝真的如此富有，都已经用银来铸钱了吗？当然不是，宋朝虽然经济发达，GDP 超过全球一半，但还不至于用银铸钱，这枚"宣和通宝"实际是一种白铜。

宋徽宗年间的"宣和通宝"，中国最早的白铜铸钱。

中国白铜的生产最早可以追溯到晋朝的云南。相比于青铜，它色彩光亮，不易被腐蚀，成为非常贵重的奢侈品，我国古代的"鋈"（wù）指的就是白铜。唐朝年间，只有在为一品朝臣拉车的牛身上，才能看到用白铜做的装饰品。这种白铜后来远销海外，波斯人将其称为"中国石"，欧洲人将其称为"中国银"，英文里"paktong"就是白铜的音译。

18 世纪，欧洲的现代化学分析已经兴起，有化学家开始研究中国白铜的成分，瑞典人首先揭开其面纱，原来白铜不过是一种铜镍锌三元合金，白铜之所以如此光

精美的白铜工艺品

亮抗蚀，是因为其中含有镍元素。

1823 年，德国人仿制白铜成功，几年后，开始大规模工业化生产，这种合金被更名为"德国银"。中国白铜从此在欧洲销声匿迹，清政府丢失了很大一块出口市场，这也算是中西此消彼长的一个缩影吧。

瑞典人首先破解中国白铜绝非偶然，整个 18 世纪，瑞典的化学水平跟英、法可谓并驾齐驱，大家还记得上一个元素"钴"的发现者瑞典人布兰特吗？今天我们要提到的是他的学生克朗斯塔特。

1751 年，克朗斯塔特在瑞典的钴矿中找到一种红色矿石，从颜色来看，里面很有可能有铜。他希望能在实验室里把铜分离出来，结果却得到一种银白色的金属。因为这种矿石就是红砷镍矿，而且来自钴矿，开采对矿工的健康有害，和钴（Cobalt）用"小妖精"来命名类似，他将它命名为"Nickel"，意思就是"大恶魔"。

镍在地壳里分布较少，只有 80 g/t，比锰少很多，但略多于铜，它主要分布于黄铁矿、硫镍矿和氧化镍矿中。为什么云南的白铜如此有名，就是因为我国古代大部分镍矿都分布在云南地区。但地质学家相信，整个地球中镍是很多的，大部分位于地核中，地球中心是一个超大的铁镍核。正是这个铁镍核的转动，让地球产生了磁场。

人类接触镍元素其实很早，在铁的篇章里我们提到，古埃及时期人们就开始使用陨铁，陨铁就是一种铁镍合金，镍占 5%~10%。地质学家们相信，这就是地球核心的成分，陨铁就来自太阳系早期未成功聚合成行星的星核。

美国五分镍币，头像是杰弗逊。

不锈钢中除含有铬元素外，往往还会掺入少量镍，以提高不锈钢的耐腐蚀性能。200 系列的不锈钢以锰代镍，耐腐蚀性能就比较差，是一种 300 系列铬镍奥氏体不锈钢的廉价替代品。镍的耐腐蚀性能更让它成为人们的"掌上明珠"，很多国家都用镍制造过硬币，比如美国、加拿大等，在很多国家，镍的英文名"Nickel"更广为人知的意思是"镍币"。

加拿大五分镍币，头像是伊丽莎白二世。

话说中华民国也用过镍币，这枚五毛钱硬币的头像是孙中山先生。

镍和铁、钴类似，也具有磁性，有一种铝镍钴合金，被称为"磁钢"，经常被用来制作超硬度永磁合金，我们常见的磁铁材料都是用这种材料做的。

镍还和镉一起用来做充电电池，它的缺点也很明显，如果处理不当，会出现严重的"记忆效应"，电池使用寿命大大缩短，另外镉是一种有毒的重金属，不严格处理会污染环境。后来又发展出来了镍氢电池，用金属的氢化物取代了有害的镉，重量更轻，电量储备更大，对环境污染较少，已被列为电动汽车首选动力电池。

▶镍氢电池

◀这种 U 型磁铁就是用"磁钢"做的，化学成分是铝镍钴合金。

1. 被称为道君皇帝的是

　　A. 秦始皇　　　　B. 汉武帝　　　　C. 宋太祖　　　　D. 宋徽宗

2.（多选）瑞典人研究发现中国白铜中含有的元素有

　　A. 锌　　　　　　B. 锡　　　　　　C. 镍　　　　　　D. 铜

【参考答案】1. D　2. ACD

2. 反式脂肪酸之惧

妈妈经常教育我们："奶油蛋糕不能吃，珍珠奶茶不能喝，薯条不能吃，爆米花不能吃……因为里面有反式脂肪酸！"

哎，人生还有意义吗？

妈妈说的究竟有没有道理，还是让我们先看看这反式脂肪酸究竟是何方神圣。

我们知道植物油脂是液体，动物油脂是固体，这是因为植物油中的主要成分是不饱和脂肪酸甘油酯，而动物油脂中的主要成分是饱和脂肪酸甘油酯。19 世纪末，欧洲各国社会动荡，农业生产衰退，包括黄油在内的农副产品严重短缺。而他们的膳食离不开黄油，这可是一个大商机，化学家们开始研发人造黄油。

法国人萨巴蒂埃研究了有机物催化加氢反应，这让他获得了 1912 年诺贝尔化学奖。

1901 年，德国人诺曼试着用萨巴蒂埃的理论将植物油加氢，果真得到了人造黄油，他随即开

20 世纪初的烹饪食谱 Tested Crisco Recipes

办了自己的人造黄油工厂，利润滚滚来。这一发明迅速传播出去，英国在 1909 年开办了人造黄油工厂，第一年就生产了 3 000 吨人造黄油，可见欧洲人对黄油的需求。美国也于 1911 年开始生产，在这种背景下，西方人的食谱一下子丰富了很多，人造黄油被添加到各种加工食品中。当时一本烹饪食谱 Tested Crisco Recipes 颇为流行，"crisco" 就是人造黄油的意思，引申义是胖子。

人造黄油虽然已经成功生产，但工业化以后，资本的逐利性会逼迫着研发工程师们降低成本，提高

"雷尼镍"的发明者——雷尼

生产效率。

1926 年，美国工程师雷尼申请了一项专利，他用一种"海绵镍"取代了之前的氧化镍，一下子将氢化植物油的催化效率提升了 5 倍。这种"海绵镍"很容易制得，将一块铝镍合金放到浓氢氧化钠溶液里加热处理，铝都和氢氧化钠反应产生了偏铝酸钠，剩下的就是多孔的海绵状的活性镍，这种多孔的镍表面积大大增加，极大地提高了氢吸附在催化剂表面的效率，氢化植物油的反应效率当然也就大大提高了。

"海绵镍"一问世，马上得到了众多化学工作者的青睐，不仅被用于人造黄油的生产，还被用于很多化工领域的加氢反应中，它有一个更响亮的名字——"雷尼镍"。

"雷尼镍"跟反式脂肪酸有什么关系呢？这要涉及植物油氢化中"雷尼镍"的催化机理。

之所以要扩大镍的表面积，是希望氢更多地吸附在镍的表面。当一个油酸分子靠近镍的表面的时候，碳碳双键被打破，其中一个碳原子和氢原子先结合成碳氢键，这个碳原子会暂时吸附在镍的表面，然后等待另一个碳原子加氢。前一个步骤是可逆反应，有些加了一个氢的碳原子会把氢原子脱掉，恢复到原来的状态。在这个时间差里面，碳碳键不会老实地固定下来，有可能会旋转，当碳碳键正好转了 180°，就变成了反式的油酸。据统计，通过"雷尼镍"催化的氢化植物油中会含有 15%~35% 的反式脂肪。

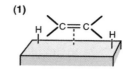

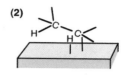

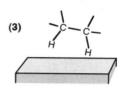

产生反式脂肪酸的关键在于这步可逆反应，这不安分的碳碳键非要旋转。

1914 年，一个叫弗雷德的小男孩诞生在美国。30 岁那年他获得了威斯康星大学生物化学博士学位，之后他开始研究心血管疾病。他拿到一些死于心脏病的患者的动脉血管样本，想看看究竟是一些什么东西造成了血栓、动脉硬化。他发现，这些患者的血管里确实有大量的脂肪，但却不是普通的脂肪，而正是人工生产出来的反式脂肪。

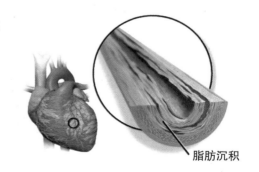

冠心病往往源自高血脂造成的血管里的脂肪沉积。

接下来，他花费了好几年的时间用小老鼠做实验，终于得出结论：天然脂肪中的顺式脂肪是容易被消化的，而人工生产出的反式脂肪需要更长时间分解，因此更容易在血管中沉积。预防心血管疾病，不是远离肉类食品就可以了，若长期食用食品添加剂中的反式脂肪酸，日积月累也极有可能会中招。

在 20 世纪 50—60 年代，当时医学界普遍认为是脂肪和胆固醇造成心脏病。由于观点不被认可，弗雷德跟反式脂肪酸斗争了半个多世纪，一度拿不到科研经费，可是他没有放弃，2013 年，99 岁高龄的他将美国 FDA（食品药品监督管理局）告上法院，起诉 FDA 不作为。这样的行动终于得到了 FDA 重视，2015 年 6 月，美国 FDA 发表声明："在食品中加入反式脂肪酸并不安全，将在 3 年后完全禁止食品生产厂家在食品中添加反式脂肪酸。"

令人尊敬的弗雷德老爷爷

弗雷德老爷爷身体力行，每次去超市购物都要仔细查看食品的成分，在饭店里也坚决不吃烧烤食品，所以他直到百岁高龄还能骑车、游泳。他以自己的百岁高龄为自己的观点作证，并最终获得成功，弗雷德老爷爷真是一段传奇。

看到这里，你是不是已经失望透顶了？弗雷德老爷爷都已经用科学方法证明了反式脂肪酸有害，以后又少了多少美味呢。

蛋糕中的奶油通常都是人造黄油。

确实，在蛋糕、饼干、速冻比萨饼、薯条、爆米花等食品中，加入人造黄油是不可避免的。在一些加工食品中，比如速溶咖啡，人造黄油更是使用普遍。我们也可以向弗雷德老爷爷学习，在超市选购食品时查看其中的成分，当然上面不会直接写"人造黄油"，大家可以对以下关键字保持警惕：氢化植物油、植物起酥油、人造奶油、植脂末、黄奶油、酥皮油。

谨慎啊，油炸食品虽能让嘴巴愉悦，在动口之前还是先想想自己的小心脏啊。

再补一刀，人造黄油只是反式脂肪酸的来源之一，另一大来源就是烧烤、油炸食品。原本"好"的植物油酸虽然

我们在购买零食的时候可以注意下包装上的营养标签。卫生部 2011 年颁布的《预包装食品营养标签通则》规定，食品中反式脂肪酸含量 ≤ 0.3 g/100 g 时，可在营养标签中标示为 0（美国是 0.5 g/100 g，比中国宽松）。也就是说我们吃到的号称"零反式脂肪酸"的食品里也可能会有微量的反式脂肪酸。

没有加氢，但在长时间加热下，也会生成一些"坏"的反式脂肪酸。

最后还是给大家松口气，"天然"的食物中也含有反式脂肪酸。对，你没有听错。反式脂肪酸也存在于你每天都在吃喝的植物油、牛奶、酸奶、牛羊肉中。你是不是觉得生无可恋了，天底下还有能吃的东西吗？

还是那句话，"脱离剂量谈毒性都是要流氓"！没错，它们确实是健康食品，但同时它们也确实含有反式脂肪酸，只是这个量微乎其微，比如 100 g 牛奶中约有 0.07~0.1 g 的反式脂肪酸。

其实，顺式脂肪也好，反式脂肪也好，都是脂肪，不同点在于前者是大部队，而后者是小分队，不能因为反式脂肪容易沉积就无视顺式脂肪对人类健康的影响，控制脂肪摄入的总量才是正道。如果你大多数时候还是吃中餐，那你多半是安全的。按照我国传统的饮食习惯，从食物中摄取的反式脂肪酸量很小，很难超过 WHO 建议的 1% 的水平。真正须要注意的还是那些让我们嘴馋的零食，比如人造黄油、糕点、饼干等，它们才是反式脂肪酸的"大户"！话说回来，锻炼身体，健康生活，才能保证体内脂肪的平衡。

加工食品、油炸食品少吃也没错，除了要注意反式脂肪酸，还记得"钠、钾兄弟和高血压"吗？至于油炸食品，其中的聚丙烯酰胺危害就更大了。如果再有小伙伴问过生日还能不能吃奶油蛋糕，我只能告诉你，快乐更重要，好的心情能够帮你排出更多的反式脂肪酸。

最后，我们还要寄希望于我们的化学工作者，能开发出更好的催化剂取代现在的"雷尼镍"，把碳碳键锁定，不要让它乱转，让新一代人造黄油含有更少的反式脂肪酸，诺贝尔奖在等着你们。

奶油蛋糕之所以使用人造黄油，除因为价格低廉外，还因为天然动物奶油黏度太低，时间一长，蛋糕就塌了。人造黄油可以让奶油蛋糕更加坚挺，容易保存。

小测试

1. 氢化植物油的催化剂被称为

    A. 雷尼镍   B. 维尼镍   C. 托尼镍   D. 哈尼镍

2. （多选）下列选项中含有反式脂肪酸的有

    A. 油炸食品   B. 天然食品   C. 水   D. 氢化植物油

3. 下列信息中，不正确的是

    A. 卫生部 2007 年 12 月颁布的《食品营养标签管理规范》规定，

        食品中反式脂肪酸含量≤ 0.3 g/100 g 时，可标示为 0

    B. 2015 年 6 月，美国 FDA 发表声明："在食品中加入反式脂肪

        酸并不安全，将在 3 年后完全禁止食品生产厂家在食品中添加

        反式脂肪酸。"

    C. 1925 年 12 月，美国工程师雷尼申请了一项专利，他用一种氧

        化镍取代了之前的"海绵镍"，一下子将氢化植物油的催化效

        率提升了 5 倍

    D. 天然纯牛奶中也有 3%~5% 的反式脂肪酸

【参考答案】1. A   2. ABD   3. C

第二十九 三十章

铜锌

元素特写

铜：绿色是我的外衣，导电是我的特性，参与和见证文明的发展是我的使命！

元素特写

锌：小到电池，大到船舶，外及钢材，内达人体，我是那个无处不在却总被牺牲的锌……

第二十九章　铜（Cu）

铜（Cu）：位于元素周期表第 29 位的紫红色固体。铜是人类最早使用的金属之一，也是最早掌握冶炼技术的金属，还是人体所必需的一种微量元素。早在史前时代，人们便炼铜来制造器皿和武器。铜的使用对早期人类文明的进步影响深远。现在，铜还常用来制造金属导线和硬币，在生活中十分常见。

1. 万紫千红总是铜

在运动会的领奖台上，铜牌是最低等级的奖牌，排在金银之后，但在人类文明的金属排行榜中，铜却屡屡排行第一，堪称人类文明的助产士！

铜是最早一批被人类从矿石中开采出的金属（和金、银一起，孰先孰后已无从考证），自然界中就有铜单质。大约 10 000 年前，已经有人开始使用自然界中的红铜。

铜是第一种通过冶炼从矿石中提炼出的金属，大约 7 000 年前，已经有人掌握了冶铜工艺。

铜是第一种用模具铸造的金属，铜制品开始出现在人类生活的方方面面，这大约发生在 6 000 年前。

铜还是人类利用的第一种合金金属，大约 5 500 年前，铜和锡组成的青铜合金出现，它开创了人类文明的一个时代。

铜的化学性质比金、银活泼，但相对

天然的铜矿

于铁、铝还是要稳定得多，在干燥的空气中它不易受氧气的侵蚀，所以祖先们能够找到较纯净的铜。

大多数金属都是银白色，仅有金、铯、铜等少数呈其他颜色，纯铜的紫红色与黄金的颜色有些接近，汉语里的"铜"即来源于此，意为和黄金"相同"。由于它独特的颜色，纯铜又被称为"赤铜""红铜"或"紫铜"。

在石器时代和青铜时代之间，有一个"红铜时代"，距今约 6 000 年。红铜很软，和金银差不多，所以特别容易被打制成人们需要的各种形态。古人被这种紫红色的金属吸引，主要用它来做挂件、装饰品。

古人制作的红铜装饰品

1991 年 9 月，德国登山游客西蒙夫妇去阿尔卑斯山探险，在一个山谷中，他们发现了一具赤裸、扭曲、脸朝下躺在冰雪中的尸体。经过研究，这位"冰人"已经有 5 000 多年的历史，阿尔卑斯山上经年累月寒冷的风雪已经将他变成一具天然的木乃伊，人们给他起了个德国名——"冰人奥兹"。

"冰人奥兹"对考古界最重要的贡献是他身上的器具，他带着一把长弓、一袋箭，还有一把斧头。这些似乎没有什么特别之处，但化学分析显示，这把斧头含 99% 的铜、0.22% 的砷、0.09% 的银，这就厉害了！说明 5 000 多年前欧洲已经进入铜器时代，但还不是青铜时代，而是较早的红铜时代。直到现在，纯的"红铜"仍在发挥它重要的作用。由于纯铜的电导率在金属中仅次于银，因此被用作电线，现在已经开始尝试用铝线取代铜线，但铜的优势仍然存在。

"冰人奥兹"手持的铜斧

铜比铁耐腐蚀得多，一般的非氧化性酸奈何不了它，因此在建筑、雕塑中将铁、铜搭配是很常见的，用铁做内部，用铜做外皮。最有名的这种雕塑莫过于美国自由女神像，用 120 吨的钢铁为骨架，80 吨铜片为外皮。

美国的象征——自由女神像

中国也有类似的雕塑，比如河南平顶山的"中原大佛"——世界上最高的佛像。它高达208 m，通体用特种钢作为内芯，外表用总质量为3 300吨的13 300块铜板焊接而成，之所以表面金光闪闪，是因为镀了108 kg黄金。

捷克首都布拉格地铁里的铜锈，在地下潮湿的环境里，铜尤其容易生锈。

中原大佛在表面镀金，是吸取了自由女神像的教训。岁月在自由女神像上留下了痕迹。1886年刚落成的时候，她还是一副古铜色的身板，而现在我们看到的她是绿色的，自由女神像怎么变绿了呢？原来，这和铜的化学性质有关。在干燥的情况下，铜不易被氧化，但在二氧化碳、水和氧气的共同作用下，铜的表面会缓慢生成一层绿色的铜锈，也被称为"铜绿"。

在中医里，铜绿是一种中药，也被称为"铜青"，中医会将醋喷洒在铜器上，加速铜的锈蚀，等到表面产生锈迹后，用器具刮取下来。《本草纲目》记载："铜青乃铜之液气所结，酸而有小毒，能入肝胆，故吐利风痰，明目杀疳，皆肝胆之病也。"

从现代医学的角度来看，中医里的这一招算是以毒攻毒了。铜是一种典型的重金属，铜离子进入人体之后，会使蛋白质变性，显然是有毒性的。高中化学课本上这样写道："如误食硫酸铜溶液，服用大量鸡蛋清解毒。"

鸡蛋清是各种重金属离子的解毒剂。

当然铜的毒性也不是完全没有用处，将硫酸铜和熟石灰加水混合，就得到了一种经典的杀菌剂——波尔多液。这种杀菌剂的名称与盛产葡萄酒的波尔多有关，故事是这样的：

1878年，一场奇怪的霉叶病横扫法国，无数葡萄庄园几乎绝收。有一天植物学教授米拉德在波尔多路边散步，走到一处却发现这里的葡萄树郁郁葱葱，丝毫没有受到霉叶病的影响。他发现这些葡萄树上喷洒了一些蓝白相间的东西，原来这是庄园主人为了防止行人偷吃而喷上的"毒药"。

波尔多液，配制简单，杀菌效果强大，农民伯伯都爱它。

米拉德受到启发，研究了配方并立即在一些庄园里试用。波尔多的葡萄庄园迅速走出了霉叶病的阴影，这种杀菌剂也因此得名"波尔多液"。

大部分的铜盐都是蓝色的，形成晶体之后晶莹剔透，很是美丽。最常见的硫酸铜是一种净水剂，游泳池的蓝色就来自铜离子。

铜的盐酸盐——氯化铜的溶液却是绿色的，这是因为其中形成了四氯合铜离子。一般情况下，铜不和盐酸反应，但把铜加入浓盐酸后共热可以发生反应，不信你去化学实验室试试，注意安全哦，戴上眼镜、口罩，打开通风橱。

◀不用担心游泳池里的铜离子，少量的铜离子对人体无害，呛点水也无所谓。

▲绿色的氯化铜溶液和粉末

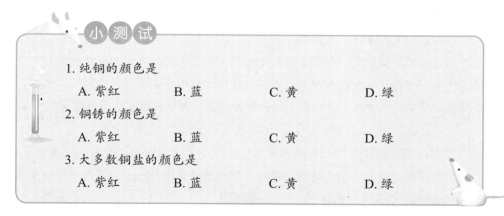

小测试

1. 纯铜的颜色是

    A. 紫红   B. 蓝   C. 黄   D. 绿

2. 铜锈的颜色是

    A. 紫红   B. 蓝   C. 黄   D. 绿

3. 大多数铜盐的颜色是

    A. 紫红   B. 蓝   C. 黄   D. 绿

2. 青铜时代（一）——潘多拉的魔盒

几百万年前，我们的祖先们走出蒙昧，天然的石头、木棍就是他们最原始的武器，这就是漫长的石器时代。终于到了 10 000 年前左右，人们开始利用金、银、铜等金属，但它们大多数是作为装饰品或奢侈品，因为实在太软了。最早，他们将这些金属看作是有韧性可锻造的特殊石头，用捶打、磨制等方法进行冷加工。直到祖

【参考答案】1. A   2. D   3. B

先们会运用火，他们才开始用熔炼的方法从矿石中提炼金属。其实铜的熔点比银还高，但因为银经常与铅等矿物混合在一起，难以提取，所以最早提炼出的金属就是铜。祖先们发现，铜经过热处理能变成液体，可以被人们铸造成各种容器或各种形状的模具，冷却之后，铜又恢复原来的硬度。这就是"红铜时代"里人类能做的事情。

到了约 5 000 年前，祖先们发现，在铜里加入其他金属，可以冶炼出更加优质的合金，尤其是加入一些锡之后，冶炼出的合金显棕色，但由于它们年代久远，出土时已经生锈，故名"青铜"。这种青铜的硬度比纯铜大得多，更不用跟易碎的石头比了。青铜兵器迅速取代了之前的石头、木棒兵器，成为第一代"大杀器"。

从旧石器时代进化到新石器时代，人类文明在世界各地星罗棋布，形成了一个又一个人类聚集地，甚至城市的雏形。人类学会用石头垒起高高的城墙，保卫自己免受野兽和蛮族的侵扰。那时候的战争，无外乎用木棒对抽，石头对扔，最多用弓箭互射。那是真正的人海战术，哪方人多，就更有可能获胜。好战的部落即使生育能力再强，也耗不起连日的战争，终会被淘汰。那段时间是人类文明相对和平的时代，人类最大的敌人是疾病，是野兽。

进入青铜时代以后，掌握了青铜冶炼技术的文明在战场上对原始文明具有压倒性的优势，木棒、石头在青铜武器面前，就好比长枪弓箭面对八国联军的大炮。人类文明经历第一次洗牌，几大文明古国迅速崛起。青铜开启了战争的魔盒。

当时，能被利用的铜和锡都较稀有，而在一个文明内部，有限的"贵族资源"只能被掌握在少数人手里。之前，部落首领一般是其中有权威的老者，相对于其他成员，没有掌握什么高科技，也没有生杀予夺的权力，更多作为一个象征。

冶炼技术对"新时代"的统治者来说，则是其统治合法性的象征，手无寸铁的民众面对手持重器的统治者只能俯首称臣。因此中国古代有"国之大事，在祀与戎"的说法，例如大禹治水之后铸九鼎，之后"九鼎"在很长一段时间里一直是华夏统治者的国之重器。因此，

古希腊壁画中在采矿的奴隶

有限的青铜更多地被用来做兵器，而没有被用来做农具，青铜器皿大多出现在统治阶级家中，平民的"陋室"里只能看到陶器。

青铜器使统治者对内慑服，对外扩张，内部的贫苦人民、罪犯和外部的战俘成为奴隶。这些奴隶没有基本的人权和自由，只是奴隶主的私人物品，奴隶主可以任意买卖和杀害他们，更加悲惨的是，奴隶的子女生下来就是奴隶。这是人类历史上第一次阶级分化，也是最极端最残忍的分化。难怪有人说："人类从野蛮进入文明，从一开始就充满了'不文明'。"

下一节，我们就看看这最初的青铜时代文明是多么精彩。

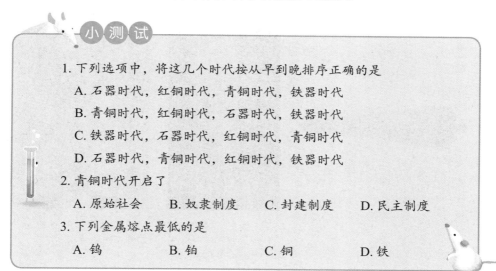

小 测 试

1. 下列选项中，将这几个时代按从早到晚排序正确的是
    A. 石器时代，红铜时代，青铜时代，铁器时代
    B. 青铜时代，红铜时代，石器时代，铁器时代
    C. 铁器时代，石器时代，红铜时代，青铜时代
    D. 石器时代，青铜时代，红铜时代，铁器时代
2. 青铜时代开启了
    A. 原始社会   B. 奴隶制度   C. 封建制度   D. 民主制度
3. 下列金属熔点最低的是
    A. 钨   B. 铂   C. 铜   D. 铁

3. 青铜时代（二）——文明的曙光

目前公认最早进入青铜时代的是西亚地区的苏美尔人，距今约5 000年前，他们就掌握了青铜冶炼技术。那时的苏美尔是全世界的中心，城市占地以平方千米计，人口达到数万人。在当时，乌鲁克、埃利都、基什、尼普尔……这些古城的名字就如同现在的纽约、巴黎、东京、上海……据考证，早在5 000年前，苏美尔已经有了常备军制度，比中国早了两千多年。这些职业军人手持各种青铜武器，与其说他们主动对外扩张，不如说只有拥有了青铜武器的他们才能在饱经战乱的美索不达米

【参考答案】1. A   2. B   3. C

亚存活下来。

两河流域之外，尼罗河是第二个文明的摇篮，那里诞生了灿烂无比的古埃及文明。古埃及比苏美尔约晚一个世纪踏入青铜时代，掌握了青铜冶炼技术的古埃及迅速统一，紧跟苏美尔，成为全世界新的中心，其首都孟菲斯城是当时最大的城市，金字塔、狮身人面像都是建造于这个时代。

之后，古埃及人跟邻近的喜克索斯人纠缠了好几个世纪，直到图特摩斯三世时期（公元前15世纪），这位雄主一生出征16次，无一败绩。古埃及的版图拓展到两河流域，美索不达米亚各国向古埃及称臣，古埃及成为全世界人民心中完美的存在。

苏美尔时代的青铜兵器，距今约 5 000 年。

古埃及铜镜，来自古埃及第十八王朝，距今约 3 500 年。

图特摩斯三世时期的斯芬克斯青铜像

上古时代另一个神秘之地莫过于地中海里的克里特岛，几乎和图特摩斯三世同时期，岛上的米诺斯王朝进入青铜时代，他们将克里特岛建设得美轮美奂，最出名的是传说中气势恢宏的克诺索斯王宫，它千门百户，简直就是一座迷宫。

相传米诺斯王的儿子牛头人身，是一个怪物，米诺斯王只好将这头"米诺牛"关在"迷宫"里，每年让希腊半岛上诸城邦进贡童男童女，送进"迷宫"，其后果也就不得而知了。雅典国王阿吉斯的儿子提修斯是一位勇敢的英雄，他主动要求作为童男进入迷宫，解救苍生。临走时，阿吉斯拉着儿子的手约定，如果能凯旋，就将黑色的船帆涂成白色。

英武的提修斯一到克里特岛就让米诺斯王的公主春心萌动，美貌的公主送给英雄一个线团，提修斯心领神会，将线团的一端系在入口，大义凛然地走进了迷宫。大英雄杀死"米诺牛"后，顺着线团成功走出迷宫，携美人而归，兴奋之余却忘了将船帆变换颜色。一心祈求诸神让儿子平安回来的父亲整天站在海边的悬崖上遥望远方，当他看到黑色的船帆由远及近，简直是伤心欲绝，于是跳下悬崖，葬身大海。英雄回国得到噩耗后才追悔莫及，从此以后，这片海域就以父亲阿吉斯的名字命名——爱琴海。

这虽然只是神话，却隐喻了克里特岛文明带动了希腊半岛上的迈锡尼文明。然而最终，迈锡尼人血洗克里特岛，米诺斯文明的财富转移到希腊半岛，古希腊文明登陆。

◀克里特岛上发现的铜锭，生产于米诺斯时代。

▶海底打捞出来的波塞冬（也有人怀疑是宙斯）青铜雕像，高两米多。

两河流域也好，古埃及也好，古希腊也好，这些文明的青铜资源都来自哪里呢？原来，在地中海东部，靠近土耳其的地方，有一个小岛，叫塞浦路斯。这里有着丰富的铜矿资源，在整个古希腊时期甚至之后的罗马时期，塞浦路斯都是最大的铜出产地。铜的英文名"Copper"就来源于塞浦路斯。

爱琴海中的岛屿大多迷人，比如圣托里尼岛、米克诺斯岛，都是各国游客心中向往之地。但在数千年前，另一个叫罗德岛的地方却是最繁华的地方，这里曾经耸立过一座巨像，被誉为上古世界七大奇迹之一，这就是罗德岛巨人像。

这座巨像的主人公是太阳神赫利奥斯（氦元素即以其命名），历经 12 年建成。整座巨像高 33 m，据说一个脚趾头需要两个人才能合抱。通体以大理石建成，其外表以青铜包裹。它被建造在罗德岛的港口处，两脚分别站立在港口的两边，每艘船只进出港口都必须经过太阳神的胯下。

罗德岛巨人像的漫画图

可惜的是，这座巨像只站立了56年，就在一次地震中倒塌了。这个巨人在岛上躺了800多年，一直到阿拉伯时代，残迹才被熔化重铸然后运走，据说阿拉伯人用了900头骆驼才将所有的青铜运完。

小 测 试

1. 最早进入青铜时代的文明是

    A. 苏美尔　　　　B. 古埃及　　　　C. 古希腊　　　　D. 古罗马

2. 古埃及历史上一生无败绩的巅峰之君是

    A. 克里奥帕特拉　　　　　　　　B. 图特摩斯一世

    C. 图特摩斯三世　　　　　　　　D. 拉美西斯二世

3. 上古世界七大奇迹中外表以青铜包裹的是

    A. 金字塔　　　B. 空中花园　　　C. 宙斯神像　　　D. 罗德岛巨人像

4. 青铜时代（三）——中华文明到底有几千年历史

看完西方的青铜文明，回到中国，专家们却为我们自己的历史纠结起来。最基本的一个问题，中国究竟有多少年的文明历史。我们这里说的是"文明历史"，像原始人、穴居人等跟我们今天的话题没关系，那么问题来了，怎样判断是否"文明"？

英国考古学家格林·丹尼尔第一个提出，"文明"有三个特征，即城市、文字、

商代出土的簋（guǐ）

复杂的礼仪建筑，只要满足其中至少两个条件，就可以称之为文明。但一些专家提出，还需要加上第四个条件——冶金技术。由于冶炼铜是最早被人类掌握的冶金技术，所以青铜器就成了他们眼里衡量文明与否至关重要的一个条件，红铜还不能算。

这实在不能怪这些好似"自作聪明"的学者，中国历史虽然源远流长，却一直是一本糊涂账。

【参考答案】1. A　2. C　3. D

中国历史上最权威的历史著作当属司马迁的《史记》,《史记》从三皇五帝时代开始,一直写到汉代。但其中有确切年代的史实只能上溯到周厉王时期,当时,周厉王堵塞言路致使国人暴动,西周进入了短暂的共和时期,这被称为"共和元年",后世史学家经过计算,发现这是公元前841年。

太史公的权威得到了中外史学家的普遍认可,所以大家对"共和元年"之后的中国历史没什么意见,但对那之前的历史就存在争议了。

1928年,安阳的殷墟被发掘出来,这里不仅被发现有高大的城墙、威严的宫殿,而且出土了大量的甲骨文和青铜器。其中的青铜器尤其精美,让全世界震惊,发掘出的后母戊鼎是迄今为止全世界最大、最重的青铜器。

这是一个强有力的证据,打消了质疑之声,既有甲骨文(文字),又有青铜器,商朝无可异议地成为可信的历史。但崇古的中国人心里还有个执念,不是一直说"中华上下五千年"吗?这加上商朝,最多也就3 500年啊,说好的夏朝呢?说好的三皇五帝呢?

一代大师顾颉刚考证中国古代的历史记录,发现对夏朝的事情描述得非常清晰,所以夏朝很可能是周朝统治者为了自己执政的合法性而捏造出来的,然后经后世流传,虚伪附会上的故事越来越多,这类现象使他提出了"层累地造成的中国古史观"。后来,美国女学者萨拉·阿兰更是提出,夏朝历史跟商朝历史十分类似,可能是周朝统治者夺位不正,因此杜撰一个商朝灭夏的故事,以此说明自己也是天命所归。

中华人民共和国成立以后,河南偃师的二里头遗址被发现,根据碳14测定法,年代大约处于公元前1900年至公元前1600年之间。这里不仅发现了宫殿、符号文字,还有车轮的痕迹,说明祖先们已经掌握了制造轮子的技艺,此外还发现了许多青铜器,

后母戊鼎

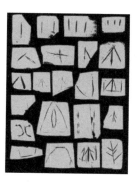

二里头文化中发现的文字符号,跟商朝甲骨文区别还是很大的。

二里头文化出土的青铜爵

包括各种酒器和鼎，甚至还发现了一个冶炼青铜器的作坊。用考古人员的话来说：从这里摸到了一个王朝的脉搏。

中国大部分学者都认同二里头遗址是夏朝遗址，但仍有一些人说二里头遗址中发掘出的文字还未被完全翻译出来，不能证明它跟夏朝有直接联系，我们的考古工作者依然任重而道远。

1996年，夏商周断代工程启动，这是一个以自然科学与人文社会科学相结合的方法来研究中国上古历史的工程，其中动用了碳14年代测定器，还调用了各种天文学记录。

2000年，该工程结题，"夏商周年表"正式公布。根据该表，夏朝约开始于公元前2070年，夏商分界大约在公元前1600年，盘庚迁都约在公元前1300年，商周分界（武王伐纣之年）定为公元前1046年，中国历史的准确年代往前推进了1 200多年。

夏商周断代工程一度饱受质疑，其实，科学是不怕质疑的，科学是欢迎质疑的。

不管二里头遗址是不是夏朝的遗址，发现的历史文物都真实存在，中国在4 000年前就已经进入青铜时代，这是毋庸置疑的。至于5 000年的历史，我们也没必要过于纠结，我们可以相信，我们的祖先不可能在4 000年前一夜之间踏入青铜时代，之前三皇五帝时代的精彩神话传说是完全有可能的。但要得到举世公认，还需要更多的考古证据。

至于有人提到中西考古标准不一，我们也完全可以用证据和数字去挑战西方的考古结论，这是另一个话题了。还有人质疑西方将荷马史诗作为信史，特洛伊城遗址的发掘也很不"科学"。

没有异议的是，从商朝开始，中国的青铜器产业达到鼎盛，全国各地都出土了不同时期的青铜器。每个时代都呈现不同的风采，不同地区的青铜器也有所差异，真是百花齐放。这些青铜器不但数量多，而且造型多样、品种繁多，不仅有兵器、农具、工具、车马器，还有酒器、食器、乐器、货币等，仅酒器的种类就有角、觯、爵、尊、壶等二十多种。

现在，这些青铜器不仅承载了历史价值，还具有很高的观赏价值，因而被收藏者青睐。其中很有名的除了之前提到的后母戊鼎，还有非常精美的四

造型精美的四羊方尊

羊方尊，现被收藏在中国历史博物馆，被称为青铜器十大顶级国宝之一。

在我国各地的考古发掘中，最有名而神秘的莫过于四川的三星堆遗址。据碳14

测定法分析,这里的出土器物大多来自公元前12世纪至公元前11世纪,对应于商代。但中国历史上从来没有提到过商代控制过巴蜀地区,因此三星堆文化很可能是传说中的古蜀文明。

在已经出土的古蜀秘宝中,有一座两米多高的青铜大立人,眼睛严重凸出,历史学界公认他是古蜀国王——蚕丛。另外还出土一棵高达4 m的青铜神树,也堪称独一无二的旷世神品。

三星堆出土的巨型铜人像

三星堆出土的青铜树,秀丽华美。

这些宝器出土以后,让世人叹为观止。在秦占领巴蜀之前,相对于中原文明,蜀地一直是边远化外之地。现在大家看到,文明的边缘地区尚且如此华美,那么我们的祖先是不是还创造了更多光辉灿烂的精彩?接下来是不是还会有更多考古的惊喜等待着我们呢?

给文明以岁月,不如给岁月以文明,我们不用去纠结我们祖先的文明是否更久远,而是应该关注他们曾经达到的高度,最后反思我们当代人应该做点什么。

小 测 试

1. 与"共和"有关的君主是
   A.周武王   B.周文王   C.周厉王   D.周平王
2. 已出土的最大、最重的青铜器是
   A.后母戊鼎 B.越王勾践剑 C.四羊方尊 D.三星堆青铜树
3. (多选)英国考古学家格林·丹尼尔第一个提出文明的判定标准有三个,只要能满足三个中的两个,就可以称之为文明,这三个判定标准是
   A.青铜器   B.文字   C.城市   D.复杂的礼仪建筑

【参考答案】1. C   2. A   3. BCD

5.青铜时代（四）——国之大事，在祀与戎（上）

春秋初期，齐国在齐桓公和管仲这一对君臣的带领下，成为第一个霸主。当时的齐国不仅军事强盛，经济文化也非常发达。古希腊有雅典学院，齐国有稷下学宫，著名的孟子、邹忌、荀子都曾来此讲学辩论，百家争鸣由此展开。当然，稷下学宫里也不光只有这些研究形而上的老夫子，还有很多技艺高超的工匠，他们曾"鼓捣"出一本《考工记》，是我国最早的手工业技术文献，在全世界考古界享有盛名。

《考工记》只有7 000余字，却涉及当时工业生产的方方面面，最引人注意的是对6种青铜器物的不同含锡量的记载，称之为"六齐"，总结一下，就是：

钟鼎之齐：铜5 锡1

斧斤之齐：铜4 锡1

戈戟之齐：铜3 锡1

大刃之齐：铜2 锡1

削杀矢之齐：铜3 锡2

鉴燧之齐：铜1 锡1

可以看出，不同铜锡比例的青铜合金性质是完全不同的，因而有不同的用途。这说明早在春秋战国时期，我们祖先的青铜冶炼技术就已经到了炉火纯青的地步。

《左传·成公十三年》云："国之大事，在祀与戎。"在那个蒙昧初开的时代，军事是一个国家的根本，最早的青铜合金大多数是用来做兵器。

在殷墟里，发掘出了大量的青铜钺、戈、矛，甚至还有青铜头盔。追溯到商代，这些长柄武器最为常用，大家推测一方面是因为远古的狩猎方式，另一方面还在于当时主流的作战方式是兵车作战。

到了西周，青铜刀

兵车作战，长柄武器较适宜，一寸长一寸强。

天下第一剑——越王勾践剑

和剑开始出现。进入春秋战国时期，王室衰微，诸侯并起，列国之间长期进行争霸战争，战争规模逐渐扩大，战斗方式也从兵车作战改变为更加直接的步兵战、骑兵战，短柄的刀剑更加适应这种作战方式。在这段时间里，由于战争的需要，军工产业加足马力运转起来，青铜兵器铸造技术越发高超，制作越发精良。比较有名的越王勾践剑，历经 2 000 多年而不腐烂，仍然保持锋利，其锋利程度竟让考古队员不慎将手指割破，有人再试，发现它仍可以将叠在一起的 16 层报纸戳破。在剑身上刻有两行篆书铭文，"越王鸠浅（勾践）自乍（作）用剑"，证明这就是传说中的越王勾践剑。目前此剑已是国宝，堪称"天下第一剑"。

战国七雄，终于秦统一天下。商鞅变法之后，秦国沦为一个彻头彻尾的战争机器，秦国的军工业因此突飞猛进。1994 年在秦始皇兵马俑二号坑内发现了一批青铜剑，每把剑身上都有 8 个棱面。考古学家用游标卡尺测量，发现它们的标准偏差还不足一根头发丝。在各处发现的秦国箭头，都是完美的三角锥形，并且考虑到了空气阻力的伯努利效应，在箭头上刻有螺旋纹。更可怕的是在一处发现的 200 多枚箭头几乎完全一样，这说明当时的秦国军工产业已经进入标准化生产，可以想象当时秦国有着无数的军工厂在日夜生产，给前方的将士们输送兵器弹药。

越王勾践剑的长度约为 56 cm，一般认为，青铜较脆，60 cm 就是青铜剑的极限了。但在兵马俑坑的发掘中，竟然出土了一把长达 91 cm 的青铜剑，后来又陆续发现了一批秦剑，长度都在 80 cm 以上。按照

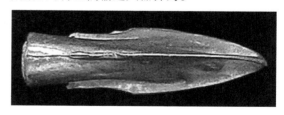
秦国的箭头

之前的经验，如此长的剑应该是很易折断的，怎能用于作战？难道它们只是花瓶，用于彰显尊贵地位或者只作为冥物吗？对于这个问题，我们可以回顾一个著名的故事。

战国末年，秦灭六国已是大势所趋，六国贵族垂死挣扎，史上最有名的刺客——

精美绝伦的青铜马车

荆轲挺身而出,在秦廷上图穷匕见,秦王大惊,抽身逃跑,荆轲紧追,秦王虽配长剑,却因剑长鞘紧,奔跑中无法拔出,秦剑的长度在这时差点要了秦始皇的性命。由于秦国的严刑峻法,不得王令,朝臣卫士是不允许上殿的,此时的场面颇为滑稽,一大帮秦臣只能在场下眼巴巴地目睹"拳击台"上的秦王和刺客自由搏击。

就在这紧张到极致的时候,一个聪明的侍从叫道:"王负剑!"既然跑动中从前面拔不出长剑,那就从背后拔。这真是救命的办法,秦王成功从背后拔出长剑,只一剑就砍断了荆轲的大腿,青铜长剑无可争议的锋利程度,宣告这次险些改变历史的刺杀就此失败。

荆轲刺秦失败后,秦王终成千古一帝,他的陵寝秦始皇陵成为考古界最大的谜团之一。目前,发掘秦始皇陵还不具备条件,但秦始皇陵的周边已经被考古学家挖了个遍。1980年,在秦始皇陵西侧的陪葬坑里,出土了两乘青铜马车,大小约为真人真马的二分之一。这些青铜马车都是事先铸造而成,后又经过精细加工,共由7 000多个零部件组成,铜马身上的缨络和链条用的铜丝直径仅有0.5 mm,其工艺水平,可见一斑。

如今,这两乘青铜马车已被列为中国古代十大青铜器之一,受国宝级待遇。

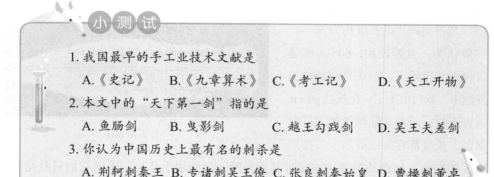

小 测 试

1. 我国最早的手工业技术文献是

    A.《史记》   B.《九章算术》   C.《考工记》   D.《天工开物》

2. 本文中的"天下第一剑"指的是

    A. 鱼肠剑   B. 曳影剑   C. 越王勾践剑   D. 吴王夫差剑

3. 你认为中国历史上最有名的刺杀是

    A. 荆轲刺秦王 B. 专诸刺吴王僚 C. 张良刺秦始皇 D. 曹操刺董卓

【参考答案】1. C 2. C 3. 略

6. 青铜时代（五）——国之大事，在祀与戎（下）

商朝鼎上的饕餮纹

讲完青铜兵器，再来说"祀与戎"的另一面：祭祀。上古时代，弱小的人类需要组织集体的力量去对抗自然，抵御侵略，与其说是用鬼神去麻痹大众，不如说是用宗教去凝聚人民，青铜器作为载体承担了祭祀的重任。

商代的宗教氛围浓重，在各种青铜祭器、礼器上都刻着上古神兽的符号，最常见的就是可怕的"饕（tāo）餮（tiè）"。这神兽可不是电影《长城》里那副动物的形象，它是神话中的恶兽，传说它极为贪吃，甚至连自己的身体都吃光了，所以《吕氏春秋》记载："周鼎著饕餮，有首无身，食人未咽，害及其身……"

周武王灭商之后，周公旦为了巩固周王朝的统治，建立了礼乐制度，用来规范贵族的言行，贵族在衣、食、住、行等各方面都有特定的礼仪规范。在这套制度里，尤其强调用音乐来作为身份的象征，到了"礼之所及，乐必从之"的地步。在当时，有五声八音，五声是指宫、商、角、徵（zhǐ）、羽五种音阶，而八音是指金、石、土、革、丝、木、匏、竹八种材质制成的乐器。其中，以金制成的编钟是上层社会专用的乐器，是等级和权力的象征。

1978 年，湖北随州城郊，空军某部正在扩建厂房，开山炸石，却发现了一座巨大的古墓，发掘工作随即展开。墓中共出土各种文物 15 000 多件，其中青铜器 6 000 多件，最有价值的是一套编钟，共 65 件，是迄今发现的最完整、最大的一套

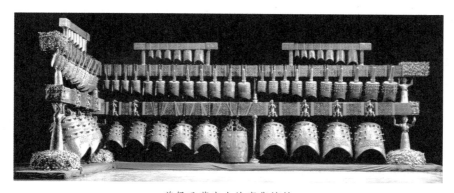

曾侯乙墓出土的豪华编钟

出土自曾侯乙墓的青铜"长颈鹿"，同样也是精美之作。

青铜编钟。其做工之精细，气魄之宏伟，堪称青铜乐器的巅峰之作，被誉为"国之瑰宝"。

这座古墓实在太大，墓主究竟是何许人也，才能享受得起这样尊贵的冥间厚待。工作者从主棺旁的一件短戈上的铭文"曾侯乙之寝戈"中发现了蛛丝马迹，原来，这座古墓的主人是曾国的诸侯，名"乙"，所以这座古墓被称为"曾侯乙墓"。据专家考证，曾国可能就是当时的随国。但随国也同样是个蕞尔小国，这种小国国王都能拥有如此豪华的墓葬，说明青铜文明在当时已经非常辉煌。

根据礼乐制度，天子用九鼎，诸侯七鼎，但曾侯乙墓中竟然有升鼎9件、饲鼎9件，明显僭越天子之制，说明当时这种小国也染上了"礼崩乐坏"的歪风邪气。

一代圣人孔子同样因"礼崩乐坏"而头疼，季孙氏用"八佾舞于庭"，孔子斥曰："是可忍，孰不可忍！"孔子一生的追求就是"克己复礼"，他要复的"礼"就是周公创立的基于青铜器的"礼乐制度"。但不得不说，孔子所在的春秋末年，正是中国青铜时代的巅峰时期。

之前我们提过青铜所需的铜和锡都是稀缺资源，相对于西方，中国的这两种矿物要多得多，殷商屡次迁都，实质上是对铜、锡资源的追逐。这种丰富是中国人的幸运，但也给中国人带来不幸。它使中华文明能成为世界上青铜文明的最高成就者，但同时也导致春秋战国时期纷乱频频。

在周天子失势之后，天下无主，中原大地成为一片"黑暗森林"。在春秋早期还有宋襄公这种所谓"仁义之师"，齐桓公、晋文公们还须要搞出"尊王攘夷"的道德制高点。而进入战国时期诸侯们迅速看清形势，陷入"猜疑链条"。这不是讲仁义道德的谈判桌，而是"不是你死就是我亡"的角斗场。战国早期李悝（kuī）、吴起、申不害变法顺应的都是这种潮流，商鞅在秦国的变法最彻底，使得秦国成为最后的赢家，丰富的青铜资源就

青铜时代最后的短暂的光辉——秦王朝的十二金人

是商鞅变法成功的物质基础。

在这种形势之下，孔子的"克己复礼"只能成为血腥战场边的一位老者的絮叨之词。青铜文明的终结者是青铜自身，青铜武装的秦军统一了六国。秦灭六国之后，秦始皇惧怕六国遗老遗少的反叛，收缴天下武器，铸以为金人十二，相信这十二个青铜巨像在人类文明史中是一个奇迹，但这也可能是我国青铜文明最后的辉煌了。

天下一统之后，青铜文明和老旧的分封制度一并瓦解，取而代之的是钢铁文明和郡县制。汉袭秦制，在汉民族最伟大的朝代，铁器的发展迅速超过青铜器，不光在兵器，更在农具、工具等方面，铁器都表现出了更大的优势。青铜器逐渐沦为博物馆里的收藏品，一个伟大的时代就这样远去，我们也将在下一章迎来一个"锌"的时代。

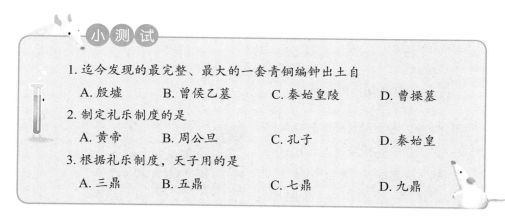

小测试

1. 迄今发现的最完整、最大的一套青铜编钟出土自
   A. 殷墟　　　　　B. 曾侯乙墓　　　　　C. 秦始皇陵　　　　　D. 曹操墓
2. 制定礼乐制度的是
   A. 黄帝　　　　　B. 周公旦　　　　　C. 孔子　　　　　D. 秦始皇
3. 根据礼乐制度，天子用的是
   A. 三鼎　　　　　B. 五鼎　　　　　C. 七鼎　　　　　D. 九鼎

【参考答案】1. B　2. B　3. D

第三十章 锌（Zn）

锌（Zn）：位于元素周期表第 30 位，是一种银白色的过渡金属，为第 4 常用的金属，仅次于铁、铝及铜。锌属于人体必需微量元素之一，缺乏锌元素会造成发育迟缓。此外，锌在现代电池制造工业中有不可磨灭的地位，是锌锰电池的负极材料。

1. 为什么受伤的总是我

　　1780 年，意大利解剖学教授伽伐尼在一次实验中偶然发现，青蛙刚刚死后，取一段腿部神经和一块腿部肌肉，分别接触一个铁片和一个铜片，肌肉产生痉挛，蛙腿竟然动了，难道这只青蛙鬼上身了吗？进一步实验后，伽伐尼认为，蛙的神经有电源，很可能是从神经到肌肉的"神经流体"引起的"动物电"。

　　意大利物理学家伏特认为，伽伐尼的"神经流体"纯粹是多此一举。在他看来，是电流导致了痉挛，这是

意大利博洛尼亚的伽伐尼雕像

正常的生理现象，"触电"而已嘛。至于为何用两种金属会产生这样的现象，那是因为每种金属导体都有特定的电势，这种电势极其微弱，平时难以察觉，但将两种不同的金属连接起来后，电势平衡，分开后就可以用足够精密的静电计测量出来其中的电量。

　　伏特尝试让锌和铜接触，分开后接到静电计上，发现锌带正电，铜带负电。当

锌和铜分别置于青蛙腿的肌肉和神经上时，锌就变成了负极（流出电子），铜为正极，电流通过肌肉和神经，就导致了肌肉痉挛。即两种不同金属的接触才是产生电流现象的真正原因，而蛙腿收缩只是放电过程的一种表现。

相对于"神经流体"假设，伏特的解释简单明了，伽伐尼却对此大为质疑，他提出，"既然你说是两种金属的电势差导致这种现象，我有时候用一种金属也可以使肌肉痉挛啊"。伏特经过实验指出，同一种金属确实也有这种效应，但只有在用不同的合金的情况下，比如青铜和白铜，才会有这种效果。

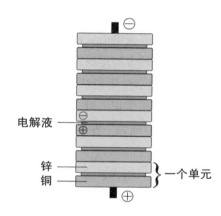

电解液

锌
铜

一个单元

伏特柱的结构，每一个单元由锌、铜、介质组成。

为了以无可辩驳的方式证明确实产生了这种电流，伏特设计了这样的实验：用锌片、铜片和经盐水浸泡的皮革片，铜片和锌片中间由一块儿润湿的皮革片隔开，即按照铜、皮革、锌的顺序一层一层叠放，这样就变成了一根柱子。如果用两只手分别接触柱子两端的铜片和锌片，就会感觉到强烈的电流。真是奇妙，这些普普通通的金属片儿摆放在一起竟然也能让人触电。后来他又增加了锌片、铜片的数目，让柱子变得更长，他发现产生的电流强度和锌片、铜片的数量成正比。这就是伏特电堆。

1800 年，伏特在《哲学汇刊》上发表了他的论文，从此伏特电堆广为人知，伽伐尼和伏特堪称电化学的始祖。伏特电堆是最早的直流电源，为电学的研究从静电领域迈进动电领域创造了条件。大帅哥戴维也好，二元论一代宗师贝采里乌斯也好，

伏特（左）在给拿破仑（右）介绍他的伏特电堆。

最早的伏特电堆，现已陈列在博物馆。

电磁学泰斗法拉第也好，使用的电池都是伏特电堆的改良版。难以想象，如果没有伏特电堆，19世纪这些跨时代的发现将如何诞生。

在大量实验的基础上，伏特确定了一个金属序列：锌、铅、锡、铁、铜、银、金。只要按这个顺序将任意的两种金属接触，排在前面的金属将带正电，排在后面的金属将带负电，这就是著名的伏特序列。

用现在的眼光来看，这个序列的实质是比较哪种金属更容易失去电子。锌排在最前面，意味着锌在这几种金属里最容易失去电子，也就是说锌的化学性质最活泼。确实，在戴维发现那几种颠覆常识的碱金属和碱土金属之前，锌一直被认为是最活泼的金属。因此，锌在一开始就成为一种"电池金属"。

伏特之后就是戴维、贝采里乌斯、法拉第的时代了，他们用含锌元素的电池做出了太多的发现和发明，这里我们就不赘述了。事实上，一直到现在，锌电池的使用也非常普遍。平时我们最常用的干电池就是锌锰干电池。它用锌筒包装，内部是一根石墨棒插在黑乎乎的二氧化锰、氯化铵、氯化锌混合物中。由于锌是较活泼金属，易失去电子被氧化，所以锌为该电池的负极。

把长期使用后的锌锰干电池外皮剥开之后，仔细观察，会发现锌筒腐蚀得很严重，有发白的腐蚀斑纹。

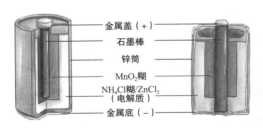

金属盖（+）
石墨棒
锌筒
MnO_2糊
NH_4Cl糊/$ZnCl_2$（电解质）
金属底（-）

锌锰干电池的内部结构，大家可以自己在家里切割观察。

随着使用时间延长，干电池外表的锌筒腐蚀得越来越严重。

锌容易失去电子，化学性质活泼，但在空气中它会与氧气、二氧化碳反应，生成一层碱式碳酸锌保护膜，防止内部的锌继续和空气反应，所以它易于保存，应用广泛。在现代工业中，锌仅仅排在铁、铝、铜之后，是排第4位的常用金属。

由于锌保护膜的特性，人们经常在钢板表面镀一层锌，这就是常说的"镀锌板"。这层锌保护内部的钢铁不受腐蚀，在不锈钢出现之前，这是最常见的防腐方法，即使是现在，由于镀锌板十分便宜，仍然广为使用。在英语里，镀锌就是"伽伐尼化"的意思，足见这两个意大利人对电化学的贡献之大。

由于锌比铁、铜都要活泼，它做不了结构性金属，但很多地方还缺少不了它。正因为它的活泼性（较强的还原性），经常会用来作阳极（原电池负极），与被保护金属相连构成原电池而被消耗。这是一种常见的牺牲阳极的阴极保护法，经常用于埋在地下的钢管、水闸以及船舶底部，由于这些地方不可预料的情况太多，仅仅依靠涂装、电镀来防腐往往会出意外。那么工程师们就想，既然肯定会腐蚀，就牺牲掉一部分金属吧。经过前面的介绍，你应该可以想到了，这个倒霉蛋就是"锌"。

是不是你也忍不住要为锌鸣不平？你让我做电池吧，最后我烂掉了；我有保护膜，却让我成为镀层，去抵抗磨损；我反应活泼，就要牺牲我，明明有比我更活泼的，却因难以保存而不用他们！为什么受伤的总是我？

▲ 镀锌的铁钉

◀ 船舶底部，虽然刷了红色的防腐涂料，但为了达到较好的防腐效果，还要在船身上安装一块儿又一块儿银白色的锌片。

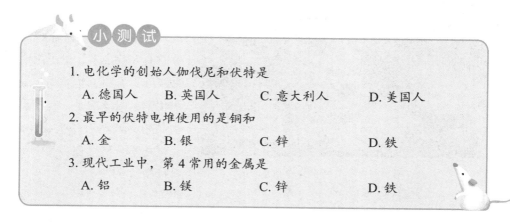

小测试

1. 电化学的创始人伽伐尼和伏特是

    A. 德国人   B. 英国人   C. 意大利人   D. 美国人

2. 最早的伏特电堆使用的是铜和

    A. 金   B. 银   C. 锌   D. 铁

3. 现代工业中，第4常用的金属是

    A. 铝   B. 镁   C. 锌   D. 铁

【参考答案】1. C 2. C 3. C

📟 2. 从"哥德堡号"说起

17世纪，在古斯塔夫二世的带领下，瑞典已成北欧霸主，建立了北欧最大的海港——哥德堡。然而风云突变，进入18世纪，北欧霸主却连吃败仗，依靠霸权扩张的计划失败了，他们只能另辟蹊径，跟着荷兰、西班牙这些海洋上的霸主学习，成立了"东印度公司"，走远洋贸易的商路。在当时，欧洲列强都想从大清王朝分一杯羹，尽管清政府闭关锁国，中西商人们还是在私下做着大量的生意。一大批欧洲商船不惜经历千辛万苦，也要来到中华大地，因为如果他们成功返航，那一船货物的价值，可以抵得上一个小国一年的GDP。

1745年9月12日，哥德堡如同节日一般，港口上挤满了人，因为这一天，瑞典最大的商船"哥德堡号"即将从中国远航归来。商人们准备数钱，各种服务行业也已经准备好迎接水手，让他们纵情享乐。接近中午，大船的身影慢慢显露在海平面上，人群不禁欢呼起来。突然，有人发现了不对劲的地方，"哥德堡号"在自己的家门口竟然偏离了航道，驶进了著名的"汉尼巴丹"礁石区。刹那间，海水涌入船舱，"哥德堡号"慢慢在倾斜中下沉。附近的船只迅速赶来救援，但是一切已经无法挽回，只打捞出1/3的货物，但已经足够支付这次远洋的全部成本。

就在这座"鬼船"快要被人遗忘的时候，1984年，一次民间考古活动发现了

从"哥德堡号"打捞出的青花瓷

沉睡海底的"哥德堡号"残骸，两年后发掘工作全面展开，打捞上来的精美物品让人目不暇接，共5 750件，仅瓷器的碎片就有8吨之多，更不用谈各种茶叶、香料、丝织品。最吸引化学家眼球的是，打捞出的物品中，竟然有一大批锌锭，经过化学分析发现，其中锌的含量高达99.5%。

这是改变化学界认识的一个事件。在这之前，西方国家文献（德国文献）中记载的"首先发现锌元素"的德国人马格拉夫在1746年分离出了单质锌。虽然在

更早也有 17 世纪佛兰德的 Respour、18 世纪英国的查普林宣布自己分离出了锌，但马格拉夫的记录更为详细，所以得到了普遍认可。他用碳还原炉甘石（碳酸锌）得到了一种青白色的新金属，他详细记录了他的实验，尤其指出，必须用不含铜的容器，在报告中还用理论解

提炼锌的实验

释了其中的各种现象。当然，囿于时代的限制，他用的是燃素理论。

　　为什么不能用含铜的容器呢？这当然是有道理的。

　　锌的性质活泼，自然界不存在天然的单质锌矿，主要以闪锌矿、菱锌矿和铅锌矿等形式存在。在地质学上，锌属于"亲铜元素"，很多时候，锌矿和铜矿、铅矿共生。祖先们在冶炼铜矿的时候意外混入了锌矿石，却发现冶炼出的金属变色了，更像灿灿发光的黄金，这就是"黄铜"！所以，如果用铜容器来冶炼锌的话，被还原出来的锌蒸气直接与铜合金化，得不到纯锌。

元素周期表中的戈尔德施密特分类

族 → ↓周期	IA	IIA	IIIB	IVB	VB	VIB	VIIB		VIII		IB	IIB	IIIA	IVA	VA	VIA	VIIA	0
1	1 H																	2 He
2	3 Li	4 Be											5 B	6 C	7 N	8 O	9 F	10 Ne
3	11 Na	12 Mg											13 Al	14 Si	15 P	16 S	17 Cl	18 Ar
4	19 K	20 Ca	21 Sc	22 Ti	23 V	24 Cr	25 Mn	26 Fe	27 Co	28 Ni	29 Cu	30 Zn	31 Ga	32 Ge	33 As	34 Se	35 Br	36 Kr
5	37 Rb	38 Sr	39 Y	40 Zr	41 Nb	42 Mo	43 Tc	44 Ru	45 Rh	46 Pd	47 Ag	48 Cd	49 In	50 Sn	51 Sb	52 Te	53 I	54 Xe
6	55 Cs	56 Ba	*	72 Hf	73 Ta	74 W	75 Re	76 Os	77 Ir	78 Pt	79 Au	80 Hg	81 Tl	82 Pb	83 Bi	84 Po	85 At	86 Rn
7	87 Fr	88 Ra	**	104 Rf	105 Db	106 Sg	107 Bh	108 Hs	109 Mt	110 Ds	111 Rg	112 Cn	113 Nh	114 Fl	115 Mc	116 Lv	117 Ts	118 Og
			*	57 La	58 Ce	59 Pr	60 Nd	61 Pm	62 Sm	63 Eu	64 Gd	65 Tb	66 Dy	67 Ho	68 Er	69 Tm	70 Yb	71 Lu
			**	89 Ac	90 Th	91 Pa	92 U	93 Np	94 Pu	95 Am	96 Cm	97 Bk	98 Cf	99 Es	100 Fm	101 Md	102 No	103 Lr

戈尔德施密特分类：　亲石元素　　亲铁元素　　亲铜元素　　亲气元素　　人工合成元素

　　元素的地质学分类，黄色为"亲铜元素"，褐色为"亲石元素"，紫红色为"亲铁元素"，蓝色为"亲气元素"。

较纯净的闪锌矿

马克思告诉我们，资本会驱动人们做任何事情，既然黄铜这么像贵重的黄金，一开始是偶然，后面就是有意为之了。在亚述的楔形文字中，首次出现了"山铜"的字眼。后来在柏拉图记录亚特兰蒂斯的著作中，也出现了"山铜"，当时希腊语叫"奥利哈刚"。到了罗马时期，"奥利哈刚"更是成为当时的货币材料，大博物学家普林尼在他的著作中详细描述了如何从塞浦路斯采矿，最后冶炼成"奥利哈刚"。

这传说中的"奥利哈刚"究竟是何方神圣？ 20世纪在西西里岛附近打捞了一艘2 600年前的沉船，果真在里面找到了"奥利哈刚"铜锭和古罗马的钱币，经过X射线分析，其中含15%~20%的锌，其他都是铜，和现在黄铜合金的比例完全一样。这"奥利哈刚"就是黄铜。

从古罗马时代一直到黑暗的中世纪，黄铜工艺在欧洲缓慢而稳定地发展着，由于黄铜鲜艳的金黄色，加上它的延展性比青铜还好，有些教堂用黄铜来做铜像，后来西洋音乐人更是将黄铜应用于铜管乐器上。西洋交响乐团里，一排铜管乐器出现：小号、圆号、长号……对比我们的唢呐，那真是另一股别样的典雅。

古罗马第三任皇帝卡里古拉时期的黄铜币，左边的侧面头像是卡里古拉，右边是卡里古拉的三个姐妹，模仿古罗马神话中的三位女神的仪态。

过去认为，中国人掌握冶炼黄铜的技艺较晚，要到明代，有记录嘉靖皇帝用黄铜铸钱。更有十足的证据表明，明代的中国人可不是像西方人那样用铜和锌的矿石来炼制黄铜，他们已经掌握了炼锌工艺，然后用炼出的锌锭和铜混在一起生产黄铜。

这被记载于《天工开物》："凡倭铅古书本无之，乃近世所立名色。其质用炉甘石熬炼而成。繁产山西太行山一带，而荆、衡为次之。每炉甘石十斤，装载入一泥罐内，封果（裹）泥固以渐研干，勿使见火拆裂。然后逐层用煤炭饼垫盛，其底铺薪，发火煅红，罐中炉甘石熔化成团，冷定毁罐取出。每十耗去其二，即倭铅也。"这里的"倭铅"就是锌。《天工开物》继续写道："此物无铜收伏，入火即成烟飞去。以其似铅而性猛，故名之曰'倭'云。"

《天工开物》还绘制了"升炼倭铅"示意图，"升炼"就是升华炼制的意思。原来，炼锌的难度在于锌的沸点，尽管锌在 420 ℃下就熔化成液体，但氧化锌必须到 1 000 ℃以上才能被碳还原成锌，而锌的沸点是 907 ℃，实际上得到的是锌的蒸气，想让它乖乖地冷却成液体或固体很难，只要碰到氧气或者二氧化碳，它就又被氧化成氧化锌了。因此，要得到金属锌必须有特殊的冷凝装置，这就是《天工开物》中关于"升炼倭铅"记录的精妙所在。

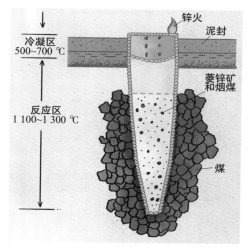

改良版土法炼锌

这也是锌一直到明代才被炼制出来的原因，比铜、铁、铅、锡晚了很多年。难怪西方用黄铜用了那么久，也没从中冶炼出单质锌。

由于清朝编纂《四库全书》，《天工开物》被选择性遗忘，此书差点失传。幸亏后来在日本被发现，但有些戴着有色眼镜的人认为"升炼倭铅"是孤证，不足为信。从"哥德堡号"中打捞出纯锌锭后，这些人再无话可说，中国比西方至少早一百多年炼出锌单质，世所公认。

但是，究竟是哪一位工匠何时第一个发现了"倭铅"已经很难知晓，还有学者认为古印度可能比中国更早就掌握了炼锌技术，但锌的发现者仍然被公认为德国的马格拉夫。其实，这些都不重要了，我们相信中华民族的智慧和勤奋，我们现在应该做的是立足当下，学习自己和其他文明的先进知识，奋发前行。

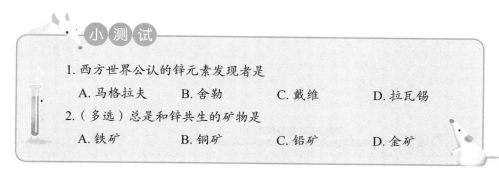

小 测 试

1.西方世界公认的锌元素发现者是

　　A.马格拉夫　　　B.舍勒　　　　C.戴维　　　　D.拉瓦锡

2.（多选）总是和锌共生的矿物是

　　A.铁矿　　　　　B.铜矿　　　　C.铅矿　　　　D.金矿

【参考答案】1. A　2. BC

镓锗

元素特写

镓:托在手心就化了的"巧克力"金属,渴望塑料容器的保护!

元素特写

锗：硅晶体管很棒，我也不差哦！别轻易放弃我，毕竟稀有不是我的错……

第三十一章　镓（Ga）

镓（Ga）：低熔点的第 31 号元素，是地球上非常稀少的金属元素。单质镓的熔点只有 29.8 ℃，而人的体温是 36 ~ 37 ℃，因而它在手中会熔化并形成类似水银的液滴。直至目前将单质镓应用到工业中仍是难题，目前含镓元素的产品中，无汞体温计是较为常见的一种，相信低熔点的镓在未来还有很广泛的应用前景。

1. 在手中熔化的金属

你见过这样的金属吗？一块方方正正的蓝灰色"巧克力"，发出亮闪闪的金属光泽，当你想仔细打量打量它，把它放在手心端详一下时，它却马上熔化了，摊成一片，在你的手心溜来溜去，好像荷叶上的露珠。

手中的"巧克力"金属，小心化掉哦。

这可不是水银哦，而是地球上非常稀少的金属元素——镓。它的熔点只有 29.8 ℃，而正常人的体温一般在 36~37 ℃，因此放在手心它当然会熔化掉。

为什么镓的熔点如此低呢？

来把镓和同族的铝对比一下吧，铝原子的核外电子排布式为 $1s^2 2s^2 2p^6 3s^2 3p^1$，而镓原子的核外电子排布式为 $1s^2 2s^2 2p^6 3s^2 3p^6 3d^{10} 4s^2 4p^1$。一般来说，内层电子会"屏蔽"掉原子核对外层电子的吸引力，但镓原子内层电子毕竟只有三层，屏蔽能力太弱了。此外，镓原子的核电荷数比铝原子大很多，因此镓原子最外层的 4p 电子受到更强的原子核电磁力吸引，这可从镓原子半径（122 pm）比铝原子半径（143 pm）还要小得到佐证。

由于这个原因，镓原子的第一电离能较大，也就是说它不愿意贡献出电子。我们知道，金属晶体之所以能有金属的特性，就是因为所有的原子都"互帮互助"，主动贡献出电子。从这个意义上来说，镓太不像金属了。在固态镓内部，两个原子之间形成原子对，同时原子对之间的结合力相对较弱，要破坏原子对中的镓镓键需要很高的能量，因此，镓的熔点很低，但沸点却高达 2 403 ℃。

神奇归神奇，但这种"巧克力"金属究竟有什么用呢？如果用它来做材料，比如做餐具，放到热水里就熔化了，难道是用它来做"巧克力镓汤"吗？

要把镓进行工业化应用有个难题，那就是镓还有一个不为人知的特性：液态镓比固态镓的密度大，当它凝固时，会像水变成冰一样膨胀。因此，只能把镓保存在有弹性的塑料瓶里，而不建议保存在玻璃瓶里。

那你是不是又要问，既然不能保存在玻璃容器里，那能不能放在金属容器里呢？比如钢瓶？

镓这哥们儿虽然自己没个金属的样子，却特别喜欢掺和到其他金属里，镓原子特别容易渗透到铝、锌、铟、锗、铁等金属的晶格中，让这些金属材料变得更脆。想想吧，如果你用钢瓶来装镓，过段时间它就脆得和麦片一样，这是什么样的感受？

在科学家眼里，没有无用的材料，性质决定用途，根据材料的特性，总能给它找到合适的用途。既然镓这么容易跟其他金属结合，那就把它做成合金好了。掺入镓的合金有一个非常明显的特性：熔点低。

有一种镓铟锡合金的熔点可以低至 –19 ℃，这简直跟水银的熔点差不多了。长

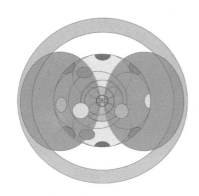

镓原子的电子云示意图，左右大块儿的紫色哑铃型就是 4p 电子的电子云轮廓图，在受到原子核较大引力的情况下，甚至比绿色的 4s 的电子云更靠近原子核。

把镓放到热水里，很快就熔化了。

建议将镓保存在塑料瓶里。

期以来，很多地方需要用水银，但又惧怕水银的毒性。镓合金诞生之后，终于找到了替代品。比如现在的家用温度计，看看上面是不是有提示：不含汞。家长们终于不用担心自己的宝宝因为不小心打碎温度计而导致汞中毒了。前面提到镓具有异常高的沸点，所以镓温度计的测温幅度很大，工业上也经常用到它。

2015 年，中科院理化研究所团队发表了一篇论文，其中提到：置于电解液中的镓基液态合金可通过"摄入"铝作为食物或燃料，实现高速、高效的长时运转。这简直就是一台"液态金属机器"啊！

镓很容易和其他金属形成合金，这是一块镓锗合金，是用来做半导体的理想材料。

骨灰级科幻迷是不是又要脑洞大开了？还记得经典科幻片《终结者 2》里，跟施瓦辛格唱对手戏的那个随心所欲变换任何形状、可以穿墙入室的机器人杀手吗？毋庸置疑，肯定是镓合金。未来的科学工作者肯定不会无聊到去制造杀手，这种镓合金液态金属机器可以在很多地方帮助我们，比如修复电路，甚至在人体内修复神经。

镓真是太神奇了，很难预测它在未来还可以给我们带来什么样的惊喜。镓不仅具有不可思议的特性，它的发现史同样非常神奇，下一节，我们将请出大名鼎鼎的门捷列夫！

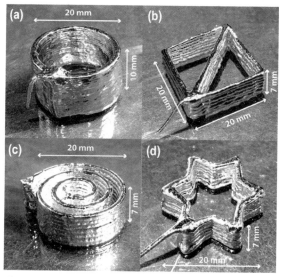

由于镓及其合金的熔点较低，科学家可以通过 3D 打印制造出各种造型。

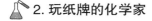

2. 玩纸牌的化学家

　　1866 年，经历了整整 6 年的农奴制改革，俄国百废待兴，圣彼得堡大学请来了一名年轻的杰出"海龟"，任普通化学教授。这位大胡子教授一开始倒也勤勤恳恳，准备讲义，没多久，一本厚达 500 页的巨著《化学原理》上半部已经新鲜出炉。可是当他翻阅自己的手稿时不禁皱起了眉头，这厚厚的一叠竟然才讲了 8 种元素。接下来的 6 个礼拜，他一面跟校方商谈延期交稿，另一面却躲在实验室里一个人玩起了纸牌，让人大跌眼镜。

　　这个大胡子"海龟"就是大名鼎鼎的德米特里·伊凡诺维奇·门捷列夫，他的童年充满了悲剧：他出生于寒冷的西伯利亚，家里共有 14 个孩子，他是最小的那个，13 岁那一年父亲去世，一年以后母亲接管的当地的玻璃工厂因一场大火而烧毁。在如此困难的条件下，面对成绩优异的儿子，她毅然决定变卖全部家产让儿子接受最好的教育。

　　刚强、干练的母亲二话没说，把小儿子放在马背上，骑着马翻过了白雪皑皑的乌拉尔山脉，飞奔 2 000 km，把儿子送到了莫斯科，希望他能进首都的一所精英大学。没想到招生办铁青着脸，请她出示莫斯科户口本，硬是把这位顽强的母亲挡在门外。她只好带着小儿子继续飞奔 600 km，一路向北，来到了圣彼得堡，几经辗转，总算让小门捷列夫进入了亡父的母校，他刚登记入学，这位伟大的母亲就因过度劳累而去世了。

[参考答案] 1. D　2. B

门捷列夫果然天资聪颖，才华横溢，以第一名的优异成绩完成了学业。毕业之后他又前往巴黎和海德堡求学，在海德堡大学，他遇到了当时最负盛望的化学家本生，接触到了本生发明的分光镜，天底下竟然有这么神奇的东西，只要用它做一下光谱分析就会发现新元素！

可惜的是，他并没有跟本生处理好关系，后来双方各执一词，本生认为门捷列夫脾气古怪，而门捷列夫则不喜欢本生实验室里难闻的烟雾。总之，短暂的海德堡之旅结束了，门捷列夫成为"海龟"，回到了落后的俄国，开始创作他的《化学原理》。

伟大的母亲玛利亚·门捷列夫，成就了自己的儿子，也成就了全人类。

我在写这部书的时候，能想到门捷列夫当年在起草《化学原理》时候的情境，可比我现在没有头绪多了。

当时只发现了 63 种元素，它们性质各异，有一到水里就着火的钾、钠"兄弟"，也有呛人的氯气，有轻得可以填充气球的氢气，也有重得可以做秤砣的铅。它们互相结合，形成了成千上万种化合物，这些化合物的性质更加复杂。即使如此，化学家们对它们也已经研究得非常详尽了。

然而，当这些专业的化学教授们站在讲台上时，却没有标准可循。有人会先讲氧元素，因为它的分布最广；也有人认为应该先说氢，因为它是最轻的；还有人认为当然应该从铁讲起，因为这是最有用的元素；或者有人认为应该先说金，因为它最贵重。

化学家们面对的似乎是一片杂树丛生、毫无秩序的密林，他们已经习惯于研究每一棵树，细致到树上的叶子、树干切面的年轮，但如果你要问怎么样去更方便地描述这片密林，他们只会一棵一棵树给你介绍，但具体从哪一棵树开始，按照什么样的顺序，完全得按照他们的心情或者经验。因为很少有人想过，这片密林竟然是有规律的。

其实，也不是没有人看出元素之间是有规律的。戴维发现了双胞胎元素——钾、钠"兄弟"，后来本生和基尔霍夫发现的铷、铯"兄弟"也和它们很相似，这四种元素被称为碱金属。类似的还有戴维发现的四种元素——镁、钙、锶、钡，被称为碱土金属。1842 年，贝采里乌斯为氟、氯、溴、碘四种元素提出一个术语"卤素"，意为"形成盐"。

但在当时，大部分化学家只把这些作为有趣的谈资，他们更享受趴在每棵"树"上研究树叶和年轮的细节，却少有几个人愿意跳出密林，去看看这片密林究竟是什么样的。门捷列夫就是这少有的几个人里的一个，他实在是对过去写化学课本的方法看不下去，他总觉得应该有更好的方法去描述这片密林，让学生们一目了然。

于是，门捷列夫开始玩牌。

他玩的当然不是普通的扑克牌，每一张纸牌上都写着元素的名字、颜色、熔点、沸点、密度、化合价等，他想方设法把这些纸牌排列成"同花顺""四个头"等，但仍然是一头雾水。终于有一天，他想：如果按照相对原子质量排列起来呢？

Cl 35.5	K 39	Ca 40
Br 80	Rb 85	Sr 88
I 127	Cs 133	Ba 137

传说门捷列夫玩牌玩累了，梦见几张牌自己跑到一起去了，他醒来以后立即记录下来。最早体现出周期律的就是上图这几种元素。

他立即注意到，按照相对原子质量排列，相对原子质量为 7 的锂是当时的第 2 个元素，相对原子质量为 23 的钠是第 9 个元素，再往后，钾是第 16 个元素，这些活泼的碱金属恰好每隔 7 个元素出现一次。比较类似的，碱土金属也是一样，卤素亦是如此。

就这样，门捷列夫尝试着把手上的牌涂成了红橙黄绿青蓝紫七色，排列成一个矩阵，这个元素密林终于清晰了很多，元素第一次有了队形。

第一排树是碱金属族，排头的锂最轻，也最安静，落到水里，只发出轻微的嗞嗞声，而钠就要比锂更活泼一点，钾丢到水里会发生爆炸，而排在最后的铯，最重，也最容易跟别的物质化合，它在空气里会立刻自燃起来。

而最后一排是卤素族，和碱金属族恰好相反，排头最轻的氟化学性质最活泼，几乎可以腐蚀任何物质，氯的腐蚀性虽然也很强，但跟氟相比毕竟差了一个档次，后面的溴更重，还是液体，腐蚀性就弱了很多，而最后的碘已经是固体了，其反应活性使它只能用来做碘酒这种消毒剂了。

这样一排序，这个杂乱无章的元素世界，竟然体现了惊人的统一性：周期律。

好像这件事并没有那么复杂，不过是按照相对原子质量的大小一个一个写下去，周期律就自动出现了。为什么其他化学家就没去试一试呢？

Reihen	Gruppe I. — R^2O	Gruppe II. — RO	Gruppe III. — R^2O^3	Gruppe IV. RH^4 RO^2	Gruppe V. RH^3 R^2O^5	Gruppe VI. RH^2 RO^3	Gruppe VII. RH R^2O^7	Gruppe VIII. — RO^4
1	H=1							
2	Li=7	Be=9.4	B=11	C=12	N=14	O=16	F=19	
3	Na=23	Mg=24	Al=27.3	Si=28	P=31	S=32	Cl=35.5	
4	K=39	Ca=40	—=44	Ti=48	V=51	Cr=52	Mn=55	Fe=56, Co=59, Ni=59, Cu=63.
5	(Cu=63)	Zn=65	—=68	—=72	As=75	Se=78	Br=80	
6	Rb=85	Sr=87	?Yt=88	Zr=90	Nb=94	Mo=96	—=100	Ru=104, Rh=104, Pd=106, Ag=108.
7	(Ag=108)	Cd=112	In=113	Sn=118	Sb=122	Te=125	J=127	
8	Cs=133	Ba=137	?Di=138	?Ce=140	—	—	—	— — —
9	(—)	—						
10	—	—	?Er=178	?La=180	Ta=182	W=184	—	Os=195, Ir=197, Pt=198, Au=199.
11	(Au=199)	Hg=200	Tl=204	Pb=207	Bi=208	—	—	— — —
12	—	—	—	Th=231	—	U=240	—	— — —

第一份完整的元素周期表

其实问题远没有那么简单，道尔顿提出原子理论之后，做了大量的实验去测量相对原子质量。但是很可惜，他的结果大多数是错的。后来贝采里乌斯用盖－吕萨克的气体公式修正了一部分道尔顿的结果，大部分气体元素的相对原子质量比较准确了，但仍有一些金属元素的相对原子质量跟真实值偏差很大。可以想象，拿着一份错误的相对原子质量登记表会排列出什么样的周期律。

另外，当时人们只发现了63种元素，再自信的化学家也不得不承认，一定还有一些元素没有被发现。这就好像在排队之前，有一些人开了小差，如果还用红橙黄绿青蓝紫给他们穿衣排队的话，一切都乱了。

门捷列夫究竟是怎样解开这一团乱麻的呢？我们下节再说。

小 测 试

1. 门捷列夫出生于

   A. 西伯利亚　　B. 莫斯科　　C. 圣彼得堡　　D. 乌克兰

2. 门捷列夫依靠_____发现了元素周期律

   A. 颜色　　　　B. 熔点　　　　C. 密度　　　　D. 相对原子质量

3. 元素周期表的初次胜利

非金属碲

第一份发表的元素周期律

63 种元素,看似一团乱麻,无比纠结,但还是被门捷列夫解开了，这就是他天才的地方。

首先，既然相对原子质量有误，那么大方向上相信它，再根据每个元素的化学性质进行微调。比如当时碲的相对原子质量是 128，而碘的相对原子质量是 127，但显然碘应该是卤素一族，而碲和硫、硒的性质更为相近，所以门捷列夫推测：碲的相对原子质量肯定是错误的，应该在 123~126 之间。当时的门捷列夫还不知道同位素的概念，现在我们知道碲准确的相对原子质量是 127.6，当时的数字基本没错，门捷列夫用一个错误的假设意外地得到了结论。

然后，门捷列夫有了一个大胆的想法，他坚信还有一些元素没有被发现，那他就根据规律排列现有的元素，然后给未知元素留下空格。比如当时，如果按照相对原子质量排列，钛排在钙的后面，但这样的话，钛就和硼、铝在一族了。但是很明显，硼和铝是三价的，而钛是四价的，所以他大胆预言，钙和钛中间还有一种未知元素，他称之为"类硼"。

他更加大胆地预言,在锌和砷之间,还有两种未发现的元素,分别是"类铝"和"类硅"。不仅如此，他还预测了这两种未知元素各种各样的性质，甚至说明了它们的相对原子质量以及同别的元素结合而成的化合物。

门捷列夫提出他的周期律伊始，并未得到化学界足够的重视。有些人认为门捷列夫的预言真是太狂妄了："臆造一些不存在的元素，这是科学还是魔术？"几年过去了，周期表中的空格还是空着，人们似乎已经遗忘了它们。

1875 年，巴黎科学院的一次例会上，伍尔兹宣读了一份他的学生布瓦博德朗邮递过来的信件："8 月 27 日，我在比利牛斯山所产的闪锌矿中发现了一种新元素……"会场一下子沸腾了，新元素终于到来了！

布瓦博德朗是一位专业的光谱分析家，他亲手绘制了 35 种元素的"身份证"——光谱。他在观测一些锌盐溶液的时候，发现了一条陌生的紫色光线，他对比了所有已知的元素光谱，没有发现相关记录。无疑，这里有一种未知元素。他提议将新元素命名为"镓"（Gallium），用以纪念他的祖国，因为法国的古称就是高卢（Gaul）。布瓦博德朗在邮寄给老师伍尔兹的信件里还写道，他会继续往下研究，就目前的化学性质来看，镓很像铝。

当巴黎科学院的会议记录穿越千山万水来到圣彼得堡的时候，门捷列夫的心情无比复杂！这么多年，他的理论不被认可，成为他心里的一块大石头。虽然理性告诉他"不会错"，但长久的等待和煎熬也让他自我怀疑过。此时此刻，他的预言终于成真了，这块石头终于能落地了，因为镓就是他所预言的"类铝"。

他马上提笔给巴黎科学院写信，说明镓就是他预言的"类铝"，它的相对原子质量接近 68，密度约为 5.9 g/cm^3。而布瓦博德朗得到的数据是，镓的相对原子质量为 69.9，密度为 4.7 g/cm^3。

全世界化学家的眼球都被吸引过来了，这实在是史上未见的好戏：一个是辛辛苦苦在巴黎的实验室里摆弄他的烧瓶和试管，另一个则是坐在圣彼得堡的书房里玩纸牌。大家宁可相信这是科学与神汉之争，所有人都站在了布瓦博德朗那一边。可是门捷列夫敢于面对质疑，坚定真理，他斩钉截铁地说："不对，密度肯定是 5.9 g/cm^3，可能你提纯的物质还不够纯。"

正当所有人准备看笑话的时候，却听到了布瓦博德朗让人大跌眼镜的话："是的，门捷列夫先生，您没有错，我们用了一大块儿物质重新测量，镓的密度的确是 5.9 g/cm^3！"

特性	门捷列夫的预测结果	布瓦博德朗的实际测量结果
相对原子质量	约68	69.9
密度（g/cm³）	5.9	5.94
熔点（℃）	低	30.15
氧化物	M_2O_3	Ga_2O_3
氧化物的密度（g/cm³）	5.5	5.88
氢氧化物的性质	两性	两性

表格数据为门捷列夫的预测结果和布瓦博德朗的实际测量结果。

这真是元素周期律的第一次伟大胜利，门捷列夫终于获得了全世界的认可！可是，这才只是开始呢。

俄罗斯门捷列夫奖章

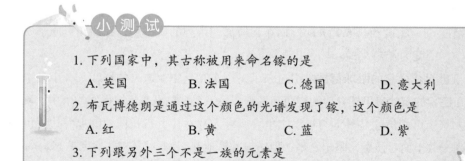

小 测 试

1. 下列国家中，其古称被用来命名镓的是

    A. 英国　　　　　　B. 法国　　　　　　C. 德国　　　　　　D. 意大利

2. 布瓦博德朗是通过这个颜色的光谱发现了镓，这个颜色是

    A. 红　　　　　　　B. 黄　　　　　　　C. 蓝　　　　　　　D. 紫

3. 下列跟另外三个不是一族的元素是

    A. 氯　　　　　　　B. 溴　　　　　　　C. 碲　　　　　　　D. 碘

【参考答案】1. B　2. D　3. C

第三十二章 锗（Ge）

锗（Ge）：与碳同族的第 32 号元素，是一种带光泽的灰白色类金属，质脆，化学性质与同族的锡与硅相近。单质锗是一种稀有金属，是重要的半导体材料，锗及二氧化锗毒性不强。锗在电子工业、合金预处理、光学工业上，可以作为催化剂和半导体材料，在通信行业中有很广阔的应用前景。

1. 门捷列夫的巅峰时刻

1875 年"镓"的发现让门捷列夫声名鹊起。没过几年，尼尔森发现钪，就是门捷列夫预言的"类硼"。这时候再也没有一个人把他的周期律当成魔术或者神学来看了，又过了几年，另一个新元素的发现使门捷列夫和他的周期律达到了"巅峰"。

1885 年，德国的弗莱堡地区发现了一座银矿，品位很高。很多化学家都立刻展开研究，其中的一位名叫温克勒。他分析后指出，矿石的主要成分是硫化银，但还有一种未知的新元素。1886 年，温克勒成功地将其分离出来，因为他是德国人，所以为了纪念他的祖国，他用"日耳曼"将其命名为"Germanium"，翻译成中文就是"锗"。

为了严格测定锗各方面的性能，温克勒共搜罗了半吨弗莱堡的银矿，等到他通过艰辛的实验把锗的性质都研究清楚之后，他发现这种新金属和硅、锡类似。虽然当时元素周期律未像今天这样成为化学研究的重要依据，但"镓"和"钪"的预言成功也让其小有名气了，温克勒也想到能不能把他的新元素放到门捷列夫的表格里面。

元素周期表主要是按照相对原子质量来排

锗的发现者——温克勒

列的，等到温克勒测出锗的相对原子质量时，他不禁惊呆了。锗就是"类硅"，门捷列夫十几年前不仅预言了这种新元素的存在，更详细地描述了这种元素的性质。更让人惊讶的是，这些预言跟温克勒的测定惊人地吻合：

门："类硅"的相对原子质量应该是 72。

温：锗的相对原子质量是 72.32。

门：密度应该约为 5.5 g/cm^3。

温：密度是 5.47 g/cm^3。

门：它的颜色是暗灰色，带金属光泽。

温：淡灰白色的金属。

门：它的化合价一般表现为 +4 价。

温：确实如此。

门：它的二氧化物是一种特别耐火的材料。

温：二氧化锗不易燃烧。

门：氧化物的密度应该是 4.7 g/cm^3。

温：一点都没错，确实是 4.7 g/cm^3。

门：它的四氯化物的沸点应该在 100 ℃ 以下。

温：四氯化锗的沸点是 86 ℃。

门：它的四氯化物的密度约为 1.9 g/cm^3。

温：是 1.887 g/cm^3。

门：稍受盐酸侵蚀，能很好地耐酸碱腐蚀。

温：不溶于稀盐酸、稀 NaOH 溶液，但溶于浓 NaOH 溶液。

在这之前，还有一些化学家对元素周期律嗤之以鼻：

"化学从来没这么玩过的。"

"谁见过不用试管烧瓶，光玩玩纸牌就能发现新元素，搞出新发现的？"

但锗元素被发现之后，这些质疑者再无话说，所有人都接受了周期律理论，这些元素性质各异绝非偶然，它们之间确实存在着一定的规律。

在门捷列夫之前的化学家们不可谓不努力，他们的工作可以说是在探险，而他们究竟能不能发现新元素，很大程度上取决于客观条件，比如地壳中元素的丰度。或者还依赖于物理学家提供的工具，比如戴维不利用电就发现不了化学性质活泼的金属，本生不依赖光谱分析也发现不了铯、铷这些微量元素。

现在，由于门捷列夫给所有化学家画出了一张清晰的地图，化学家们知道发现新元素的方向在哪里，他们接下来要做的，就是将这张表里的空白一个一个填满，这使得效率提高很多。化学家们再也不会做太多无用功，到不可能的地方去寻找新元素了。就好比现在有了精确的地图，地理学家不会跑到撒哈拉大沙漠去寻找热带雨林，同样，化学家也不会想方设法去钾、钠中间寻找新的碱金属，更不会在氧和氟之间发现任何新的元素，因为这是周期律所不允许的。

从 1886 年锗元素被发现、元素周期律被普遍接受之后，到 1939 年第二次世界大战之前，只过了 50 多年，这张周期表上就只剩下三个空格了。这真是来源于周期律的伟大指引啊！

人类的进步史上，门捷列夫的元素周期律乃是一座丰碑，但也不过是众多的里程碑之一。从古希腊时代开始，人类的认知从原始的自然哲学走向现代科学，使用的方法不过如此：发现——总结规律——再发现——打破规律——提出新规律——再发现……从伽利略时代至今，才不过 500 年，但人类社会的发展已经日新月异，这一切的源动力还不是这些科学的方法吗？这种科学方法发展到极致，就是爱因斯坦掷地有声的语言："理论决定了我们能观察到什么！"

很可惜的是，我们中国的祖先不可谓不聪明，也曾经制造过世界上最有分量的青铜器，在某几个方向上也曾领先世界很多年，但跟西方的发展相比，总体而言是走上了另一条道路，我们的祖先太喜欢罗列事实，而不爱分析原因，总结规律。

我们数学上有《九章算术》，只是几百道数学题的罗列，而欧几里得的《几何原本》则是建立了一个理论框架。我们工程学上有《考工记》，有伟大的《天工开物》，也是一条条技术的列举，没有人愿意去做牛顿、卡文迪许，因此现代的物理学、化学没有诞生在中国。甚至 2 000 多年前我们伟大的孔子也只是述而不作，一部《论语》可谓是看到问题解决问题。而稍晚一点的亚里士多德已经开始写《物理学》和《形

孔子 VS 亚里士多德，一个述而不作，一个拼命著作。结果前者一直找不到工作，后者却调教出了千古一帝——亚历山大大帝！

而上学》了。

看到了吗？我们的祖先总是享受解决问题的乐趣，而缺乏对不同现象的规律总结。这似乎能解释为什么现代科学没有能诞生在中国，中国更因此从 16 世纪开始渐渐被西方超越，中华民族的惨痛遭遇随之而来。

其实门捷列夫也曾面临过挑战，比如 1868 年詹森发现的太阳元素——氦，这个元素在门捷列夫的周期表里的哪个位置呢？门捷列夫其实不怎么相信有这种元素，他认为太阳上的元素光谱可能跟地球上不太一样，也有可能是铁或者氧在高温的太阳里发出的光谱偏移了。

等到拉姆塞相继发现了多种新元素——稀有气体家族，门捷列夫好像受到了巨大的震惊，一开始，他不愿意承认这些新元素，因为它们在他的周期表上找不到位置。但拉姆塞告诉他：稀有气体不是要打破元素周期律，而是对周期律最好的补充，稀有气体的发现正是证明了周期律的正确性！拉姆塞发现了稀有气体，并确定了它们在元素周期表中的位置，从而获得 1904 年诺贝尔化学奖。

现在元素周期律是全人类的宝贵财富！

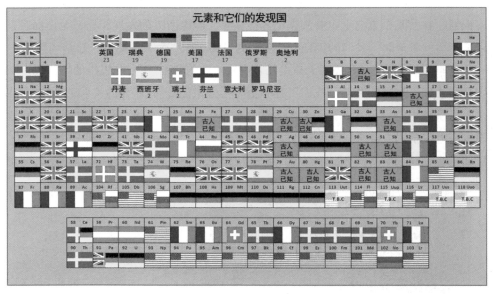

上图为各元素的发现国，很遗憾，五星红旗没有出现。

小测试

1. 锗是以某个国家来命名的，这个国家是

    A. 英国　　　　B. 法国　　　　　　C. 德国　　　　　D. 意大利

2. 锗的发现者是

    A. 门捷列夫　　B. 尼尔森　　　　　C. 温克勒　　　　D. 戴维

3. 亚里士多德调教出了

    A. 秦始皇　　　B. 亚历山大大帝　　C. 凯撒　　　　　D. 屋大维

2. "脸最黑"的元素——锗

1883 年，大发明家爱迪生正在绞尽脑汁地改进他之前发明的碳丝电灯，因为碳丝太容易"蒸发"（升华）了。有一天，他突发奇想：在灯泡内放入一根铜线，也许可以阻止碳丝"蒸发"（升华），延长灯泡寿命。虽然实验又一次失败了，但他却从这次失败的实验中发现了一个稀奇现象：铜线上竟有微弱的电流通过。真是奇怪！铜线与碳丝并不连接，哪里来的电流？当时的物理学还解释不了这个问题，有商业头脑的爱迪生立刻申请了专利，命名为"爱迪生效应"，然后继续去改进他的电灯了。

后来人们知道，这是由于热能激发出了电子，英国物理学家弗莱明根据"爱迪生效应"发明了世界上第一只二极电子管，由于一般管内要抽真空，所以也叫真空管。后来，贫困潦倒的美国发明家德福雷斯特，在二极管的灯丝（负极）和正极极板之间巧妙地加了一个栅板，从而发明了第一只真空三极管。这种有魔力的电子管可以放大电子信号，防止微弱的信号流失，它更像是一扇门，只允许电流单向流动，这样电子就不会回流到电路中。你可以把它想象为一个抽水马桶，如果下水道不是单向的，我们该如何生活？

被誉为"无线电之父"的德福雷斯特

【参考答案】1. C　2. C　3. B

这一下子开辟了电子学的春天，德福雷斯特发现了一个看不见的空中帝国。最早，电子管的发展带动了无线电通信，一大批无线电台野火春风般迅速出现在了世界各地。然而，这还只是开始！

在美国新泽西州，距爱迪生的发明工厂只有几千米远的一个地方，有一座世界上最有名的实验室——贝尔实验室，那里诞生了8个诺贝尔奖得主。

1945年，二战结束后，贝尔实验室里的物理学家肖克利打算用硅制造一种代替电子管的放大器。在当时，所有的工程师都不得不用电子管，但都无比讨厌电子管，因为电子管的玻璃壳又长又脆，体积庞大，还容易过热。

世界上第一只晶体管，诞生于贝尔实验室。

图片中从左到右依次为巴丁、肖克利、布拉顿。

肖克利很清楚，半导体是解决问题的关键，只有半导体才能达到工程师所期望的平衡，即一方面允许足够的电子通过形成回路，另一方面也不会失去控制。事后证明，他是非常有远见的，他选择了硅做电子管，可惜几次实验都失败了。两年过去了，还是没有太大进展，肖克利还有更重要的事情要做，他把新型晶体管项目丢给了两位下属巴丁和布拉顿。

巴丁和布拉顿是一对好搭档，巴丁的动手能力较差，而布拉顿是一个极好的工程师。接到这个项目，两人很快找到了肖克利的症结所在：硅太脆了，而且难以提纯。于是他们拿出了元素周期表，看看还有什么元素跟硅比较类似，然后一眼就看到了锗。相对于硅，锗的外层电子能级较高，所以外层电子更容易贡献出来，导电能力更强。很快，1947年，世界上第一只晶体管诞生了，所用材料就是锗。

这时候肖克利才从法国出差归来，回归到此项目中，看起来像个领导。1956年，他们三人一起获得了诺贝尔物理学奖，这件事情意义非凡，要知道，诺贝尔物理学奖由瑞典皇家科学院负责评选，他们的口味更倾向于纯粹的科学研究而非技术开发。1956年针对晶体管发明而颁发的诺贝尔奖，代表着对应用科学的认可，事实也证明，他们的眼光很厉害，晶体管后来确实改变了世界。

巴丁和布拉顿是顶级的研发工程师，但是他俩太腼腆了，据说在诺贝尔奖颁奖典礼上，他俩紧张到胃部痉挛，在面对瑞典国王时竟然说不出话来。相反，肖克利则是一个为目的不择手段的上司，他将巴丁驱赶到另一个项目，自己则将锗晶体管的成果据为己有。贝尔实验室的这个团队就这样走到了头，再也没有什么新的发明。

贝尔实验室完成了技术可行性，而工业化则由"德州仪器"公司完成。在当时，锗晶体管研制成功，计算机的处理能力比电子管时代提升了好几个数量级，收音机等日用电器也用上了锗晶体管。但锗毕竟太稀有了，昂贵的价格让所有的工程师都将眼光重新投向硅。

1954年，在美国的一次展会上，一位来自"德州仪器"公司的工程师戈登·蒂尔上台变了个魔法，他将一台连在电唱机上的锗晶体管扔进一桶热油，电唱机立即禁声了。然后他又拆下锗晶体管，换上自己的硅晶体管，也扔进油桶里，电唱机的音乐依然继续。他的广告大获成功，当场签下无数订单。

戈登·蒂尔，工程师也要会秀魔法。

从此，锗被晶体管抛弃了。

1958年，"德州仪器"公司迎来了一位新员工基尔比，他说话很慢，总是不苟言笑。他发现新公司里有一大群低收入的女工，每天都是穿着防护服，汗流浃背的，一边看着显微镜，一边发着牢骚，一边将极小的硅元件焊接到一起。有时候，纤细的电线不小心

女工们每天要做的就是将这些晶体管焊接到一起。

断掉，前面的工作就白费了。工程师对此也无能为力，因为计算机硬件发展越来越快，他们总是要将硬件做得更复杂，也就需要更多的晶体管。

一个炎热的夏天，公司所有的员工都出去休假了，基尔比一个人来到工作台前，

难得的宁静让基尔比开始沉思。花费好几千人来焊接晶体管实在是太愚蠢了，为什么不能把所有的部件都刻在一张半导体上呢？基尔比马上就开始行动起来，他盘算了一下，觉得硅的纯度不足以制造他所需要的电阻和电容，所以还是选择了锗。

很快，他成功了，他这样描述自己的发明："在一个半导体材料的体内，所有的组成电路看似各自独立，却都是高度集成的！"因此他的新发明被称为"集成电路"。和上次一样，锗元素再次为人作嫁衣，仅仅半年之后，美国仙童公司的诺伊斯就发明了基于硅的集成电路，基尔比的锗集成电路只能躺在博物馆里。在竞争激烈的市场上，资本家必定会选择便宜的硅。

好在基尔比没有被人遗忘，在计算机硬件领域，很多后来者依然视他为第一偶像，直到现在，我们使用的CPU仍然以他的设计为基础。2000年，他终于得到了应有的回报——获得了诺贝尔物理学奖。

可怜的是，锗似乎被人彻底遗忘了，全球信息产业人才的集中地是硅谷，而不会有人提"锗谷"。虽然锗元素在

基尔比发明的第一个集成电路，现在看起来有点粗糙。

两次技术开发时期都起到了开创性的作用，但大家都把荣耀给了硅元素，使得锗成为"脸最黑"的元素。难道只是因为它稀少？这也是它的错吗？

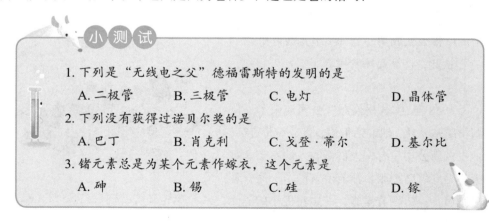

小 测 试

1. 下列是"无线电之父"德福雷斯特的发明的是

　　A. 二极管　　　B. 三极管　　　C. 电灯　　　　　D. 晶体管

2. 下列没有获得过诺贝尔奖的是

　　A. 巴丁　　　　B. 肖克利　　　C. 戈登·蒂尔　　D. 基尔比

3. 锗元素总是为某个元素作嫁衣，这个元素是

　　A. 砷　　　　　B. 锡　　　　　C. 硅　　　　　　D. 镓

【参考答案】1. B　2. C　3. C

第三十三 三十四章

砷 硒

元素特写

砷：雄黄、雌黄与砒霜，不仅仅是毒物哦。科学技术好，"旧毒"也能变成宝！

元素特写

硒：你的打印机需要硒鼓，你的小心脏需要硒保护，但我不敢离你太近，因为我的气味里住着"小恶魔"。

第三十三章　砷（As）

砷（As）：第四周期的第一种非金属元素，原子序数 33，被广泛应用在农药、除草剂、杀虫剂和合金中。人们比较熟知的砷化合物是砒霜（即 As_2O_3），有剧毒（用木炭灼烧后有白色气体并伴有蒜臭味），在玻璃工业中可用作澄清剂和脱色剂，以增强玻璃制品透光性。

1. 毒性源于"越俎代庖"

我国有句古话："伴君如伴虎！"古代知识分子为了理想和信念投身科考，委身政治，他们中的佼佼者得以登入朝廷，进入国家最高统治机构。他们拥有着巨大权力，同时也面临巨大风险。我们在史书记载或电影中经常会看到这样的片段：昏庸的皇帝听信小人谗言而治罪忠臣，这时一些"有经验"的大臣看势不妙，就会拔出一粒红色的朝珠，吞下自尽，以免受辱。这粒红色的朝珠就是传说中的"鹤顶红"！

这鹤顶红究竟是什么，其毒性堪比氰化物？其实，鹤顶红就是不纯的砒霜。纯净的砒霜是白色的，在古代，由于提取工艺较落后，导致所制得的砒霜不纯，呈现出红色，类似丹顶鹤的头顶，故而得名。

砒霜的"威名"在中国可谓家喻户晓，这是一种再经典不过的毒药了，它的主要成分是三氧化二砷，毒性很强，致死量仅为 0.1~0.2 g。正因为它毒性如此之大，所以我国古代用古神兽貔貅给其命名，砒霜就是猛烈的白色粉末的意思。

砒霜毒性虽堪比氰化物，但微溶于水，

纯净的砒霜是这样的白色，英文也叫"white arsenic"（白砷）。

间谍特工们使用不便。将氰化物加到饮用水或饮料里很难被看出，但砒霜加入水里会有沉淀，因此在古代只能作为慢性毒药，或者加入到食物或熬制的中药里。中国历史演义里最有名的死于砒霜的莫过于《水浒传》中的武大郎，潘金莲就是将砒霜掺入药中毒死了他。此外还有东汉年代，跋扈大将军梁冀将砒霜掺到汤饼里，毒死了汉质帝。

中药理论中有一条"以毒攻毒"，传说砒霜对很多病症，尤其是梅毒，特别有效。从现代医学角度来看，这当然有一定科学道理，但风险太大，可复制性存疑，只能祈求自己运气足够好，遇到的是神医而不是庸医了。

砒霜之所以有毒性，是含砷的缘故。在元素周期表里，砷在磷下面，砷的很多化学性质都和磷相似。在磷元素的章节中，我们多次提到磷元素在人体内所起的作用，磷元素参与的糖酵解、三羧酸循环等都是人体的基本反应，磷元素还是DNA的重要组成元素。而砷进入人体之后，虽然能力还未修成正果，却非要越俎代庖，掺和磷的"事业"，人体机能全被它弄乱了。

右边的砷元素取代磷元素进入 DNA，引起了正常 DNA 的惊慌。

《水浒传》中，"乡村法医"何九叔用一根银针来判案，在很多古装影视剧中，也会看到类似的情况，银针是否变黑成为化验食物是否有毒的重要方法。实际上，真正跟银反应的是硫，生成了黑色的硫化银。古代的砒霜往往不纯，其中含有硫和硫化物等杂质，所以能被银针检测出来，跟砷反而关系不大。

我们把视野再聚焦到西方，拿破仑第二次战败后，被流放到圣赫勒拿岛上，最终慢性中毒而死。现代科学家对拿破仑的尸体进行化验，发现他的体内有很多的砷，所以有人推断他是被人下了砒霜毒死，其实不然。

当时的西方世界流行在屋子里涂上绿色的墙纸，其中的颜料是用一种叫巴黎绿的物质做的。巴黎绿的成分是乙酰亚砷酸铜，颜色特别鲜艳，而且成本低廉，所以大受欢迎。巴黎绿也被用来制作染料，很多贵妇的衣服都以这种鲜艳的绿色为美。

拿破仑也不例外，虽被流放，但他的屋子也是全部涂饰了这种绿色墙纸。但在当时的科学技术条件下，所有人都没有意识到，空气潮湿的时候，颜料里的砷会不断挥发出来，形成砷蒸气，在这样的屋子里生活，慢性中毒几乎是必然的，拿破仑当然也不能幸免。

说起这巴黎绿，也算有点来历。1775 年，舍勒发明了一种绿色颜料亚砷酸铜，被称为"舍勒绿"，它迅速取代了古老的铜绿。然而"舍勒绿"的耐久性欠佳，巴黎绿就是"舍勒绿"的升级版。所以，我们是不是可以说，拿破仑是被舍勒"谋杀"的？

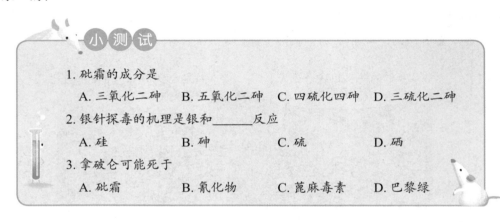

小 测 试

1. 砒霜的成分是
   A. 三氧化二砷　　B. 五氧化二砷　　C. 四硫化四砷　　D. 三硫化二砷
2. 银针探毒的机理是银和＿＿＿＿反应
   A. 硅　　　　　　B. 砷　　　　　　C. 硫　　　　　　D. 硒
3. 拿破仑可能死于
   A. 砒霜　　　　　B. 氰化物　　　　C. 蓖麻毒素　　　D. 巴黎绿

🧪 **2. 汝之砒霜，吾之蜜糖**

砒霜虽毒，自然界却少有。古代一般用煅烧砒石的方法来制取砒霜，砒石主要含有两种经典矿物——雄黄和雌黄，它们经常成矿在一起，被称为"矿物鸳鸯"。

雄黄的主要成分是四硫化四砷，呈鲜艳的橙黄色或橙红色，所以又称"鸡冠石"，我国古代常用来作为中药，但也有服用后中毒的病例记载。该物质虽然比砒霜毒性稍低，但光照或加热后会部分转化成砒霜，致使中毒。

雌黄的主要成分则是三硫化二砷，呈鲜艳的黄色。雌黄除了作为中药，还用于

【参考答案】1. A　2. C　3. D

较纯净的雄黄晶体

"信口雌黄"的雌黄

颜料，敦煌莫高窟里的壁画如此光彩夺目，就是因为雌黄的存在。此外，在中国古代雌黄经常用于涂改错别字，《梦溪笔谈》中有记载："有误书处，以雌黄涂之。"这个应用衍生了一个大家经常用的成语——信口雌黄，意为不顾事实，随口乱说。大家不妨常用这个成语，这比用"胡说八道"可显得有文化多了。

中国古代最有名的炼丹家葛洪在他著名的《抱朴子》中多次提及含有雄黄和雌黄的配方。其中还记录了一段神秘的文字："又雄黄……或以蒸煮之；或以酒饵；或先以硝石化为水乃凝之；或以玄胴肠裹蒸之于赤土下；或以松脂和之；或以三物炼之，引之如布，白如冰。服之皆令人长生……"

可见，葛洪早在 4 世纪就已经知道通过沸水或水蒸气使雄黄分解，生成氧化砷；用硝石、松脂和猪大肠与雄黄共炼，可以得到氧化砷和一定量的单质砷。现代有科学工作者分析，最后一种方法可能是猪大肠、松脂在高温下碳化，把雄黄还原成单质砷，所谓白如冰的物质就是单质砷。砷原来是中国人最早发现的，比西方早了约 900 年！

不仅如此，我们的祖先还尝试利用起这些砷化合物，传说他们尝试将砒霜或含砷矿石跟铜一起熔炼，得到了一种银白色的合金，他们称这种方法为"点白"，将得到的合金称为"药银"，后来也称为"白铜"。前面我们提到过更普遍的铜镍合金也叫白铜，为了避免混淆，现在将它们区分为"砷白铜"和"镍白铜"。中国历史上多次记录了这一类"点铜成银"的神技，甚至连《天工开物》里都有记载："铜以砒霜等药制炼为白铜"，"凡红铜升黄而后熔化造器，用砒升者为白铜器"。

可惜的是，这些传说中的"砷白铜"却没有

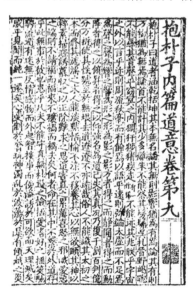

葛洪的著名炼丹学著作《抱朴子》，可以算得上是古人对大自然的探索，但跟现代化学还有很大差距。

留下一两件遗物,曾经有人声称自己拥有"砷白铜"制成的器皿,做了化学分析以后,却发现其中含有镍元素,并无一点砷元素,他还辩解说砷元素挥发了。如果真是这样,"砷白铜"制成的器物简直就是毒源,怎能安全使用? 我们相信,更有可能是我们的祖先使用了同时含镍和砷的矿物,在熔炼过程中,砷完全挥发,留下了镍和铜。

葛洪发现砷元素并未得到西方化学界的承认,西方化学史公认砷是由 13 世纪的马格努斯发现的,他用双倍质量的肥皂和雌黄共热,得到了单质砷。分析其机理,肥皂由硬脂酸盐和猪油合成,猪油受热后会被碳化,碳将雌黄中的砷还原出来,这跟葛洪的记录是比较类似的。即便如此,砷元素在化学史上也是很早发现的,拉瓦锡很自然地把它列入了第一张元素表里。

西方公认的砷的发现者马格努斯

有了科学方法以后,化学家们将砷元素变毒为宝,既然这物质对生物体有害,那就用到它该出现的地方吧。砷酸铅曾被广泛用于果树的杀虫剂,后来发现对人脑有伤害,被甲胂酸钠取代。但 2013 年以后,甲胂酸钠也大部分被毒性更小的杀虫剂取代。除此之外,铬化砷酸铜还被用作木材防腐剂,2004 年也被欧盟和美国禁用了,但现在还有少数国家使用,比如马来西亚。

含砷毒物当然也不会被军事野心家们遗忘,越南战争中,美军可不只使用了含氯的"橙剂",还有含砷的"蓝剂"——二甲次胂酸,也是一种落叶剂,但"蓝剂"对水稻的伤害更大,这对以稻米为生的北越军队是致命的打击。

砷也不完全做坏事,古代就能用砒霜治病,现代医学也会用到砷。

1908 年,德国著名医学家埃尔利希因为对免疫学的研究而获得了诺贝尔生理学或医学奖。1910 年,据说他通过 606 次实验发明了治疗梅毒的药物砷凡纳明,这就是大名鼎鼎的"606"! 其实,"606"并非因此得名,只是因为这种化合物是第 6 组样品中的第 6 个而已。科学的道路上从来不缺少勤奋和艰辛,为了宣传这些正能量而编造故事实在没有必要。

于 1908 年获得诺贝尔奖的埃尔利希

20 世纪 70 年代，哈尔滨医科大学的张亭栋教授发明了一种"癌灵一号"，并用它治疗了 6 名白血病患者，据了解，这种神奇的"癌灵一号"主要成分竟然是砒霜（三氧化二砷）。

目前中国最有希望获得诺贝尔生理学或医学奖的张亭栋教授

有毒的砒霜怎能成为癌症特效药？事实上，张亭栋教授的发明已经推广到全世界，成为当今全球治疗 APL（急性早幼粒细胞白血病）的标准药物之一。香港大学还研制出了一种治疗白血病的口服液，其主要成分就是三氧化二砷。举世公认，张亭栋教授是发明这项技术的第一人。张亭栋教授获得了 2015 年求是奖，我们衷心希望这位老先生保持健康，有望因此成为继屠呦呦之后中国第二个诺贝尔生理学或医学奖的得主。

砷化镓晶片

现代科学对砷元素的利用莫过于半导体砷化镓。前面我们提到，用三价的硼系元素和五价的磷系元素配对，是制造半导体的理想材料，三价的镓元素和五价的砷元素简直就是完美的搭配：一方面，砷化镓的电子迁移率是硅的 5 ~ 6 倍，这在电路上就厉害了；另一方面，硅是间接能隙的材料，而砷化镓是直接能隙的材料，所以可以用来发光。在硅材料技术突破之前，砷化镓一直是最理想的 LED 材料。

1. 药物 606 就是

    A. 砷凡纳明   B. 阿莫西林   C. 阿司匹林   D. 金鸡纳霜

2. 西方化学界公认砷元素的发现者是

    A. 葛洪   B. 马格努斯 C. 埃利希   D. 李比希

3. 由本节讲述可知，理想的半导体材料是

    A. 雄黄   B. 雌黄   C. 砷白铜   D. 砷化镓

【参考答案】1. A 2. B 3. D

第三十四章　硒（Se）

硒（Se）：被称为"月亮女神"的第34号元素。谷胱甘肽过氧化物酶是一种含硒的蛋白质，具有很好的抗氧化性，它的出现为地球上氧气含量的提升提供了保障。硒可以用作光敏材料、电解锰行业的催化剂，同时是动物必需营养元素。

大家还记得一代宗师贝采里乌斯吗？还记得锰元素的发现者加恩吗？他们曾经一起开办了一家硫酸厂，用的是铅室法。来自瑞典中部法伦地区的黄铁矿（二硫化亚铁）似乎不纯，导致铅室底部出现了一种红色粉末，严重影响了生产效率。一开始他们以为是氧化汞，后来又以为是砷的化合物。他们将这种红色粉末加热，出现了天蓝色火焰，并伴随着一股似腐烂萝卜的臭味，这种古怪的气味很明显不是砷的味道，反而跟刚发现的碲元素比较相似。

当时，贝采里乌斯和加恩早已把法伦地区的矿石研究得很透彻了，从来没有发现过碲元素的身影，贝采里乌斯又重新详细研究这种红色粉末，断定其中含有一种新元素，但绝不是碲，而是一种与碲类似的元素。由于碲元素的名字来自拉丁文"地球"，故他用希腊文中的"月亮"来命名这种新元素为"Selenium"，翻译成中文就是"硒"。

硒的两种同素异形体——灰硒和无定形态的红硒

可能是贝采里乌斯还有更重要的事情，更有可能是硒化合物的气味实在太"过瘾"了，他将研究硒元素的任务交给了他的学生。在元素周期表里，硒和硫位于同一族，它们的性质具有一定的相似性，硫化合物的味道已经够"臭名昭著"了，硒只能是有过之而无不及。贝采里乌斯本人就经受过硒化氢的"洗礼"，他事后这样回忆："我确信，所有人在经受这种气体之后，都会终生不忘。"后来贝采里乌斯的学生维勒发明了乙硒醇，他用"地狱"和"恶魔"来形容这种物质的气味。

　　传说一位英国剑桥大学的科学家想要合成甲基乙基硒，整个实验室都过来提意见劝说他停止这个项目，他只好将他的实验搬到天台上，以求通风。结果气味竟然扩散到整个剑桥，引起全校骚动，甚至影响了当时达尔文诞生 100 周年纪念会的召开。

　　好在后来，人们还是为这种臭元素找到了很好的用途。1873 年，英国工程师史密斯发现灰色单质硒的介电常数跟环境的背景光有关。德国人西门子根据这条线索，发明了硒光电池，这种电池太神奇了，它产生的电流竟然和背景光强变化率成正比。1880 年，贝尔就是用这种硒光电池，发明了光线电话机。

发明硒光电池的西门子

贝尔发明的光线电话机

　　这种神奇的现象还被用于曝光计等类似的器件的设计里，硒的半导体性能还被用于更多的电子元器件中。硒整流器从 20 世纪 30 年代开始取代之前的氧化铜整流器，一直到 20 世纪

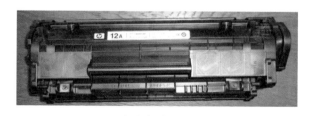

打印机的硒鼓

70 年代以后，才慢慢被更廉价、效率更高的硅整流器取代。但现在我们身边还是能看到很多硒的影子，比如激光打印机里的硒鼓，就是用硒作为光敏材料。

　　打印机首先给硒板充电，使之带上静电，再用不同光强的光线照射并穿过印刷页，光线强的地方会产生更多的相反电荷，跟原来的静电中和，形成较浅的图案；相反，光线弱的地方就形成了较深的图案。虽然现在已经有基于硅材料的陶瓷鼓取代硒鼓，但硒元素已经成为商品名而被打上了烙印。

20 世纪中叶，一位叫施瓦茨的生物学家在研究防治肝坏死的办法，他通过大量的实验发现，有几种因素可以有效地保护肝脏：含硫氨基酸、维生素 E 和第三种未知因素等。在他鉴定这种未知因素的过程中，他发现实验室里总是有类似腐烂萝卜的难闻气味。他的一位同事偶然提及这种气味很像吃了高硒饲料的牛呼出的气味，有心的施瓦茨马上往这个方向去研究，果然这第三种未知因素里有含硒物质的身影，他得出结论：缺硒可以导致肝坏死。这第一次证明了硒具有动物营养作用。

缺硒不只是对肝脏有伤害。在我国黑龙江省克山县，这里的很多居民被心脏功能不全困扰，这种奇怪的病被称为"克山病"。经研究发现，克山病是由于当地缺硒。相反，对比中国一些著名的长寿之地，比如贵州开阳、湖北恩施、安徽石台、广西巴马，却恰好都是富硒的地

硒和长寿的故事正变成商业炒作，后面我们会提到，没必要针对性地补硒。

域。硒元素这么神奇，竟然是助人长寿的活性元素！

要搞清楚这个道理，我们得回顾一下氧元素章节，里面提到距今 35 亿年前，已经有可以产生光合作用的生命了，但是一直过了 10 亿年，才让空气中的氧气含量有显著提升。这 10 亿年间究竟发生了什么呢？

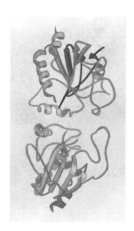

上图为牛的谷胱甘肽过氧化物酶结构。哺乳动物中，大多数这种酶都是含硒的。

我们知道，对最早的厌氧型生命来说，氧气就是毒剂。氧气含量稍有提升，就会死去一大批能够进行"光合作用"的厌氧型生命，所以氧气含量一直提升不上去。但是到了大约 30 亿年前，突然有了变化，一种含硒的蛋白质——谷胱甘肽过氧化物酶出现了，这种蛋白质具有很好的抗氧化性，生命终于进化出可以抵御氧气的防护盾牌，新一代生命才可能度过"大氧化"时代，现在地球上多姿多彩的生命都得感谢硒元素为我们铸就的这个盾牌。

人不过是一种高级生物，每时每刻，我们都依靠氧气氧化身体里的有机物得到能量，但同时产生的很多氧化性物质对人体来说就是垃圾。心脏是人体最辛劳的器官，没有之一。不管是我们静坐还是睡眠，我们的发动机——心

脏都一如既往地跳动着。也正因此，最为疲劳的心肌里氧化性物质也是最多的，如果没有足够的抗氧化性物质去抵御它们，心肌就会劳损。

巴西坚果是含硒量最高的食物。

硒是人体必需微量元素，一个成年人每天需要补充 50 μg 的硒。食物中的硒含量与产地环境硒水平密切相关，尤其是土壤硒水平。在一般的非缺硒地区，没有必要刻意补硒，只要每天合理膳食就可以摄取足够的硒元素，我们中国人常吃的稻米就是一种富硒食物。补硒要严格控制摄入量，过量的硒对人体是有害的。

| 香蕉 | 奇异果 | 荔枝 | 葡萄柚 | 番木瓜 | 桑葚 |

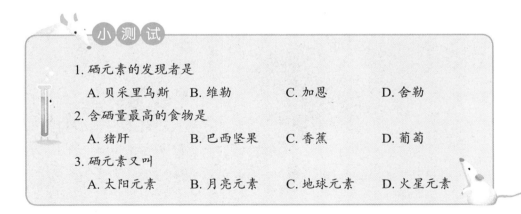

| 芭蕉 | 椰枣 | 蜜瓜 | 木菠萝 | 罗望子 | 芒果 |

富硒的水果

第三十五 三十六章

溴氪

元素特写

溴：我的名声和我的气味一样"臭"到家了吗？红棕色、爱捣乱的我求关注。

元素特写

氪：隐藏于空气中的"小超人"，没有任何人吩咐，只是默默地照亮生活。PS: 氪灯非常耐用！

第三十五章 溴（Br）

溴（Br）：原子序数为 35 的卤族元素，红棕色液体，易挥发，有窒息性臭味，剧毒！能灼伤皮肤，严重刺激黏膜和呼吸道。溴是一种强氧化剂，会和许多金属、大部分有机化合物发生反应，若有水参与，则反应更加剧烈。

1. 有时候不是我选择了你，而是你选择了我

溴元素的发现者——法国人巴拉尔

　　1824 年，法国药物学院里的一位助教巴拉尔回了一次家乡，散步到自己很熟悉的盐湖边，想到可以做点研究，于是他带了一些湖水提取结晶盐后的母液回到药物学院。当他把氯气通入这些母液的时候，母液竟然变成了红棕色。他想这是不是生成了碘呢？于是他加入了淀粉溶液，出现了特征的蓝色。第二天当他来到实验室，发现溶液竟然分成了两层，下层是蓝色，上层仍是红棕色。他想，看来除了碘，还有一种物质在里面。

　　最初，他以为那红棕色物质是氯化碘或者其他化合物，尝试了种种办法去分解它，可都失败了。所有其他可能性都排除以后，他认为这里可能有一种新元素！他用乙醚将红棕色物质萃取出来，用氢氧化钾处理，得到一种钾盐，最后再与浓硫酸、二氧化锰共热，产生红棕色有恶臭的气体，冷凝后变为红棕色液体。这种液体再也不能被分解，从来没有谁见过这种颜色的单质。

　　1826 年，巴拉尔发表了论文《海藻中的新元素》，其中提到："我们做出结论，我发现了一种新的单质，它的化学性质与氯、碘十分相似，只是在物理性质和反应活性两方面明显不同，这明确区分了它们。"

溪为红棕色液体，极易挥发。

当时的巴拉尔还非常年轻，没有足够的权威，当他的论文发表以后，全世界都以审慎的眼光看待他。当年 8 月，法国科学院派出盖－吕萨克、沃克兰和泰纳尔三位科学家组成一个委员会，专门审查巴拉尔的报告，终于肯定了他的成果。由于这种新元素单质的气味特别难闻，所以他们把这种新元素命名为 "Bromine"，希腊语意为 "恶臭"，翻译成中文就是 "溴"。

在攀登科学的道路上，没人会记住那个第二名，所以你只能拼命去当第一。只比巴拉尔晚了一年，在 1825 年，德国海德堡大学学生洛威几乎采用了跟巴拉尔同样的方法将溴萃取出来。他把这种新物质交给他的老师格麦林，格麦林非常谨慎，表示凭借这么少的物质还无法确定其真实的性质，让他多提取一点。结果还没过多久，巴拉尔的论文就发表了。

所幸，凭借洛威的实验记录，化学界也公认洛威是溴元素的第二个独立的发现者，但仍然有很多文献和资料上只提巴拉尔而不提洛威。

与洛威相比较，德国大化学家李比希就没有那么幸运了。在 1820 年左右，李

图片为李比希（左）及保留原状的李比希实验室（右）。化学大师李比希在溴元素这里阴沟翻船，令人唏嘘。

比希就应某化工厂的要求，检验了一瓶来自盐泉水的红棕色液体，但他没有经过详细的分析，就武断地认为这是氯化碘。

当得知巴拉尔发现了溴元素之后，他真是肠子都悔青了。之后他在文章里懊丧地写道："不是巴拉尔发现了溴，而是溴发现了巴拉尔。"

事后，李比希也确实深刻反省，为了警戒自己，他找出了那个贴着"氯化碘"的小瓶子，把储存这个瓶子的柜子标上"错误之柜"！后来他在自传中写道："从那以后，除非有非常可靠的实验依据，我再也不凭空地自造理论了。"

这就是科学的魅力，对于一个现象，你可以提出无数种解释，但最终还是要通过实验证明，即要保持严谨的科学态度和精神。

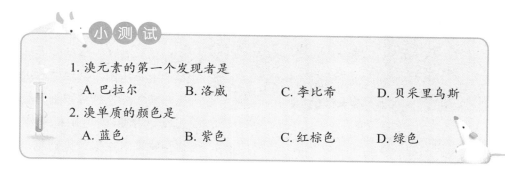

小测试

1. 溴元素的第一个发现者是

　　A. 巴拉尔　　　　B. 洛威　　　　C. 李比希　　　　D. 贝采里乌斯

2. 溴单质的颜色是

　　A. 蓝色　　　　B. 紫色　　　　C. 红棕色　　　　D. 绿色

2. "溴弹"还是"臭蛋"

1899 年，西方列强在荷兰的海牙举行了第一次海牙和平会议，并非常高调地签署了一项《海牙公约》。非常讽刺的是，虽然这次《海牙公约》的主题是限制日益严峻的军备扩张，维护世界和平，但这些虚伪的列强们却迅速背弃了自己的诺言，十几年后第一次世界大战爆发。

1899 年第一次海牙会议中衣冠楚楚的列强

值得注意的是，《海牙公约》中有一项《禁止使用专用于散布窒息性或有毒气体的投射物的宣言》，这是人类历史上第一份禁止使用化学武器的国际条约。

后面的事情大家都知道，一战末期，哈伯使用氯气作为化学武器攻击英法联军，英法联军也用化学武器还击。

图片为一战的珍贵照片。设计台词："What？我们被毒气弹攻击了？"

怎么回事？这不是都已经说到35号溴元素了吗，怎么又回到17号氯元素了？

其实这有点不为人所知，氯气实际上是最早成功使用的化学武器，而最早被投放到战场上的化学武器实际上是溴的化合物。而且，是德国人的老对手——法国，最早生产出了溴乙酸乙酯这种催泪剂，法国人在1912年成功用这种溴的化合物来对付银行抢劫犯，这让他们信心满满，并在一战刚刚开始就使用了这种"溴弹"。他们把炮弹射向德军，德军还没意识到自己受到攻击，毒气就被吹散。事后好几天，德国人才得知他们受到了毒气攻击，然后德法两国媒体在报纸上互相指责，法国人的攻击既然失败，干脆就一口咬定自己没有使用毒气，而德国人则煽风点火攻击法国人违背国际法则，借此为他们自己使用化学武器埋下伏笔。

德国人虽然只受到了子虚乌有般的攻击，却因此而严肃紧张起来，他们把德国最优秀的化学家哈伯招到了毒气战部门（也称为"哈伯办公室"），希望一举研发出先进的化学武器，打破战事僵局。

哈伯虽然天赋异禀，一开始也没有想出更好的方法，1915年初，他首先制备溴乙酸乙酯并投放在英军头上。跟前一次一样，风迅速吹散了毒气，但英国人根本没有意识到他们受到了攻击。

哈伯又研究了大半年，新一代"溴弹"新鲜出炉了，它的成分是二甲苯基溴化物，德国人称它为"白色十字架"。这一次试验品变成了东线的俄国人，德国人将18 000枚"白色十字架"投在俄国军队头上，这次更惨，俄国的天气太冷了，溴化物全冻成了固体，一点作用也没发挥出来。

哈伯只好放弃了溴，转而将目光投向溴的"大哥"——氯，基于氯元素的"绿十字架""蓝十字架""黄十字架"（芥子气）轮番登场，给欧洲战场带来了一次又一次噩梦。

虽然溴作为化学武器失败了，人们还是给它找了一个好用途——阻燃剂。大多数高分子化合物主要含有碳、氢、氧、氮等元素，高温下易于燃烧，加入卤素化合物以后，卤素化合物遇热分解出的卤素离子与高分子化合物反应产生卤化氢，卤化氢会与高分子化合物燃烧产生的大量自由基反应，使自由基浓度降低，燃烧的连锁反应受到抑制，燃烧速度减缓。由于溴比氯的阻燃作用还强，所以含溴阻燃剂例如多溴联苯醚（PBDEs）、三溴苯酚等被大量生产出来，我们身边的电子产品、塑料、家具、衣服里都有它们的影子。

好景不长，科学家们发现这些含溴阻燃剂对人体的神经系统和内分泌系统都有影响，还有一个案例是经常参与救火的消防员们得癌症的概率要大很多。更为恐怖的是，多溴联苯醚在人体内有累积效应，美国学者发现，在人类应用十溴联苯醚的30年内，十溴联苯醚在人体内的累积量已经增长了一百多倍。而且，十溴联苯醚还可以通过胎盘和乳汁输送给新生儿。

阻燃剂在我们身边到处都是，儿童都很容易接触到，人体的油脂很容易将塑料等器件中的阻燃剂"萃取"到自己体内。

2003 年 2 月，欧盟颁布《RoHS 指令》，在电子电气设备中限制和禁止使用五溴联苯醚和八溴联苯醚。2008 年 4 月，欧盟又宣布将十溴联苯醚也列入禁用名单。紧跟欧盟，美国也在慢慢禁止这些含溴阻燃剂的应用。在我国，多溴联苯醚也都被禁用，更多新型阻燃剂的开发迫在眉睫。

看起来和它的名字一样，溴元素的名声可真是"臭"到家了，事实也确实如此，曾经溴甲烷、溴乙烯等溴代烃类被用作杀虫剂，但和氟利昂一样，这些溴化合物对臭氧层危害巨大，《蒙特利尔议定书》颁布后，这些含溴杀虫剂被全面禁用。

溴化钾曾经是一种镇静剂，在我国以前叫"三溴片"，但不同国家对这种药的评价竟然有很大不同。1975 年，溴化钾未能通过美国 FDA 的批准，从此溴化钾被排除出美国非处方药的名录。

过去，四乙基铅常用作汽油的抗爆剂，其中经常还得加入溴乙烯，它和四乙基铅生成可挥发的溴化铅，将铅排出发动机。后来，铅添加剂被禁用了，溴乙烯自然也就失去了用武之地。

所以，你是不是觉得溴元素简直是"臭名昭著"？但是，对于化学家来说，没有无用的元素，就让我们未来再给它找点用途吧。

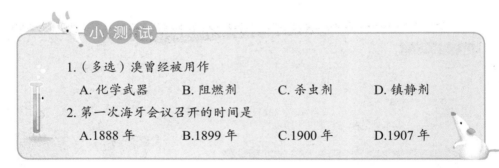

小 测 试

1.（多选）溴曾经被用作

    A. 化学武器   B. 阻燃剂   C. 杀虫剂   D. 镇静剂

2. 第一次海牙会议召开的时间是

    A.1888 年   B.1899 年   C.1900 年   D.1907 年

【参考答案】1. ABCD   2. B

第三十六章　氪（Kr）

氪（Kr）：位于元素周期表第 36 位，是稀有气体元素，单质无色、无味，化学性质极不活泼。氪能吸收 X 射线，常用作 X 射线的屏蔽材料；在电场作用下发出蓝绿色的光，常用于填充霓虹灯；传热性很小，可作高效灯管的惰性保护气以提高灯的亮度和寿命。放射性氪可用于密闭容器的检漏和材料厚度的连续性测定，还可以制成不消耗电能的原子灯。

1894 年，在拉姆塞发现了氩和氦之后，这两个"不速之客"在元素周期表里找不到位置，门捷列夫的元素周期律作为指导人们寻找新元素的指路明灯的地位似乎遭遇到了挑战。当年 5 月 24 日，拉姆塞在给瑞利的信中写道："您可曾想到，在元素周期表最末一列还应有一整列留给这些气体元素。"

1894 年，拉姆塞和瑞利在一起。

1896 年，拉姆塞在著作《大气中的气体》中不仅将氦和氩分别列在元素周期表中氢和氯的后面，更是大胆预言了三种未知元素，分别排在氟、溴、碘后面。他写道："伟大的门捷列夫提出元素周期表分类的假说，把元素分成若干组，每组元素表现出它们化学性质和化合物化学式的相似性……按此类比，可以预言，在氦和氩之间应存在一个相对原子质量为 20 的元素，并像这两种元素一样非常不活泼。新元素应具有特征光谱，比氩更不容易凝结。同样，可以预言，还存在两个同族的气体元素，相对原子质量分别为 82 和 129 左右。"

在当时，他的预测太大胆了，仅凭借两种刚发现的新气体，就能预测三种新元素，在很多人看起来，就好像一个探险家靠着两个点拉了一条线，然后告诉大家：

"这条线下面全是金子！"为了证明自己的预言，拉姆塞只好跟助手特拉弗斯一起来找新元素。一开始，他们用在地球上发现氦的类似方法来找，加热各种稀有金属矿物，但除了已知的氦和氩的谱线外，没有任何能证明有新元素存在的迹象。

他们只好把视线放到空气里，将空气里的氧气、氮气、二氧化碳、水蒸气等去除以后，得到的氩气里面是不是还混有一些未知元素的新气体呢？但要将新元素从氩气中分离出来却异常困难，因为这时要分开的是与氩性质相近、具有化学惰性、不能与其他物质发生化学反应的物质。

拉姆塞的运气真不错，19 世纪末恰逢德国人林德和英国人汉普森发明了制冷机，液化空气技术被发明出来。1893 年苏格兰人杜瓦发明了著名的"杜瓦瓶"，可以用来储存和运输液态空气。这些技术创新让拉姆塞如虎添翼。

1898 年 5 月，汉普森给拉姆塞邮寄了一些用杜瓦瓶装的液态空气。拉姆塞和特拉弗斯让沸点较低的组分——氧（–183 ℃）、氮（–196 ℃）、氩（–186 ℃）先挥发出来，然后再让剩下较少的沸点较高的组分挥发出来，通过炽热的铜和镁，去除掉其中残留的氧气和氮气，剩下的就是极少的氩气和未知气体了。将这些残余的气体用元素的扫码器——分光镜检验一下，果然，除了氩元素的谱线外，还有两条明亮的谱线，一条黄色，一条绿色，其中黄线跟氦的黄线不在同一位置。看来，存在新元素是确凿无疑了。拉姆塞认为这是一种隐藏在空气里的元素，因此他用希腊文"隐藏"来命名它为"氪"（Krypton）。

在德国慕尼黑德意志博物馆中展览的杜瓦瓶，与现代的保温杯用的是同一原理。

氪发出荧光。

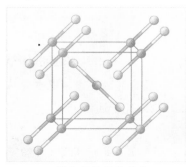

二氟化氪的晶体结构

由于氪的相对原子质量较大，沸点较高，所以氪比氖还要早发现 13 天。

空气里氪的体积含量约为 0.000 114%，也就是百万分之一，看似微不足道，但如果你知道阿伏加德罗常数的巨大，就会理解，当你深呼吸一次，就有大约 2 亿亿个氪原子进入你的体内。

氪跟它的兄弟们一样，也是一个化学性质超

级稳定的"懒汉"，很难和其他物质反应，不过人们还是用氟冲破了它的防线，得到了二氟化氪。

氪元素足足有 30 多种同位素，天然稳定的同位素有 6 种：氪 78、氪 80、氪 82、氪 83、氪 84、氪 86。它们均无放射性，且半衰期较长，其中氪 78 的半衰期长达 9.2×10^{21} 年，超过宇宙的年龄。

在我们身边，氪 83 常用于核磁共振。

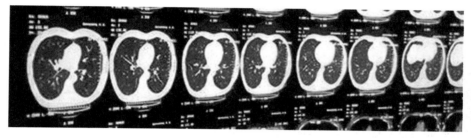

MRI（核磁共振成像）

而氪 85 这种放射性同位素是铀、钚等"核武器元素"裂变后的产物，由于核反应堆、核试验经常在北半球发生，所以北极空气里的氪 85 含量比南极足足高了 30%。美国人也曾用氪 85 追踪法来核实朝鲜、巴基斯坦是否真的进行了秘密核试验。

真正让氪氏家族祖坟上冒青烟的是氪 86，这得说一个很长的故事——长度单位。全球长度单位——米的建立，与氪 86 有一定的渊源。

法国大革命后，新建的法国科学院建立了一个普适的十进制的长度单位。他们认为地球是无论如何都不会发生变化的，所以应该选择地球作为标准，他们取从北极点到赤道距离的四千万分之一作为一个"metre"，翻译成中文就是"米"。1797 年，英国也接受了法国人的创造，其他国家也都跟着引进了这一标准。

问题很快来了，不可能每次核准的时候都把地球量一遍啊，1874 年，国际计量局制造了一把含 90% 铂和 10% 铱的米尺，它在 0 ℃的时候长度是 1 米，被称为"国际米原器"。但问题还是很多，金属会热胀冷缩，还会破损，所以科学家们开始想，有没有一种不会变化的事物可以作为长度标准呢？

科学家们很快发现，氪 86 的橙色光具有很好的清晰度和再现性，1960 年，在第十一届国际计量大会上，米的定义被改为："米的长度等于氪 86 原子发射出的光中的橙色谱线波长的 1 650 763.73 倍。"该定义依据的原理是原子吸收能量被激发后会通过发光释放能量，每个元素所发射的光都会有特定的一系列颜色，这些颜色

铂铱合金的米原器

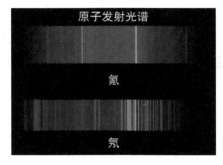

上面是氪原子发射光谱,下面是氖原子发射光谱。

称为元素的发射光谱,每种颜色都有一个很精确的可测定的波长。这个标准实在太好了,在任何地方,氪86的橙色光波都完全一样,从这以后,哪个国家想对标,再也不用跑到国际计量局去了,只要分析本国空气里稀有的氪86发射光波就可以了。

随着激光技术的发展,人们可以得到自己想要的单色光,光速的测量变得容易多了。按照相对论,长度、质量、时间都是可变的,唯有光速不变,在1983年国际计量大会上重新制定了米的定义,"光在真空中行进1/299 792 458秒的距离"为一标准米。氪86终于履行完了它的使命。

由于氪过于稀少,适用的领域又是如此高精尖,据说欧洲核子研究委员会(CERN)为了做高能物理实验,其中的一个热量计必须用氪,竟然采购了27吨氪气,这真是一笔巨款。高能物理真是烧钱啊! 2016年关于中国要不要建大型粒子对撞机的热论,你怎么看?

正是因为氪如此昂贵,游戏玩家竟然创造了"氪金"一词,通假"课金",意为充值消费。在这里郑重提醒广大玩家,适量游戏益智,莫过度消费"氪金"!

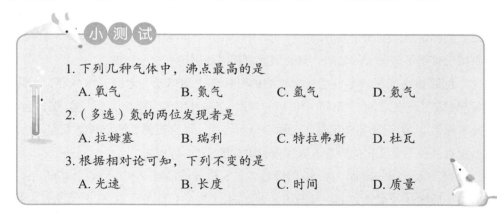

小 测 试

1. 下列几种气体中,沸点最高的是

    A. 氧气   B. 氮气   C. 氩气   D. 氪气

2. (多选)氩的两位发现者是

    A. 拉姆塞   B. 瑞利   C. 特拉弗斯   D. 杜瓦

3. 根据相对论可知,下列不变的是

    A. 光速   B. 长度   C. 时间   D. 质量

【参考答案】1. D   2. AC   3. A

图书在版编目（CIP）数据

鬼脸化学课.元素家族.2／英雄超子著.－－南京：
南京师范大学出版社，2018.12（2022.6重印）
 ISBN 978-7-5651-3931-4

 Ⅰ.①鬼… Ⅱ.①英… Ⅲ.①化学元素－青少年读物
Ⅳ.① O6-49

中国版本图书馆 CIP 数据核字（2018）第 267011 号

书　　名／鬼脸化学课.元素家族.2
作　　者／英雄超子
责任编辑／曹红梅
责任校对／张新新
出版发行／南京师范大学出版社
地　　址／江苏省南京市玄武区后宰门西村 9 号（邮编：210016）
电　　话／（025）83598919（总编办）（0371）68698015（读者服务部）
网　　址／http://press.njnu.edu.cn
电子信箱／nspzbb@njnu.edu.cn
印　　刷／洛阳和众印刷有限公司
开　　本／710 毫米 ×1010 毫米　1/16
印　　张／19.5
字　　数／310 千字
版　　次／2018 年 12 月第 1 版　2022 年 6 月第 4 次印刷
书　　号／ISBN 978-7-5651-3931-4
定　　价／45.00 元

出 版 人／张志刚